尾矿及钢渣制备新型绿色建筑材料

王长龙　王肇嘉　杨飞华　郑永超　著

科学出版社
北京

内 容 简 介

　　针对尾矿、钢渣在新型绿色化建材中的应用，本书从以下五个方面展开讨论：钒钛磁铁尾矿复合胶凝材料制备隔声板材，钒尾矿制备泡沫混凝土，硅藻土-钢渣制备复合胶凝材料，钢渣-硅藻土制备泡沫混凝土，钢渣制备胶凝材料和高性能混凝土。旨在为用尾矿、钢渣制备绿色建材提供基础理论。

　　本书可供从事矿业工程、土木建筑工程、材料科学与工程、冶金工程、水利工程等研究的科技工作者及高等院校相关专业的师生参考。

图书在版编目（CIP）数据

尾矿及钢渣制备新型绿色建筑材料／王长龙等著. —北京：科学出版社，2022.3
　　ISBN 978-7-03-071700-9

　　Ⅰ.①尾… Ⅱ.①王… Ⅲ.①尾矿利用-建筑材料-材料制备-无污染技术 ②钢渣-应用-建筑材料-材料制备-无污染技术 Ⅳ.①TU5

中国版本图书馆 CIP 数据核字（2022）第 034214 号

责任编辑：张淑晓　孙静惠／责任校对：杜子昂
责任印制：吴兆东／封面设计：东方人华

科学出版社 出版
北京东黄城根北街 16 号
邮政编码：100717
http://www.sciencep.com

北京中石油彩色印刷有限责任公司 印刷
科学出版社发行　各地新华书店经销

*

2022 年 3 月第 一 版　开本：720×1000 B5
2022 年 3 月第一次印刷　印张：18
字数：355 000

定价：128.00 元
（如有印装质量问题，我社负责调换）

前　言

资源循环利用对转变经济发展方式，解决经济发展与资源环境的矛盾，促进可持续发展，落实工业绿色发展具有重要意义。近年来，我国把大宗工业固体废弃物综合利用纳入了节能环保战略性新兴产业范畴，对大宗工业固体废弃物资源综合利用的意义给予了高度肯定，并把资源节约、环境友好作为工业领域转型升级的重要指导原则，把工业资源综合利用作为转方式、调结构的重要抓手，先后出台了上百项资源综合利用产业发展相关政策，如"双百工程"、尾矿综合利用示范工程、京津冀及周边地区工业资源综合利用产业协同发展示范工程等，促进和扶持产业发展。随着各项资源综合利用产业发展相关政策的出台和落实，我国大宗工业固体废弃物综合利用取得了长足发展，产业规模逐步扩大，技术装备不断进步，体制机制不断完善，商业模式不断创新，产业集中度与服务水平显著提升，为我国保持经济平稳较快发展提供了有力支撑，为改变"大量生产、大量消费、大量废弃"的传统的经济增长方式和消费模式探索出了可行路径。

工业固体废弃物指在工业生产活动中产生的丧失原有利用价值或者虽未丧失利用价值但被抛弃或者放弃的固态、半固态和置于容器中的气态的物品、物质，以及法律、行政法规规定纳入固体废弃物管理的物品、物质。工业固体废弃物的综合利用主要包括六个方面：①用于提取有价组分；②生产建筑材料、环保材料或其他材料；③填筑低洼地、路基，建筑工程回填；④充填矿井、露天矿坑及塌陷区；⑤用作生产肥料；⑥改良土壤。大宗工业固体废弃物综合利用产业与我国建材建筑行业密切相关，水泥、混凝土和新型墙材每年消耗的大宗工业固体废弃物量占工业固体废弃物利用总量的70%左右。

虽然近年来，在环保政策倒逼和产业政策红利的大力推动下，我国大宗工业固体废弃物综合利用取得了长足发展，但是由于我国大宗工业固体废弃物新增产量大、历史堆存量大、分布不均衡、成分复杂等原因，我国大宗工业固体废弃物综合利用依然存在利用量小、附加值低、利用成本高、技术开发投入不足、市场活跃度较低、同质化竞争和产能过剩严重、区域发展不平衡、相关科研人员和工程技术人员缺口大、整体产业科技支撑严重不足、法律法规不完备、政策机制不完善、配套政策不协调、总体规划等顶层设计薄弱等诸多制约产业发展的问题。从技术角度看，实验室阶段的技术多，而真正能产业化的成熟技术少。"十二五"

和 "十三五" 期间，我国加大了对资源综合利用领域的政策支持力度和对产业政策的支持，带动了一大批科研院校和企业在本领域的技术创新，技术创新积极活跃度显著提高，各类资源综合利用技术大批涌现，然而，受原料性质波动、宏观经济影响、市场销售半径因素制约等，真正能经得起市场考验、实现产业化且能盈利的技术少之又少，且大部分集中在传统建材行业，产品附加值低、销售半径有限。另外，低附加值规模化技术成熟，相关产品面临产能过剩，而高附加值规模化技术的产业化程度低。建材行业是可以大量消纳大宗工业固体废弃物的重点行业。但目前，我国大宗工业固体废弃物在建材行业的应用主要集中在传统建材领域，利用大宗工业固体废弃物制备砖、水泥、混凝土等传统建材产品的技术已经相对成熟，但相关产品种类较少、产品档次较低、技术含量低、利用方式较为初级，且受到运输半径的限制，市场容量有限，加上宏观经济和房地产行业影响，行业内竞争激烈，产能过剩严重。而新型建材的市场潜力巨大，它能将工业固体废弃物资源化利用的巨大潜力全面激活。随着国家 "一带一路"、"雄安新区"、"特色小镇"、"海绵城市" 等政策因素的带动，我国各地基础设施建设规模将不断加大，同时伴随着绿色建材、绿色建筑、绿色工厂、建筑节能、海绵城市、装配式建筑、美丽乡村的深入推广，新型建材的市场需求也必将进一步增加。深入研究开发新型建材加工技术是提升大宗工业固体废弃物利用价值的必由之路，通过更多的技术手段和资本投入促进研究开发，提升固废产品的技术含量和附加值，以科技创新驱动发展，是我国大宗工业固体废弃物综合利用企业突破现有竞争格局，做大做强的制胜法宝。

本书针对大宗工业固体废弃物在新型绿色建筑材料中的综合利用进行了深入的基础研究，包括钒钛磁铁尾矿、钒尾矿、硅藻土尾矿、钢渣等。结合工业固体废弃物的实际情况和产业需求，从钒钛磁铁尾矿复合胶凝材料制备隔声板材的研究、钒尾矿制备泡沫混凝土的研究、硅藻土-钢渣基复合胶凝材料的制备及水化机理研究、钢渣-硅藻土泡沫混凝土的制备及性能研究、钢渣制备胶凝材料和高性能混凝土的研究五个方面展开，遵循 "固废特性→活化特性→制备研究→性能研究→机理研究→应用研究" 思路，搭建了新型工业固废基建筑材料的研究框架，为解决工业固体废弃物在新型绿色建筑材料中资源化利用最亟待突破的技术瓶颈问题提供了参考，引导传统建材企业向资源综合利用产业和新型建材产业转型。

王长龙教授负责全书的内容结构设计及统稿工作。撰写人员分工如下：第 1 章由王长龙、杨飞华、郑永超共同完成，第 2 章由王肇嘉、杨飞华共同完成，第 3 章由王长龙、杨飞华共同完成，第 4 章由王肇嘉、杨飞华共同完成，第 5 章由王长龙、郑永超共同完成。

　　本书提炼了国家重点研发计划(2018YFC1903602-01)、中国博士后科学基金(2015T80095、2015M580106、2016M602082)、河北省自然科学基金(E2020402079)、固废资源化利用与节能建材国家重点实验室开放基金(SWR-2020-004)、河北省高等学校科学技术研究项目(ZD2016014)、陕西省尾矿资源综合利用重点实验室(商洛学院)开放基金(2017SKY-WK008)等项目的研究成果。

　　特别感谢固废资源化利用与节能建材国家重点实验室对本书出版的资助，感谢陕西省尾矿资源综合利用重点实验室(商洛学院)对试验研究的支持。

　　由于作者水平有限，书中可能存在不足之处，敬请读者和专家批评指正。

作　者

2021 年 12 月

目　录

第1章 钒钛磁铁尾矿复合胶凝材料制备隔声板材的研究

1.1 概　　述

1.1.1 铁尾矿综合利用背景及意义

矿产资源是发展国民经济、加强国防建设和促进社会进步不可缺少的基础材料和重要的战略物资，是人类生存活动所需的不可再生的关键自然资源，对矿产资源的开发利用水平和保护能力在较大程度上反映了一个国家的综合实力[1, 2]。我国的矿产资源丰富，但矿产资源综合利用率低。矿产需求日益增加，大宗矿产供求矛盾日益突出。据不完全统计，我国从事矿业生产的有 2000 万人左右，紧随我国经济的发展需求，我国每年开采矿石近 70 亿 t[3, 4]。长期以来，我国矿产资源的开采呈粗放式发展。矿产资源开发产生的固体废弃物属于工业固体废弃物。根据中华人民共和国环境保护部的统计数据，2017 年全国一般工业固体废弃物的产生量就已经达到 23.56 亿 t，"十三五"开局前两年，受经济增速放缓、新旧动能转换加快、产业结构深化调整、环保约束增强等因素影响，我国大宗工业固体废弃物年产生量略有下降，2016 年我国大宗工业固体废弃物产生量为 36.18 亿 t，同比下降 5.78%，2017 年我国大宗工业固体废弃物产生量为 36.56 亿 t，与 2016 年相比，略有增加。2018 年我国大宗工业固体废弃物产生量为 33.28 亿 t，与 2017 年相比，略有降低。各类废弃物所占比例如表 1.1 所示。

表 1.1　2018 年全国各类大宗工业固体废弃物所占比例

种类	2018 年产生量/亿 t	占总量百分比/%
尾矿	13.4	40.27
赤泥	0.99	2.97
钢铁渣	4.83	14.51
有色冶炼渣	0.42	1.26
煤矸石	6.34	19.05
粉煤灰	5.5	16.53
工业副产石膏	1.8	5.41
合计	33.28	100

2011～2019 年，我国尾矿的年产生量为 13.40 亿～16.52 亿 t，2018 年、2019 年，受国内环保力度增大和去产能政策的影响，矿山开采量下降，尾矿产生量也相应有所降低，2018 年尾矿产生量为 13.40 亿 t，2019 年尾矿产生量为 14.58 亿 t，是 2011～2019 年年产生量的最低点。但同期我国尾矿的综合利用率不断提升，尤

其在 2018 年,尾矿综合利用率已超过 26%,是 2011~2019 年年利用率的最高点。

2019 年,我国铁矿石、铜矿石等主要矿产资源开采量有所下降,尾矿产生量为 14.58 亿 t,综合利用量为 3.60 亿 t,综合利用率达到 24.69%。与 2018 年相比,2019 年的尾矿产生量略有增加,提高了 8.81%,综合利用量也增加了 0.11 亿 t,综合利用率略有下降。图 1.1 为我国 2011~2019 年尾矿产生及综合利用情况,可以看出,尾矿产生量自 2014 年达到峰值后持续下降,尾矿综合利用量稳中有升,2018 年尾矿产生量下降使得综合利用率有了较大幅度的增长,整个"十三五"期间,尾矿综合利用率基本维持在 25%左右,与"十二五"期间相比,有了较大幅度的提升。

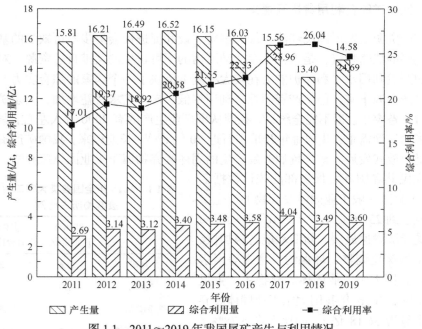

图 1.1 2011~2019 年我国尾矿产生与利用情况

大量堆存的尾矿给环境、土地、经济造成了不同程度的损失,带来了一系列的问题,亟待解决[5-8]。过去,尾矿的处理一般采用尾矿库堆积的形式。对于固体废弃物的简单处理,造成了巨大的生态破坏,形成了庞大的资源浪费,带来了不可估量的经济损失,与我国"绿水青山就是金山银山"的发展理念背道而驰,不能满足建立环境友好型社会的美好愿望的需求[9, 10]。尾矿库缺少合理的监管,尾矿库超期或超负荷利用,没有按照尾矿库设计的年限及荷载要求利用库存能力。另外起初的尾矿库并没有按照国家标准要求建造,存在极大安全隐患。针对尾矿库的安全隐患,许多学者提出了大量的观点和方法去试图处理尾矿库存在的安全问题[11-16]，最终是治标不治本。由于我国矿产资源成分复杂，有多种有价组分伴生或共生，在较低水平的选矿技术及经济条件的束缚下，选矿之后的尾矿仍存在很大一部分的可利用元素。因此，需要利用新的选矿技术及设备合理地开发利用，有效避免有效组分的流失。由此，只有将尾矿资源化综合利用，才是处理尾矿堆积问题的标本兼治的方法。有关资料显示，在所有的尾矿资源堆存中，铁尾矿所占比例最大，占比高达尾矿总量的 50%[17]。可见铁尾矿资源化利用为重中之重。

1.1.2　尾矿国内外研究现状

1. 尾矿产生及危害

1) 尾矿的产生

尾矿是指矿山的矿石经破碎、筛分、研磨、分级、重选、浮选或氰化等工艺流程，产生的有用成分含量低，在当前的技术经济条件下不宜进一步分选的固体废弃物，按行业划分主要包括黑色金属尾矿、有色金属尾矿、稀贵金属尾矿和非金属尾矿。长期以来，尾矿的综合治理一直是矿业领域的焦点问题之一。相关资料显示，2019 年尾矿利用率为 24.69%。与我国大宗工业固体废弃物钢铁渣 83.23%的利用率相比，尾矿的利用率依然很低。

2) 尾矿的危害

工业固体废弃物对于环境、经济、人类健康造成了严重危害。据不完全统计，大城市郊区固体废弃物的污染使堆场邻近土地价值大幅度降低，全国累积经济损失达 3000 亿元以上；固体废弃物堆积所造成的环境生态损失每年可达 1000 亿元以上；污染和灾害所造成的人身健康与伤亡损失每年可达 300 亿元以上。

2. 尾矿的综合利用现状

国内外研究者对尾矿的综合利用进行了大量的研究工作[18-35]。其主要用途有：①尾矿中有价组分的回收。迫于技术的限制，原矿中存在未查明或者未发现用途的新型有价组分。科学技术的进步推动了选矿工艺研究，人类用更加先进的设备优化了工艺流程，使尾矿中的有价组分得以重新回收和利用。②用作土壤改良剂。尾矿中含有的微量元素，如 Zn、Fe、P 等，是植物生长吸收所必需的微量元素。尾矿经适当处理后能够产生很好的辅助作用。③用作采空区的填充材料。矿山采空之后周围的生态环境被破坏，用作填充材料不仅可以合理处置堆放的尾矿，还节省了增建或扩建的费用。④用作建筑材料。早在 20 世纪 60 年代，苏联就开始尝试用尾矿制作建筑材料，尾矿在建筑材料中的利用率达 60%。现在已用铁尾矿制造建筑微晶玻璃、耐化学腐蚀玻璃制品等，同时研制生产各种胶凝材料和墙体制品。此外，美国、俄罗斯、加拿大对尾矿制作建筑材料的研究成果也颇为突出[36,37]。

我国对尾矿的综合利用主要集中在用作矿山采空区的填充材料与制作建筑材料。由于相关固体废弃物的政策倒逼，尾矿的利用率近几年有所增加。经检索，2011~2019年，我国尾矿相关专利申请数量共计11256项。2016~2019年，尾矿相关专利申请数量明显增加，2019年全年申请尾矿相关专利数量(1979项)是2015年的1.4倍以上。2010年至2019年底，我国尾矿相关专利共授权3486项，在已授权的尾矿专利中，主要涉及用作水泥、混凝土等建筑材料，回收有价组分，无害化处置，用于农业，充填等。2011~2019年，我国尾矿相关专利申请与授权情况见图1.2。

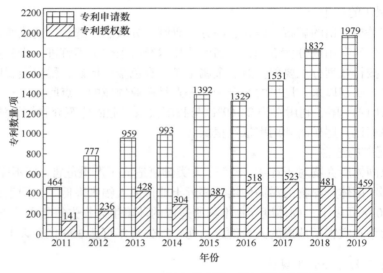

图1.2 2011~2019年专利申请、授权情况统计表

20世纪80年代，我国才开始着手研究尾矿制备建筑材料。相关资料显示[38]，最早在1989年，就有学者将粗粒径的铁尾矿掺入适量的水泥，加入水后压制成型，制备墙体制品。由于生产技术和设备问题，产生的颗粒比较粗，一般都当作砂填充到建筑材料中做成烧结砖。21世纪以来，我国科学技术水平不断提高，钢铁行业迅速发展，推动了国民经济的增长。但与此同时，由于基础工业的发展，尾矿的堆存量日益增大，对人们的生活环境造成了严重威胁。并且，许多矿山采用三段磨，甚至将预选尾矿再磨再选，造成排出的尾矿粒径越来越细，给用尾矿作建筑材料的传统方法带来了挑战。虽然有学者曾指出[39]：随着铁尾矿细度的增加，尾矿可以代替水泥生产中所用铁粉，作为矫正材料来调整水泥的铁率。但是利用铁尾矿制作陶

瓷、玻璃等其他建筑材料的研究依然很少。一些学者[40-55]开展了铁尾矿制备尾矿砂、尾矿制备混凝土、尾矿加气混凝土等研究，提高了尾矿的利用率。王德民等利用铁尾矿制备了铁尾矿陶粒生球，然后烧制成焙烧陶粒，又用陶粒制备了陶粒轻集料混凝土，其力学性能良好，并具有良好的保温、隔热、吸声性能；另外，又将经铁尾矿制备的陶粒用作生物滤料，用于污水处理，效果良好[56-66]。

3. 尾矿在复合胶凝材料中的研究现状

我国一些学者对尾矿的活化进行了研究，经过复合热活化之后的铁尾矿，活性明显提高[67, 68]。这为实现铁尾矿的无害化大宗利用奠定了基础，为现有的铁尾矿活化方式提供重要的依据，具有很高的参考价值。尽管尾矿经活化处理后，其制品的抗压强度有一定提高，但是忽略了胶凝材料及掺合料也需要合适级配的问题。不同细度的掺合料和胶凝材料经过充分搅拌混合之后，因不同比例间的颗粒相互填充，孔隙率大大降低，可有效提高制品的强度。很多研究表明，依靠尾矿自身机械力化学活化、纳米效应、温度要素和复杂成岩流体多组分协同效应，尾矿可以制备成高强结构材料[69-77]。尽管制备的结构材料强度很高，但对于尾矿的活化只是停留在简单的干磨处理，尾矿的活性并没有得到有效发挥。

相关研究表明[78]，铁尾矿原样中硅的浸出浓度为 282μg/mL，铝的浸出浓度为 29.4μg/mL；热力学活化的方式不能提高铁尾矿中硅、铝的活性，在不同煅烧温度、煅烧时间下，硅、铝的浸出浓度有略微变化，但活化程度非常低；碱熔能有效地提高铁尾矿中硅、铝的活性。机械力活化是材料深加工及材料表面改性的方法之一，属于物理活化中最常用的方法之一。机械粉磨使颗粒尾矿得以细化、活化以使尾矿中的活性氧化硅、氧化铝释放出来，充分发挥固体废弃物潜在的火山灰活性效应，促使二次水化。随着粉磨时间的延长，粒度不断细化，达到一定细度后，活性增长并不明显，但可以通过改变养护方式取得良好的使用效果[79]。铁尾矿的活性介于活性混合材与非活性混合材之间，机械力活化可以相应提高其活性，但到一定程度后提高的程度将逐渐减少。粒度的细化，使得铁尾矿抗压强度在同比强度的情况下增加 22%[80]。然而，最佳掺量会因应用方向的不同产生不同的效果，当比表面积足够大时，一般认为应用在混凝土中的最佳掺量为 30%；应用在砂浆中的最佳掺量为 10%；应用在净浆中的最佳掺量为 20%[81]。

本章利用钒钛磁铁尾矿制备胶凝材料并制作隔声板材。尽管利用铁尾矿制备混凝土的研究很多，但钒钛磁铁尾矿作辅助胶凝材料或制备功能性建筑制品的研究少见报道，利用尾矿自身的活性，除制备胶凝材料和混凝土之外，也可利用其本身特有的性质，发挥其特有的作用。因此，研究钒钛磁铁尾矿在胶凝材料制品其他功能性材料中的应用，显得很有必要。

1.1.3 隔声材料的国内外研究现状

1. 隔声材料的隔声原理

生活水平的提高使得人们对生活条件的需求越来越高,包括对声环境的要求。建筑的声环境是建筑物理环境的重要组成部分,而建筑隔声性能又是影响建筑声环境的主要因素。作为人们生活学习的空间,建筑声环境的优劣直接影响到人们的生活品质。经济发展给建筑环境带来了巨大的变化,其中建筑的声环境也出现了许多新的问题。例如,随着城市交通的飞速发展,产生的交通噪声干扰日益严重。建筑中轻质墙体制品和结构的普遍应用等,使得墙体隔声量发生了巨大变化。因此,根据当前建筑的声环境新特点,进一步研究改善建筑的声环境的品质,提高建筑环境舒适度是十分必要的。

传统的墙体隔声采用质量定律,因此传统的隔声墙体以加厚的方式提高隔声量。例如黏土砖,标准实心黏土砖墙厚一般为240mm,表观密度为1800kg/m³左右,实测得出这类墙体的计权隔声量较双面抹灰墙体高达55dB,已优于一级住宅的分户墙的隔声标准,因此能够满足人们正常的工作和生活的需要,采用这种墙体室内能够获得良好的声环境。但是烧制黏土砖不但会消耗黏土资源,而且会消耗大量的燃料,与现代节能环保的理念显得格格不入。

尽管现代建筑材料正在向质轻、高强的方向发展,近年来轻质、节能的新型墙体制品层出不穷。目前常见的板材有纸面石膏板、石膏空心板、木丝板、纤维水泥板、空心石膏砌体、空心的水泥砌块等。有调查资料显示,轻质墙板的隔声量一般小于40dB,存在大量的邻里相互干扰的现象,对邻里之间的和睦产生了巨大的影响。一般的住户遇到类似问题都会找物业,物业不能够解决时则拒交物业费,造成物业和住户之间的尴尬窘境。以上种种在一定程度上威胁着社会的繁荣与稳定。追本溯源,解决此类问题的根本措施在于提高轻质墙体制品的隔声量,改善人们的居住环境。

2. 新型隔声材料的研究现状

隔声材料(acoustic insulating materials)是指把空气中传播的噪声隔绝、隔断、分离的一种材料、构件或结构。对于隔声材料,要减弱透射声能,阻挡声音的传播,就不能同吸声材料那样多孔、疏松、透气,相反它的材质应该是重而密实的,如钢板、铅板、砖墙等类型的材料。降噪隔声材料根据所用的材料可分为高分子降噪材料和不含高分子降噪材料,而根据其组成又可分为单组分降噪材料和复合组分降噪材料。

在传统声学理论基础上,国内外很多专家对声学板材的制作及声学性能的测试进行了研究,为后来声学材料的研究奠定了坚实的基础。对于吸隔声的研究主要集中在三个方面：第一，从制品结构角度看，声波会在多个界面层之间进行反射，可消耗能量的传播；第二，从制品的原材料角度看，对于中低频噪声来说，阻尼材料可以降低材料振动的幅度，削弱共振现象；第三，从声学的理论角度看，声学理论是对声学的完善与总结，对于声学的测试及原材料的制备有着难以磨灭的影响力。

一些学者从制品的结构方面入手，探索了制品结构对声学性能的影响。Forest[82]、António 等[83]建立了相应的数学模型，在 300～1700Hz 范围内，对比等厚度的玻璃棉吸声板，设计了一种双层吸声板，该吸声板声波的传递损耗可以提高 10dB 以上。Uris 等[84]在双层石膏板中间空隙中添加石棉制备了一种轻质隔声板，研究发现在 1250Hz 以下的范围内，降低石棉密度，可以提高其隔声性能。Carneal 等[85]提出了双层板的主动控制隔声理论，即通过改变双层复合材料的复合结构来实现对其声学性能的改变，并建立了相应的结构模型和声学模型。对双层隔声板进行了最优化设计，他们认为一般材料对于低频段的隔声性能一般符合质量定律。多层复合材料处于被动隔声的状态，所以在低频段的隔声性能相对较低，只有采取主动控制，即设计不同结构才能弥补这一不足。

制品的结构和原料组分对声学性能有着重要影响。通过改变原材料依然可以有效改善制品的声学性能。Yimazer 等[86]制备了轻质、多孔膨胀珍珠岩/硅酸钠复合声学材料，表明膨胀珍珠岩颗粒的掺入不仅提高了材料的强度，还对吸声性能有明显的改善作用。一般认为多孔的材料其吸声性能很好，由多孔材料制备的吸声材料也层出不穷。Scarpa 等[87]在 PU 泡沫制作工序中，加入平均粒径为 $3\mu m$ 的羰基铁粒子，声学测试结果表明，在一定频率范围内，加入羰基铁粒子后产生的持续恒定磁场，对材料的吸声性能有正面影响。因羰基铁粒子的黏弹性及阻尼性能对声学性能有重要影响，所以复合材料的隔声性能得以提升。耿军军[88]以 PU 材料为基料并添加黏弹性的废轮胎材料，制备出了一种具有良好声学性能的新的隔声材料。洪有明[89]尝试打破质量定律的限制，从发泡 PU 材料入手，在泡沫 PU 材料发泡过程中添加 WS 颗粒，以筋络增强的形式提高发泡吸声材料的隔声性能，制备出了一种轻薄兼具宽频域吸隔声性能的多层复合材料。

为完善声学理论，学者们分别进行了相关的研究。Tadeu 等[90]在基础声学理论基础上，充分考虑空气和声学材料介质本身之间的耦合作用而忽略材料厚度建立了平板隔声材料声学分析模型，预测单层和双层的玻璃板、混凝土墙和钢板隔声材料的隔声性能，并与实验室实验数据对比研究，发现除隔声材料太小或者频率低等情况，模型预测值与实验数据基本吻合。Lee 等[91]通过修改转移矩阵的方法建立了一种新的评价多层复合材料声传输损耗的方法，实验证明了该方法的可靠性。李胜[92]应用无限大板理论和传递矩阵理论对轻质墙板隔声性能做了理论分析和实验验证，在分析轻质墙板隔声性能影响因素基础上，提出轻质墙板结构参数优化，并在工程项目中得到了很好的应用。Jaouen 等[93]列举了目前用来预测多孔材料黏弹性及阻尼性能的 9 种技术和方法，测定了多孔材料的黏弹性和阻尼性能。

单层板材隔声性能的差异，主要取决于隔声材料单位面积质量密度。传统的砖混结构本身就具有良好的隔声性能，但我国愈加重视建筑节能环保材料，而砖块砌体的烧制浪费大量的黏土资源以及消耗庞大的煤炭资源，与当代提倡的轻质、高强、轻薄的新材料理念背道而驰。Garcia-Valles 等[94]利用铝矿渣、大理石渣、铸造用砂、回收的废旧聚苯乙烯包装材料及一些塑性黏土制备了一种新型多孔隔声板,并对其声学性能进行了测定,结果表明材料在 500Hz 时吸声率可以达到95%以上。利用固体废弃物制备隔声制品的研究依然鲜有报道。目前用于非承重墙体的有高强石膏板、玻镁板、硅酸钙板等。相关资料显示[95]，8mm 硅酸钙板相比于其他几种板材面密度大，根据质量定律，面密度越大，材料隔声性能越强，因此硅酸钙板的隔声量最大。因此，本章介绍从新硅酸钙板的制备入手，进行隔声材料的制备，设计具有高隔声量的墙体结构。

综上，尾矿用于建筑材料的研究层出不穷，但是钒钛磁铁尾矿的研究略显不足，仅有的报道研究缺少深度，有关报道铁尾矿的利用也偏用于混凝土材料的大宗利用，缺少特性和高附加值产品的开发。尽管战佳宇等[96]利用钼尾矿、水泥、石英粉等材料制备了性能良好的硅酸钙板，并对制备的新型硅酸钙板的技术参数进行了相关的研究，但是并未进行吸声、隔声、耐火性能的研究。本章以经过机械力活化的钒钛磁铁尾矿粉为辅助胶凝材料，研究了其粉磨特性及其活性的相关规律；探索了其在复合胶凝材料体系中的水化机理；并基于隔声原理，制备了隔声板材，考察了原料配比对其抗折性能的影响。

1.1.4　主要工作内容和科技创新

1. 主要工作内容

本章采用钒钛磁铁尾矿作为主要原料，通过机械力进行活性激发，得到的粉体材料用来制备复合胶凝材料替代部分水泥，再利用复合胶凝材料与粗颗粒的钒钛磁铁尾矿制备隔声板材，应用于建筑材料领域，有利于资源的合理利用和环境的有效保护。具体工作内容如下。

(1) 研究钒钛磁铁尾矿矿物学特性及活性。采用负压筛分法、激光粒度仪对尾矿的粒度组成进行分析，研究钒钛磁铁尾矿的粉磨特性及活性；结合 X 射线衍射(XRD)分析、傅里叶变换红外光谱(FT-IR)、扫描电子显微镜(SEM)等测试技术对不同粉磨的尾矿矿物组成进行分析；结合电感耦合等离子体质谱法(ICP-MS)与活性指数对尾矿的活性进行分析。

(2) 研究钒钛磁铁尾矿复合胶凝材料水化特性。制备纯水泥与复合胶凝材料净浆试件，测试其水化热特性，分析复合胶凝材料的水化产物，进而探索复合胶凝材料的水化反应机理。

(3) 制备钒钛磁铁尾矿复合胶凝材料隔声板材。依据隔声原理，制备板材制品，初步确定原料的基本配合比，而后通过单因素实验，制备隔声板材制品，并通过匹配设计对隔声板材进行性能优化。

2. 主要科技创新

采用机械活化的方式对钒钛磁铁尾矿活化，研究了钒钛磁铁尾矿粉磨特性和活性；在活化研究的基础上，研究了钒钛磁铁尾矿复合胶凝材料的制备及性能，揭示了其水化机理；基于隔声原理，利用钒钛磁铁尾矿复合胶凝材料和粗颗粒钒钛磁铁尾矿，制备了符合硅酸钙板标准的隔声板材。

(1) 通过对钒钛磁铁尾矿粉磨特性和活性研究，构建粉磨钒钛磁铁尾矿比表面积与粉磨时间的动力学方程：$S = -416.81 + 567.69 \lg t$，$R^2 = 0.982$；粉磨后钒钛磁铁尾矿硅离子、铝离子浓度随粉磨时间的延长而增大，其对应最高浓度分别可达 13.04mg/L、4.59mg/L；钒钛磁铁尾矿的活性指数在 62.5%～70.1%之间。

(2) 钒钛磁铁尾矿粉的掺入，降低了胶凝体系放热总量，使 $Ca(OH)_2$ 晶体状态析出所需时间延长，掺有钒钛磁铁尾矿粉的胶凝材料体系中的活性组分在碱性环境下发生二次水化，促使活性硅铝组分与 $Ca(OH)_2$ 反应生成更多的水化产物，为复合胶凝材料的力学性能提供了保证。

(3) 钒钛磁铁尾矿复合胶凝材料和粗颗粒尾矿制备的单层隔声板材及多层结构隔声板材，其抗折强度满足 R1～R2 级的要求。单层隔声板材中单掺 0.93vol%(vol%表示体积分数)微细钢纤维时，抗折强度达 8.0MPa；单掺 1wt%(wt%表示质量分数)橡胶粉时，其抗折强度达到 8.8MPa；复掺 1.6vol%微细钢纤维与 3wt%橡胶粉时，其抗折强度达 6.1MPa。分层浇注制备的多层结构板材，抗折强度最高值为 8.2MPa。

1.2　钒钛磁铁尾矿制备隔声板材研究的工作思路和技术路线

1.2.1　钒钛磁铁尾矿制备隔声板材研究的工作思路

本章遵循着"特性研究→活性研究→机理研究→性能研究→工艺研究"的思路，选用河北省承德地区的钒钛磁铁尾矿，根据铁尾矿已有的研究及发展方向，探索钒钛磁铁尾矿新的利用途径，基于钒钛磁铁尾矿特有的贫硅富铁的特点，再协同废旧橡胶、硅灰的综合利用，探索使用钒钛磁铁尾矿粉、硅灰作辅助胶凝材料和原状钒钛磁铁尾矿当作砂制备成具有功能性的隔声板材，并探索其隔声性能的相关性能。具体工作思路如下。

1. 钒钛磁铁尾矿的组成及结构

使用钒钛磁铁尾矿作辅助胶凝材料，须了解该原料的基本物理性能及化学特性。辅助胶凝材料是以 SiO_2、Al_2O_3、CaO 等多种氧化物为主要成分的粉体材料，且一般为工业固体废弃物。由于尾矿种类、产地、工艺等不同，其理化性质不尽相同。本章采用 XRF、XRD 和 SEM 等测试方法研究钒钛磁铁尾矿的组成及结构，为后续钒钛磁铁尾矿活化性能的研究奠定了基础。

2. 钒钛磁铁尾矿的活化

本章采用机械物理活化的方式，尝试提高尾矿的活性，使其具有较高的水化活性。并根据铁尾矿的行业标准对照研究钒钛磁铁尾矿的活性。采用 SEM、XRD、FT-IR 等表征手段探究活化后钒钛磁铁尾矿的组成、结构及活性变化。

3. 探究新胶凝材料水化热及水化机理

通过等温传导量热法分别对纯水泥(100%)、钒钛磁铁尾矿-水泥(3∶7)、钒钛磁铁尾矿-硅灰-水泥(2∶1∶7)三种胶凝材料的水化放热速率和累计放热量进行测定，并结合 XRD、SEM、FT-IR 等测试手段探究钒钛磁铁尾矿复合胶凝材料在不同龄期水化产物组成及结构，以揭示水化反应机理。

4. 探索不同原料组分、不同结构板材的各项性能的研究

钒钛磁铁尾矿粉中 SiO_2 的含量较低，即便是激发的效果比较显著，也可能存在因为硅的含量较低导致的辅助胶凝材料整体活性较低的问题。本章首先对钒钛磁铁尾矿进行粉磨处理，在最大限度地利用钒钛磁铁尾矿、废弃橡胶粉基础上，依据隔声性能的基本原理，在胶凝材料中掺入硅灰及钢纤维等原料，使复合材料各项性能得以优化，并采用蒸养的方式对隔声板材进行养护，使制备的隔声板材达到最优性能，最终达到钒钛磁铁尾矿高附加值利用的目的。

1.2.2 钒钛磁铁尾矿制备隔声板材的技术路线

基于研究思路绘制了技术路线，如图 1.3 所示。首先探究钒钛磁铁尾矿的特性，然后将钒钛磁铁尾矿进行不同时间的粉磨，再进行不同掺量对比；采用粒度

分析、XRD、SEM、FT-IR 等表征手段研究不同粉磨时间的钒钛磁铁尾矿的粒度
分布、矿物组成、形貌特征等。通过研究分析活性,进而探索复合胶凝材料的最
佳配比、纤维的最佳掺量以及在不影响强度的前提下尽可能提高废橡胶粉的掺量;
确定胶凝材料各组分对其性能的影响规律。

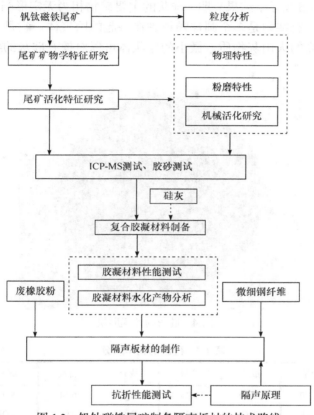

图 1.3　钒钛磁铁尾矿制备隔声板材的技术路线

1.2.3　钒钛磁铁尾矿制备隔声板材用原料

1. 钒钛磁铁尾矿

实验所采用的钒钛磁铁尾矿取自河北承德地区,与标准砂的外观尺寸大小相
近。钒钛磁铁尾矿的其他特征见 1.3.1 节。

2. 硅灰

实验所采用的硅灰取自天津某厂。硅灰又称微硅粉,由冶炼冶金和工业硅产生
的 SiO_2 和 Si 气体,在空气中迅速氧化,并经冷凝获得的一种微米级超细硅质粉体

材料。其外观形貌如图 1.4 所示。硅灰中细度小于 1μm 的占 80%以上，平均粒径为 0.1～0.3μm，比表面积为 20～28m²/g。其平均细度和比表面积约为水泥的 90 倍，粉煤灰的 60 倍。化学成分分析见表 1.2，硅灰中 SiO_2 含量为 93.50wt%，Al_2O_3 含量为 0.94wt%，MgO 含量为 0.54wt%，Fe_2O_3 含量为 0.10wt%。硅灰的 XRD 分析结果如图 1.5 所示。结果表明，硅灰的主要矿物相为无定形圆球状颗粒，且表面较为光滑，有些则是多个圆球颗粒黏在一起的团聚体。它是一种比表面积很大、活性很高的火山灰物质。微小的球状体可以对掺有硅灰的物料起到润滑的作用。

图 1.4　硅灰的外观形貌

表 1.2　硅灰的化学成分　　　　　(单位：wt%)

成分	含量	成分	含量	成分	含量	成分	含量
SiO_2	93.50	Na_2O	0.24	MgO	0.54	SO_3	0.12
Al_2O_3	0.94	PbO	0.01	CaO	0.08	LOI	3.40
Fe_2O_3	0.10	P_2O_5	0.81	K_2O	0.26		

注：LOI 代表烧失量。

3. 水泥

实验所用水泥全部使用北京金隅平谷水泥有限公司生产的 42.5 强度的 P·I硅酸盐水泥。如图 1.6 所示，水泥外观颜色主要呈青黄色，颗粒较细。硅酸盐水泥的主要化学成分有 CaO、SO_3、SiO_2、Al_2O_3、MgO、Fe_2O_3 等(表 1.3)，其含量在硅酸盐水泥要求的范围之内。其物相组成包括 C_3S、C_2S、C_3A、C_4AF 等(图 1.7)。

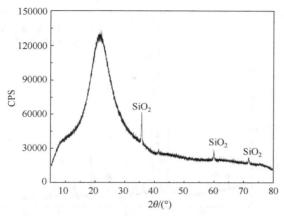

图 1.5　硅灰的 XRD 谱图

图 1.6　水泥的外观形貌

表 1.3　水泥的化学成分　　　　　　　　　　　　　（单位：wt%）

成分	含量	成分	含量
SiO_2	21.81	SO_3	2.13
Fe_2O_3	2.78	Al_2O_3	5.00
CaO	63.55	MgO	2.28
Na_2O	0.15	TiO_2	0.25
K_2O	0.56	LOI	1.49

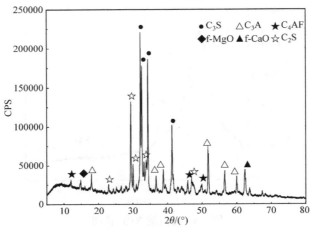

图 1.7　基准水泥的 XRD 谱图

4. 废橡胶粉

本章所采用的废弃橡胶取自北京建筑材料检验研究院。其外观形貌如图 1.8 所示。橡胶粉的颗粒如果太大则会在压制成型过程中有较大的弹力，当压制成型的压力撤去时会对刚刚压制成型的面层造成反弹破坏，且由于橡胶粉颗粒越大，在制品中形成的缺陷越大，对成型之后的强度会产生负面影响。成块的废弃橡胶粉经过砂轮磨碎之后方可使用。同时结合粉碎过程的能耗因素，上述对橡胶粉颗粒尺寸的限定是在牺牲较小强度的情况下得出的。上述回收废旧橡胶得到的橡胶粉，提高了阻尼性能、增加了黏弹性、消耗了声波振动的能量，进而在一定程度上解决了纤维板低频隔声差的问题。所述橡胶粉的粒径小于 0.6mm，且粒径小于 0.3mm 的橡胶粉的比例大于 60wt%。

图 1.8　废橡胶粉的外观形貌

5. 微细钢纤维

一般的钢纤维可强化水泥的力学性能和抗裂性能，但因直径太大，效果并不明显。微细钢纤维在水泥中单位体积占比小，可将抗裂性能发挥到极致。本章采用的微细钢纤维如图 1.9 所示，其表面镀铜，呈现金属光泽，取自河北某厂。其中重要物理参数为：平均长度 12mm；直径 0.21mm；单根抗拉强度 2100MPa；杂质含量 0.1%。

图 1.9　微细钢纤维的外观形貌

6. 其他原料

1) 水

本章实验用水为北京建筑材料科学研究总院有限公司(固废资源化利用与节能建材国家重点实验室)提供的自来水及去离子二级用水。其中水化热实验采用由 Elix Essential 纯水系统净化的分析实验室二级用水，其电导率(25℃)≤0.10mS/m，可氧化物质含量(以 O 计)≤0.08mg/L，吸光度(254nm，1cm 光程)≤0.01，蒸发残渣[(105±2)℃]含量≤1.0mg/L，可溶性硅(以 SiO_2 计)≤0.02mg/L。

2) 标准砂

实验所用砂由国家指定的国内唯一定点生产经营中国 ISO 标准砂的企业厦门艾思欧标准砂有限公司提供。

1.2.4　钒钛磁铁尾矿制备隔声板材的实验方法

1. 钒钛磁铁尾矿制备隔声板材用实验设备

本研究所有实验设备均由北京建筑材料科学研究总院有限公司(固废资源化利用与节能建材国家重点实验室)提供，如表 1.4 所示。

表 1.4　钒钛磁铁尾矿制备隔声板材实验所用仪器

仪器名称	型号	生产厂家
标准光源对色灯箱	JugeQC	苏州市旺平达仪器设备有限公司
电热恒温鼓风干燥箱	DHG-9920A	上海一恒科学仪器有限公司
水泥球磨机	SMΦ500×500	献县亚星公路建筑仪器厂
全自动真密度分析仪	3H-2000TD2	上海科恒实业发展有限公司
全自动比表面积测定仪	QBE-9	上海科恒实业发展有限公司
混凝土加速养护箱	HJ-84	北京欣宜正豪科技有限公司
水泥胶砂搅拌机	JJ-5	献县宏达仪器厂
水泥胶砂振实台	ZS-15	献县亚星公路建筑仪器厂
水泥胶砂流动测定仪	NLD-3	上海爵根贸易有限公司
标准恒温恒湿养护箱	YH-40B	沧州昊宇仪器设备有限公司
微控电液伺服压力试验机	YAW-3000	上海三思纵横机械制造有限公司
激光粒度分析仪	Ms 2000	上海魁元科学仪器有限公司
电感耦合等离子体质谱仪	Optima	上海善福电子科技有限公司
水泥净浆搅拌机	NJ-160B	河北科析仪器设备有限公司
扫描电子显微镜	SUPRA55	卡尔蔡司(上海)管理有限公司
净浆实验模具	30mm×30mm×50mm	沧州建丰仪器设备有限公司
胶砂三联试模	40mm×40mm×160mm	沧州建丰仪器设备有限公司
板材实验模具	250mm×250mm×50mm	沧州建丰仪器设备有限公司
纯水系统	Elix Essential	北京盛科信德科技有限公司
Calmatrix 等温量热仪	1-Cal 8000HPC	热安(上海)仪器仪表有限公司
振动台	GZ-85	无锡建仪仪器机械有限公司
热重分析仪	Q500 TA	上海莱睿科学仪器有限公司
傅里叶变换红外光谱仪	IR-960	天津瑞岸科技有限公司
X 射线衍射仪	X'Pert Powder	荷兰帕纳科公司

2. 钒钛磁铁尾矿制备隔声板材用原材料及成品性能测试方法

1) 钒钛磁铁尾矿粉磨处理

首先称取 5kg 钒钛磁铁尾矿置于干燥箱中，在 105℃下干燥 4h，自然冷却至室温，再放入球磨机中经不同粉磨时间处理后备用。

2) 活性检验基本方法

根据行业标准《用于水泥和混凝土中的铁尾矿粉》(YB/T 4561—2016)，参照尾矿粉与水泥比例为 3∶7 组成的胶凝材料，胶砂比 1∶3，水胶比 1∶2，即尾矿

135g、水泥 315g、标准砂 1350g、水 225g。先将粉料倒入锅内，升起到固定位置，低速搅拌 30s，然后加砂再高速搅拌 30s，停止一定时间后，再高速搅拌 60s。将搅拌好的料浆加入标准试模(40mm × 40mm × 160mm)，在振动台上振动使其浆体填满各个角落，均匀分布。待 24h 后拆模，放入标准养护室(或混凝土加速养护箱，升温速度 13℃/h，恒温 80℃持续 12h 后断电，自然冷却至室温)继续养护。最后对养护到龄期的试件做抗折、抗压强度测试。

3) 净浆试件的制备

根据国家标准《通用硅酸盐水泥》(GB 175—2007)及《水泥标准稠度用水量、凝结时间、安定性检验方法》(GB/T 1346—2011)测得新胶凝材料的标准稠度为 0.27，因此净浆实验的水胶比取 0.27 制备试件。首先用搅拌机将加水的辅助胶凝材料与水泥的混合溶液搅拌均匀，最后浇注到 30mm × 30mm × 50mm 标准实验模，经振动后将成型的试件在标准条件下养护到指定龄期。

4) 胶凝材料复合水泥胶砂试件的制备

依据《水泥胶砂强度检验方法(ISO 法)》(GB/T 17671—1999)标准，将制备的胶凝材料与水泥混合后放入搅拌机内加水混合均匀，然后浇注到 40mm × 40mm × 160mm 试模中，振动成型，置于标准条件下养护。方法同上述 "2)活性检验基本方法"。

5) 密度测定

取干燥洁净的李氏密度瓶一个，向瓶中注入无水煤油，使煤油到达刻度线 0.5mL 左右的位置，同时塞上玻璃瓶塞，于恒温水槽内恒温 30min，使刻度完全浸入水平面以下，此时记下读数 V_1；从水槽中取出李氏密度瓶，并用滤纸清洗李氏密度瓶中无煤油的部分；30min 后拿出浸泡在水中的李氏密度瓶，用干燥的毛巾轻轻擦干表面的水珠，塞上瓶塞，称取质量为 M_1。称取 60g 制备好的钒钛磁铁尾矿粉，用小勺每次取少许样品缓缓倒入李氏密度瓶中，同时不停晃动或手动转圈，轻磕李氏密度瓶底部，直到粉料灌至李氏密度瓶底部，且无气泡出现为止。用纸巾轻轻擦净李氏密度瓶瓶口附着的尾矿粉，塞上瓶塞称取现在的质量为 M_2。再次将李氏密度瓶静置于恒温水槽中 30min，记下读数 V_2。最后利用密度计算公式 $\rho = (M_1 - M_2)/(V_1 - V_2)$ 得出结果。

6) 比表面积测定

使用 QBE-9 型全自动比表面积测定仪对样品的比表面积进行测定。工作环境要求如下：温度，8~34℃；湿度<85%；工作电压，220V；50Hz；无腐蚀性气体及强电磁场辐射场合。为了获得一定质量的试件层，试件所用质量公式按式(1.5)确定。称取所需质量的样品 $w(g)$，实验时要特别注意样品的精确度，一般精确至 0.001g。拿出已清理干净的圆筒，固定到底座上，然后将带有小孔的小圆钢片放入圆筒内，并使其保持与底面平行，然后用粗长棒将专用的滤纸捣入筒内，再用

细长棒送至底部使其与放入的小圆钢片紧贴;将称量好的样品倒入圆筒内部,再拿一张专用滤纸,用粗长棒捣入筒内,再用细长棒送至样品接触面,使其与样品完全紧贴;将备好的试件圆筒放入比表面积测定仪的样品槽内,按测定键测定比表面积。

7) 粒度分析

粉体粒度作为粉体材料主要指标之一,直接影响其相关产品的工艺参数及使用性能,其测试方法据统计有百余种。常见的方法有沉降法、图像法、电阻法、筛分法及激光法。采用负压筛分法、激光衍射法及显微图像法相结合的方式分析实验所用原料的粉体粒度。三种分析方法弥补了负压筛分法难以测量小于 400 目粉体粒度,激光衍射法不宜测量粒度分布很窄样品,显微图像法不宜分析粒度分布范围宽的样品的不足。

8) 碱性溶出 Si^{4+} 与 Al^{3+} 测定

分别称取 1g 不同粉磨时间的钒钛磁铁尾矿的样品,分别置于装有 1mol/L 100mL NaOH 的塑料瓶中(空白组样品置于 100mL 的去离子水中),经密封之后置于 20℃的标准养护箱中养护 7d。到 7d 龄期之后,采用滤纸过滤,将滤液密封于塑料瓶中,采用电感耦合等离子体质谱仪(ICP-MS)对溶液中的 Si^{4+} 与 Al^{3+} 含量进行测定。

3. 钒钛磁铁尾矿制备隔声板材用测试方法

1) 水泥强度测试方法

水泥砂浆的制备和力学性能测试依据《水泥胶砂强度检验方法(ISO 法)》(GB/T 17671—1999)进行,其力学性能的测试值通过以下方法得出。

$$R_f = 1.5 F_f L/b^3 \tag{1.1}$$

式中,R_f 为试件抗折强度,MPa;L 为支撑圆柱间距离,mm;F_f 为破坏荷载,N;b 为棱柱体正方形截面边长,mm。加载速率为(50±10)N/s。

$$R_c = F_c/A \tag{1.2}$$

式中,R_c 为试件抗压强度,MPa;F_c 为破坏荷载,N;A 为受压面积,1600mm²。加载速率为(2400±200)N/s。

2) 板材抗折强度测试方法

板材抗折性能依据《纤维水泥制品试验方法》(GB/T 7019—2014)进行,其抗折性能的测试通过以下方法判定。

$$R = 3PL/2be^2 \tag{1.3}$$

式中,R 为抗折强度,MPa;P 为破坏荷载,N;L 为支撑圆柱间距离,mm;b 为试件断面宽度,mm;e 为试件断面厚度,mm。加载速率为(50±10)N/s。

3) 胶砂流动度比测试方法

胶砂流动度比测试依据《矿物掺合料应用技术规范》(GB/T 51003—2014)进行，其流动度比按照以下方法测定。

$$F = \frac{L_1}{L_0} \times 100\% \tag{1.4}$$

式中，F 为受检胶砂流动度比，%；L_1 为胶砂流动度，mm；L_0 为试件断面宽度，mm。

4) 比表面积测试方法

原材料的比表面积测定依据《水泥比表面积测定方法　勃氏法》(GB/T 8074—2008)进行，其所需试件的质量依据以下方法确定。

$$w = \rho v (1 - \varepsilon) \tag{1.5}$$

式中，w 为需要的试件质量，g；ρ 为试件的密度，g/cm^3；ε 为试件层孔隙率，一般采用 0.500 ± 0.005；v 为试件圆筒内试件层的体积，cm^3。需定期校准试件圆筒的容积。

4. 钒钛磁铁尾矿制备隔声板材的分析与表征

1) 比表面积测定

采用勃氏法(QBE-9 型全自动比表面积测定仪)测定磨细钒钛磁铁尾矿、基准水泥、硅灰的比表面积。

2) 粒度分布分析测定

采用 Ms 2000 激光粒度分析仪进行钒钛磁铁尾矿的粒度分析，其量程 $0.02 \sim 2000 \mu m$。

3) 热重分析

采用上海莱睿科学仪器有限公司所生产的 Q500 TA 热重分析仪，主要研究分析原材料的矿物成分。

4) 红外光谱分析

采用天津瑞岸科技有限公司所生产的 IR-960 型傅里叶变换红外光谱仪，主要用于分析原材料的化学成分。

5) X 射线衍射分析

X 射线衍射(X-ray diffraction, XRD)的实验原理是对矿物材料进行 X 射线衍射，因晶体或者非晶体结构的不同，入射的 X 射线有不同的特定的衍射方向。根据其衍射的强度与方向，依据布拉格公式 $2d\sin\theta = n\lambda$，计算 X 射线的波长，查看已有资料，分析矿物材料中所含矿物相。为鉴定原状钒钛磁铁尾矿的矿物相，取筛分后筛底的原状钒钛磁铁尾矿留样并进行 XRD 分析。测试图谱及数据与 Jade 软件导入的PDF元素卡片进行检索对照。采用荷兰帕纳科公司所生产的帕纳科X'Pert Powder型X射线衍射仪，主要探究原材料及试件的水化产物及矿物结晶度。

6) 扫描电子显微镜分析

采用卡尔蔡司(上海)管理有限公司生产的型号为 SUPRA55 的扫描电子显微镜(SEM)，该仪器主要用来观察分析胶凝材料体系中水化产物的微观外貌特征，从而确定水化产物的主要成分。

1.3　钒钛磁铁尾矿的特性及活性研究

1.3.1　钒钛磁铁尾矿的特性研究

1. 钒钛磁铁尾矿的物理特性

实验用钒钛磁铁尾矿取自河北省承德市河北睿索固废工程技术研究院有限公司，原状钒钛磁铁尾矿筛分结果见表 1.5。钒钛磁铁尾矿的颗粒粗，0.15mm 以上的颗粒占整体的 90%以上，颗粒主要分布在 0.3~1.18mm 之间，这一区间的颗粒占 60%以上。参照《建设用砂》(GB/T 14684—2011)，采用标准套，对烘干处理过的钒钛磁铁尾矿，采用量程 1kg、感量 1g 的天平称量原料 500g，倒入依次套好的标准筛，利用摇筛机摇筛 10min，称量取得数据并进行筛分分析。$M_x=[(A_2+A_3+A_4+A_5+A_6)-5A_1]/(100-A_1)(A_1-A_6)$，$A_1$~$A_6$ 分别表示筛孔 4.75mm、2.36mm、1.18mm、0.60mm、0.30mm、0.15mm 颗粒的累计筛余率(%)。细度模数为 2.49，属中砂，且级配合格。采用 Φ500mm×500mm 的水泥实验球磨机，进行机械活化实验，粉磨物料为 5kg。根据《水泥密度测定方法》(GB/T 208—2014)，利用李氏密度瓶法用煤油作介质，测得钒钛磁铁尾矿的密度为 3.20g/cm³。

表 1.5　原状钒钛磁铁尾矿的筛分结果

筛孔尺寸/mm	筛余量/g	分计筛余率/%	累计筛余率/%
4.75	0.35	0.07	0.07
2.36	16.20	3.24	3.31
1.18	76.40	15.28	18.59
0.60	164.70	32.94	51.53
0.30	157.45	31.49	83.02
0.15	50.55	10.11	93.13
<0.15	34.30	6.86	—

2. 钒钛磁铁尾矿的 SEM 分析

原状钒钛磁铁尾矿 SEM 图如图 1.10 所示，可见钒钛磁铁尾矿的整体颗粒粒径较大，大小分布不均匀，且形状不一，外形不规则，大致呈棱角状、片状、长柱状等不规则的形貌。其颗粒表面粗糙，初步判断可与浆体产生一定程度的摩擦，具有一定的机械咬合力。质地致密，几乎看不见空隙及微孔，直观看具有一定的强度。由原状钒钛磁铁尾矿 SEM 图可知，组成尾矿的矿物颗粒，多数大颗粒周围为微米级尺寸的细小微粒，未发现团聚性粒子及微粉。

图 1.10　钒钛磁铁尾矿的 SEM 图

(a) 原状钒钛磁铁尾矿；(b) 10 倍放大图

3. 钒钛磁铁尾矿的化学成分分析

钒钛磁铁尾矿的化学成分分析通过 X 射线荧光(X-ray fluorescence，XRF)手段进行分析。实验通过放射 X 射线，使矿物材料产生次级 X 射线，同时样品受激发后发射某一元素的特征 X 射线。因不同元素发出的特征 X 射线能量和波长不同，即可根据能量与波长的不同判断是何种元素发出的，进行元素定性分析。钒钛磁铁尾矿的化学成分如表 1.6 所示，由表可知，钒钛磁铁尾矿的主要成分为 SiO_2，其含量只有 43.20wt%，属于低硅($SiO_2 < 60$wt%)矿物材料，缺少胶凝体系所需的硅质材料。另外，还含有少量的 Fe_2O_3、CaO、Al_2O_3、MgO 等组分。相比于高硅铁尾矿(表 1.7)，钒钛磁铁尾矿的 SiO_2 含量减少 18.64 个百分点。矿物材料的二次水化主要依赖于辅助胶凝材料中的活性 SiO_2 和活性 Al_2O_3。单从化学成分上分析，矿物材料中的 SiO_2 和 Al_2O_3 含量对二次水化及后期强度的发展有着一定程度的影响。

表 1.6　钒钛磁铁尾矿的化学成分　　　　　　　（单位：wt%）

成分	含量	成分	含量	成分	含量	成分	含量
SiO$_2$	43.20	Na$_2$O	0.56	MgO	11.26	TiO$_2$	0.91
Al$_2$O$_3$	7.63	MnO	0.20	CaO	21.93	LOI	2.97
Fe$_2$O$_3$	10.95	SO$_3$	0.09	K$_2$O	0.30		

表 1.7　高硅铁尾矿的化学成分　　　　　　　（单位：wt%）

成分	含量	成分	含量	成分	含量	成分	含量
SiO$_2$	61.84	Na$_2$O	2.79	MgO	3.67	MnO	0.11
Al$_2$O$_3$	11.77	SO$_3$	0.43	CaO	3.73	LOI	3.83
Fe$_2$O$_3$	8.59	TiO$_2$	0.42	K$_2$O	2.82		

参照矿渣粉的计算公式，根据表 1.6、表 1.7，得出铁尾矿的碱度系数和质量系数大致如下：

钒钛磁铁尾矿：B(碱度系数)$=w_{CaO+MgO}/w_{SiO_2+Al_2O_3}=0.65<1$

K(质量系数)$=w_{CaO+MgO+Al_2O_3}/w_{SiO_2+MnO+TiO_2}=0.92<1.2$

同理，高硅铁尾矿：B(碱度系数)$=0.10<1$，K(质量系数)$=0.31<1.2$。

按矿渣粉标准，钒钛磁铁尾矿化学成分中碱性氧化物与酸性氧化物的比值称为碱度系数，反映了废渣碱性的高低。活性组分与低活性和非活性组分的比值称为质量系数，粗略反映了化学废渣活性高低。从碱度系数计算结果看，钒钛磁铁尾矿和高硅铁尾矿都属于酸性渣，但是钒钛磁铁尾矿比高硅铁尾矿的碱度系数要高。由质量系数计算结果可知，钒钛磁铁尾矿与高硅铁尾矿的质量系数都小于 1.2，二者活性远低于矿渣粉，同时也反映出钒钛磁铁尾矿的活性要好于高硅铁尾矿。

4. 钒钛磁铁尾矿的物相分析和 TG 分析

1）钒钛磁铁尾矿的物相分析

钒钛磁铁尾矿的 XRD 谱图如图 1.11 所示。由图可知：组成钒钛磁铁尾矿的矿物组成主要为辉石、铁韭闪石、绿泥石、黑云母等。图中特征衍射峰尖锐而明显，矿物结晶度好，物理化学性质稳定。组成钒钛磁铁尾矿的矿物还有极少的斜硅镁石和云母，此类矿物在 XRD 谱图中特征峰数量少，衍射峰不明显。

2）钒钛磁铁尾矿的 TG 分析

TG 分析是一种热分析技术，用以探究样品的质量与温度变化关系，从而研究材料的热稳定性和组分。如图 1.12 所示，热重分析结果显示，在氮气环境中，以 20℃/min 速率持续加热，钒钛磁铁尾矿的质量持续减少。直至温度升至 864℃时，钒钛磁铁尾矿的总失重率只有 1.960%，反映出钒钛磁铁尾矿良好的热稳定性，

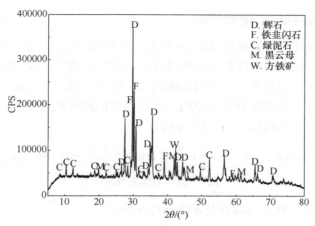

图 1.11　钒钛磁铁尾矿的 XRD 谱图

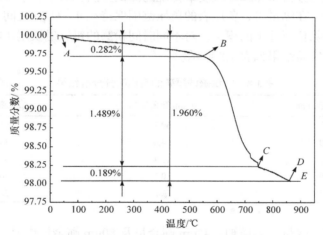

图 1.12　钒钛磁铁尾矿的热重分析曲线

也初步反映了热活化的方式对钒钛磁铁尾矿活性也许没有那么大的增益。显然，图中失重大致可分为四个阶段。AB 阶段(温度为 27～550℃)失重速率缓慢，可能是由于尾矿中吸附水的排除。这个时期温差 523℃前后质量总计损失 0.282%；到了 BC 阶段(即温度为 550～750℃)质量下降十分明显，温差 200℃前后质量总计损失 1.489%；CD 阶段(温度为 750～864℃)，失重速率较 BC 阶段稍迟缓，但仍比 AB 阶段高。温差 114℃前后，质量总计损失 0.189%。800℃前后质量减小，一般认为是碳酸盐分解释放出气体所致，其反应过程如下：$CaCO_3 \!=\!\!= CaO + CO_2$，$CaMg(CO_3)_2 \!=\!\!= MgO + CaO + 2CO_2$。最后一个阶段(即 DE 阶段)质量几乎不再损失，表现出比较稳定的状态。

1.3.2 钒钛磁铁尾矿粉磨特性研究

物相组成决定了钒钛磁铁尾矿中硅铝成分活性的高低。经化学分析及物相分析考证，钒钛磁铁尾矿的硅铝组分较低且辉石相存在稳定。利用化学活化或者热活化的方式会在一定程度上促进钒钛磁铁尾矿粉的活化，活化效率不会有陡幅提高。综合低能耗、利环保的活化原则，本章采用机械活化的方式，以提高尾矿粉的活性，活化实验流程图如图 1.13 所示。

图 1.13　机械活化实验流程图

1. 不同粉磨时间钒钛磁铁尾矿负压筛分分析

负压筛分是分析粉体颗粒粒度最传统的测试方法，对于小于 400 目(38μm)的粉料很难测量。在测量时，负压表的负压范围保持在 4～6kPa 之间，否则应立即停止实验并清除负压筛中的积灰。对不同时间粉磨的钒钛磁铁尾矿粉进行负压筛分测试。筛分实验结果如表 1.8 所示。

表 1.8　钒钛磁铁尾矿的负压筛分分析结果　　　　(单位：wt%)

粉磨时间/min	80μm 筛余量/%	45μm 筛余量/%
5	60.2	95.5
20	14.6	34.5
35	12.4	30.5
50	10.2	30.0
65	7.2	28.0

以时间作自变量，为横轴，45μm 筛余量及 80μm 筛余量作因变量，为纵轴，绘制二维平面图，如图 1.14 所示。由图可知，80μm 及 45μm 的筛余量呈现随粉磨时间延长整体减小的趋势。粉磨时间少于 35min 时，随粉磨时间的延长 80μm 筛余量与 45μm 筛余量迅速下降。粉磨 5min 时，颗粒整体较粗，80μm 筛余量高达 60.2%，45μm 筛余量也达到了 95.5%，远远没有达到矿物材料微粉用作辅助胶凝材料的细度要求。粉磨时间的延长促进了粉状颗粒的持续细化、粉末化。第 20min 时，尾矿微粉颗粒的 45μm 与 80μm 筛余量急剧减小，减小的幅度分别为 61.0% 和 45.6%。经分析初步判断，在 5～20min 时间段，正是大颗粒迅速转变为小颗粒的关键时期。粉磨 20min 时，19.9% 颗粒细度集中在 45～80μm 之间，此阶段之后，小颗粒再细化粉磨，效果减弱。第 20～65min 时间段内，曲线趋于平缓，粉磨对颗粒的细化幅度极度减小，粉磨效率大不如前；20～65min，45min 内 45μm 筛余量细度减小的最大幅度仅为 6.5 个百分点；80μm 筛余量细度减小的最大幅度

为 7.4 个百分点。初步判断，35min 这个时间点正是颗粒粉磨平衡点，即正处于颗粒解离-团聚状态的动态平衡的分界点。

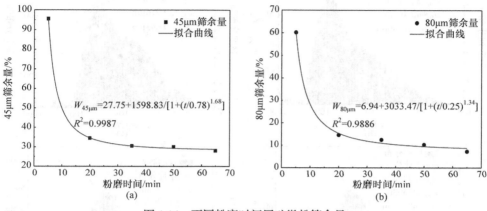

图 1.14　不同粉磨时间尾矿微粉筛余量

同样，以时间作自变量，为横轴，45μm 筛余量及 80μm 筛余量作因变量，为纵轴，绘制模拟曲线，如图 1.14 所示。相关系数分别是 $R^2=0.9987$ 与 $R^2=0.9886$，趋近于 1，相关度高，拟合效果比较好，实验数据离散程度低，验证了实验数据的可靠性。45μm 筛余量的拟合曲线方程为 $W_{45\mu m}=27.75+1598.83/[1+(t/0.78)^{1.68}]$，80μm 筛余量与粉磨时间存在一定的非线性曲线关系，$W_{80\mu m}=6.94+3033.47/[1+(t/0.25)^{1.34}]$。研究证明，无论是 45μm 筛余量还是 80μm 筛余量，都很好地体现出其良好的粉磨动力学规律。

2. 不同粉磨时间钒钛磁铁尾矿粒度特征分析

利用激光粒度仪测得的数据，分析粉磨粒度分布规律(图 1.15)。由筛分法的数据

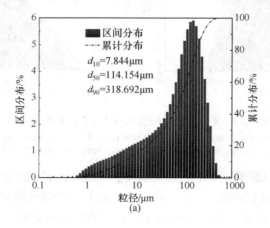

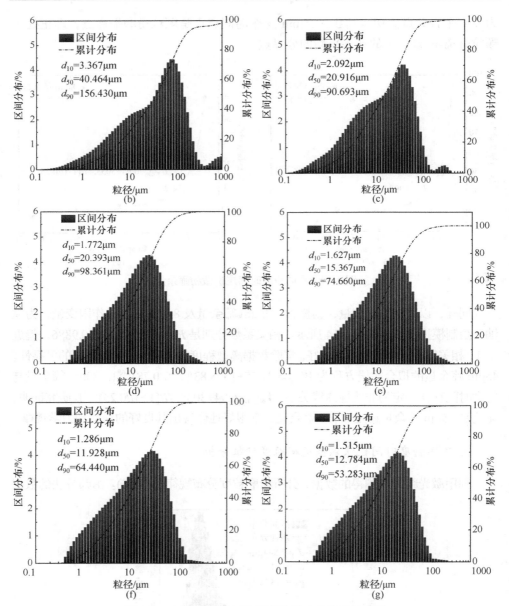

图 1.15 不同粉磨时间钒钛磁铁尾矿的粒度分布图

(a) 10min; (b) 20min; (c) 30min; (d) 35min; (e) 40min; (f) 50min; (g) 60min

d_{10}、d_{50}、d_{90} 表示颗粒累计分布为 10%、50%、90%的粒径，后同

分析可知，原状钒钛磁铁尾矿的粒径大多大于 150μm。机械力促进了尾矿粉颗粒粒度持续减小，粒度分布的宽度变窄，致使 100μm 以下的微观颗粒所占比例增加，其变化趋势如图 1.15 所示。粉磨 60min 时，小于 53.283μm 的颗粒已经高达 90%，平

均粒径也已经达到 12.784μm。粉磨效率呈现出先随时间提高，后又随之降低的趋势。

在 10～30min 阶段，粉磨时间的动态变化下，尾矿的粒度分布宽度曲线急剧变瘦，直观地反映出此阶段颗粒粒径快速细化，10min 时平均粒径为 114.154μm，30min 时已降低至 20.916μm。20min 的持续粉磨，使中位粒径降低了 93.238μm。此阶段在钢球的冲击、弯曲、剪切等作用下，粉磨时间持续加长，内能增加，产生应力应变的同时，颗粒内部的应力波逐渐向外界扩散。晶面缺陷处、裂纹处、晶粒界面处等薄弱的界面受到集中应力之后，率先遭到破坏。此阶段主要以晶体的各种缺陷破坏为主，也是大颗粒迅速转变为小颗粒的最佳效率，即矿物颗粒解离效果的最佳时期。

在粉磨时间段 35～60min 内，由尾矿粉的粒度分布图可知，瘦身效果不再显著，其分布范围几乎稳定，矿物颗粒粒径变化平缓，形成二次颗粒，接近粉磨的动态平衡。这是因为大致从第 35min 开始，颗粒细化到一定程度，其内部缺陷已经减少。颗粒的继续破碎、细化需要通过破坏晶粒完成，碳酸根与金属阳离子之间，硅酸根与金属阳离子之间的离子键发生折断。新表面形成，形成较之前阶段更为稳定的状态，表面能提高，颗粒的强度与硬度随之增加，粉磨细化的难度提高。另外，颗粒表面出现离子过剩现象，颗粒表面的不同坐标方位出现不同的电性核心。表面离子因为持续的机械折断，表面活性增加，颗粒表面由于范德瓦耳斯力、静电引力等作用，大量出现的粉体小颗粒发生团聚，大多数的分子间弱能键断裂而高能键不易破坏等因素，导致了粉磨效率降低，这与比表面积变化测试结果相符。粉磨 60min 以后，粒径在 53.283μm 以下颗粒的占比为 90%，出现大量亚微米级颗粒，进一步提升了尾矿的细度。

为直观地反映粉磨时间与其颗粒大小之间的函数关系，对两者的关系进行回归分析。此处仿照曲线模拟的方法。显然，等效粒径与时间双对数曲线具有较好的线性相关关系。由图 1.16 可知，等效粒径越大，颗粒的减小速率越容易受粉磨

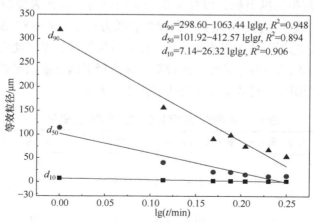

$d_{90}=298.60-1063.44 \lg \lg t, R^2=0.948$
$d_{50}=101.92-412.57 \lg \lg t, R^2=0.894$
$d_{10}=7.14-26.32 \lg \lg t, R^2=0.906$

图 1.16　不同粉磨时间钒钛磁铁尾矿的代表粒径变化趋势

时间的影响，表明了大颗粒比小细颗粒更易磨，再次诠释了前面所述的粉磨规律，与 Divas-Aliavden 方程分析得出的结论一致。

3. 不同粉磨时间钒钛磁铁尾矿的细度分析

比表面积是单位面积质量物料所具有的总面积，是粉体颗粒的大小、粒型及晶粒内部或团聚体内部的孔隙等参数的综合表征，一定程度上可反映粉体颗粒的化学活性。化学活性往往与其比表面积成正比。比表面积这一理化性质的重要性自然不言而喻。

钒钛磁铁尾矿粉磨时间少于 10min 时，颗粒依然很粗，难以用比表面积仪测出其比表面积。测定 10～60min 之间尾矿微粉的比表面积。实验结果(表 1.9)表明，粉磨时间的累加促进了其比表面积的不断增长。尤其是前 20min，粉磨效率最为明显，20min 时的比表面积为 350.4m²/kg，与 10min 时相比，比表面积增加了 121%，从第 10min 到第 20min 比表面积每分钟增长 19.18m²/kg，比表面积达到 350.4m²/kg，符合硅酸盐水泥的细度标准，但是距离铁尾矿粉行业标准要求的细度仍然有差距。30min 时对应的比表面积达到 401.2m²/kg，与 20min 时相比，比表面积增长了 50.8m²/kg，比表面积增长的速率为每分钟增加 5.08m²/kg，比起第一个 10min，比表面积增长速率降低了 14.10m²/kg，此时的比表面积已经达到铁尾矿粉的细度要求。40min 时，比表面积比第二个 10min 增加了 75.8m²/kg，比表面积增长的速率为每分钟增加 7.58m²/kg，比起第一个 10min，比表面积增长速率降低了 11.60m²/kg。可见在粉磨早期的前 20min 内粉磨速率最高，为每分钟 19.18m²/kg。从第 20min 开始降低，之后几个时间段的粉磨效率逐渐保持平稳。为进一步研究钒钛磁铁尾矿表面积与其粉磨时间的相关性，以粉磨时间的对数作横坐标，比表面积为纵坐标，以各个粉磨时间点对应的比表面积为基础，利用 Origin 软件进行线性拟合，并得到了其模拟直线方程 $S = -416.81 + 567.69 \lg t$，相关系数 $R^2 = 0.982$，趋近于 1，相关度较高，拟合效果较好，很好地反映了粉磨时间的对数与比表面积的线性相关性，比较契合地诠释了钒钛磁铁尾矿的粉磨动力学行为。其比表面积变化趋势及模拟直线如图 1.17 所示。

表 1.9　不同粉磨时间钒钛磁铁尾矿的比表面积

编号	粉磨时间/min	比表面积/(m²/kg)	编号	粉磨时间/min	比表面积/(m²/kg)
1	10	158.6	5	35	446.0
2	15	235.4	6	40	477.0
3	20	350.4	7	50	570.1
4	30	401.2	8	60	599.2

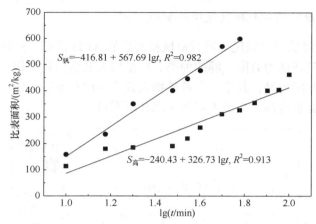

$S_{钒} = -416.81 + 567.69\,\lg t,\ R^2 = 0.982$

$S_{高} = -240.43 + 326.73\,\lg t,\ R^2 = 0.913$

图 1.17　不同粉磨时间尾矿微粉的比表面积变化趋势

4. 钒钛磁铁尾矿易磨性分析

钒钛磁铁尾矿的大宗利用或高附加值利用效果与其粉磨效率戚戚相关。粉磨效率的高低又与粉磨能耗紧密联系。钒钛磁铁尾矿的综合利用以绿色生态为前提。本小节中来自北京密云地区的高硅铁尾矿的粉磨时间与比表面积的对应关系如表 1.10 所示，其粉磨 90min 时，高硅铁尾矿的比表面积才达到 355.0m²/kg，然而钒钛磁铁尾矿粉磨 20min 时，比表面积就已经达到了 350.4m²/kg。可见钒钛磁铁尾矿的粉磨效率比高硅铁尾矿高出近 4.5 倍。

表 1.10　不同粉磨时间高硅铁尾矿比表面积

编号	粉磨时间/min	比表面积/(m²/kg)	编号	粉磨时间/min	比表面积/(m²/kg)	编号	粉磨时间/min	比表面积/(m²/kg)	编号	粉磨时间/min	比表面积/(m²/kg)
1	20	114.0	4	50	219.9	7	80	327.0	10	110	404.4
2	30	180.3	5	60	261.0	8	90	335.0	11	120	462.6
3	40	191.4	6	70	311.6	9	100	401.5			

为了直观对比两种尾矿的粉磨效率及其易磨性高低，分别模拟两种尾矿的比表面积与其粉磨时间的关系曲线，结果如图 1.17 所示。如模拟函数方程表述，钒钛磁铁尾矿的模拟直线高于高硅铁尾矿的模拟直线，直观反映出钒钛磁铁尾矿粉磨效率的压倒性优势。其比表面积与粉磨时间均呈现出单对数的线性关系，相关系数分别达到了 0.982 与 0.913，模拟效果良好。钒钛磁铁尾矿模拟直线斜率为 567.69，是高硅铁尾矿模拟直线斜率的 1.74 倍，也表明了钒钛磁铁尾矿易磨性良好。

5. 不同粉磨时间钒钛磁铁尾矿的物相分析

图 1.18 是将钒钛磁铁尾矿进行机械粉磨后的 XRD 谱图。整体来看，机械力粉磨对晶型的破坏能力有限，峰的种类、数量均未发生明显变化，从图中看到尾矿经过一定时间的粉磨，其中所含各矿物成分基本没有发生变化，主要成分依然是辉石，且结晶程度高，机械力对其作用并不明显。

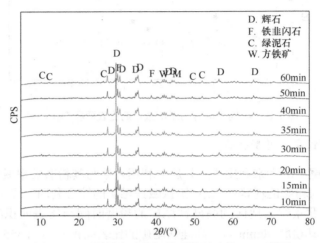

图 1.18　不同粉磨时间钒钛磁铁尾矿的 XRD 谱图

粉磨时间的增长，导致颗粒逐渐细化，钒钛磁铁尾矿的各矿物成分衍射峰值发生了一定程度变化，矿物衍射峰值均略有降低，尤其是衍射角在 10°～15°之间。经查，此处主要矿物相为绿泥石，峰高有明显降低，其相应的 X 射线衍射峰强度随之降低，甚至消失。30min 之前机械粉磨时间较短，粉磨不均匀不充分，矿物中的内部结构发生微弱变化，化学键没有完全断裂，此时新化学键之间的重新组合能力较弱。也由此验证了前述，在 30min 之前，晶面缺陷处、裂纹处、晶粒界面处等薄弱的界面率先遭到破坏的推论。机械力作用 30min 之后，随着机械力作用的持续增强，变化开始明显，表明了机械力粉磨对绿泥石的结晶度有明显降低，使其所含羟基物脱水，从而出现断裂的新化学键相互重新组合成新物质，原子之间的距离也发生了变化，对其晶格的破坏效果明显。由此验证了 30min 之后，颗粒的继续破碎、细化需要通过破坏晶粒完成的推论。由此推测此矿物晶格的破坏为硅铝溶出浓度做出了一定贡献。

其他衍射角的峰高与峰宽无明显变化，表明钒钛磁铁尾矿在机械力作用下几乎没有发生晶格的破坏，机械力对粉磨的钒钛磁铁尾矿粉做功，会转化并存储为相应的化学能及表面能，等待与更为活跃的表面接触并反应。

图 1.19 为不同粉磨时间尾矿的 FT-IR 图谱。硅酸盐矿物的红外光谱主要表现

为复杂的 Si—O 基团(络阴离子)的振动。图中 1250～1080cm^{-1} 为石英吸收谱带的最强吸收区，属 Si—O 非对称伸缩振动，由一强带(1100～1080cm^{-1})及一弱带(1250～1160cm^{-1})组成，吸收带宽而强。800～600cm^{-1} 有两个中等强度的窄带，属 Si—O—Si 对称伸缩振动。800cm^{-1} 处的中等强度吸收带是石英族矿物的特征峰。600～300cm^{-1} 范围属 Si—O 弯曲振动，460cm^{-1} 处为吸收谱的第二个强吸收带。由于某些矿物含量较低，不能很好地辨识，如辉石在 1150～900cm^{-1} 处的强吸收带、800～700cm^{-1} 处的弱吸收带、500～300cm^{-1} 范围内的 Si—O—Si 和 O—Si—O 的弯曲振动、Ca(Na)—O 的伸缩振动三者和石英的谱带重合。

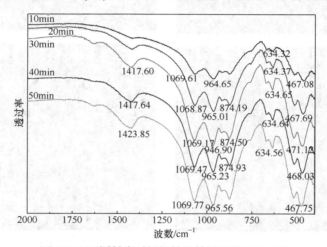

图 1.19　不同粉磨时间钒钛磁铁尾矿的 FT-IR 图

　　在粉磨初期，主要是矿物颗粒尺寸变化，磨球的碰撞能量能够切断 Si—O—Si 键，微纳米粒级颗粒增加，并生成原子基团。此时红外光谱变化可能是由于晶粒尺寸减小到纳米级，原有非纳米常规晶体满足的周期性边界条件遭到破坏，晶体的长程有序结构可能有所改变。随着粉磨时间的延长，红外光谱一强带出现吸收带扩宽，这是由于晶体颗粒变细，粉体表面不对称电子数量随着粉体粒径变小而增多，垂直表面悬键的伸缩振动变得十分活跃，振动活性增强，伸缩振动的吸收峰也得到增强。中等谱带开始分裂尖锐化，强度减弱。Si—O 化学键的断裂与重组、颗粒细化是导致红外光谱简并扩宽或分裂尖锐的根本原因。晶体的有序结构被严重破坏，发生了晶态向非晶态的转化。

　　图 1.20(a)～(e)为不同粉磨时间(10～50min)钒钛磁铁尾矿粉的 SEM 形貌图。观察钒钛磁铁尾矿粉微观形貌不难发现，原状钒钛磁铁尾矿粉磨初期，主要呈现棱角状、碎屑状、块状、粒状等形貌。随粉磨时间的延长，颗粒状与碎屑状的细颗粒数量增加，块状和棱角状粗颗粒减少。机械力作用使尾矿粉颗粒尺寸不断减

图 1.20　不同粉磨时间钒钛磁铁尾矿的 SEM 图
(a) 10min；(b) 20min；(c) 30min；(d) 40min；(e) 50min

小，大颗粒逐渐消失，表面趋于球形化，粒径的大小逐渐分布均匀，粒径分布变窄，产生大量亚微米级和纳米级颗粒，与前面粒径分析结果相契合。颗粒尺寸大小及粒型，尤以粉磨 50min 微观形貌颗粒表面特性改变最为明显。

1.3.3　钒钛磁铁尾矿的活性研究

1. 钒钛磁铁尾矿活性的碱溶出表征

辅助胶凝材料二次水化反应第一步是硅、铝组分中的活性硅、活性铝在碱性环境下的溶出，所以硅、铝的溶出程度和溶出速率将直接决定后续反应能否顺利进行。虽然 XRD 和 XRF 分析技术可以表征硅、铝组分中活性硅、铝的含量，但是这种表征方式并不能很好地预测在实际反应过程中硅、铝组分中的活性硅、活性铝有多少参与反应。为了更直接地反映铁尾矿制备胶凝材料中硅、铝活性的大小，本章参考地聚物研究中硅、铝元素二次水化反应的测试方法，通过碱溶浸出实验测试胶凝材料的活性。为了更好地进行对比，本章分别对铁尾矿原样中的硅、铝活性进行了碱溶浸出实验。分别对力学活化和碱溶浸出实验所得到的活性铁尾矿在碱溶浸出实验中的滤液进行测试。

1) 机械力活化对钒钛磁铁尾矿 Si^{4+} 与 Al^{3+} 浸出影响

从图 1.21、图 1.22 可以看出，钒钛磁铁尾矿的粉磨时间对 Si^{4+} 与 Al^{3+} 的浸出有一定程度的影响。尤其是对活性 Si^{4+} 的浸出表现最为显著。随粉磨时间的递增，Si^{4+} 的浓度呈现上升的趋势，粉磨 10min 时，Si^{4+} 的浸出浓度为 1.66mg/L，其后，Si^{4+} 浓度逐渐提高，直到 50min 时，Si^{4+} 的浸出浓度达到 4.46mg/L。40min 内 Si^{4+} 的浸出浓度提高了 1.69 倍。与此同时，机械力活化对 Al^{3+} 的浸出效果并不明显。可见，机械力粉磨对 Al^{3+} 的释放作用并不明显。

2) 碱性环境对钒钛磁铁尾矿 Si^{4+} 与 Al^{3+} 浸出影响

如图 1.21 和图 1.22 所示，碱性溶出对于硅、铝活性的提高有很大的促进作用。粉磨时间越长，Si^{4+} 及 Al^{3+} 溶出的浓度越高。在第 10min 时，Al^{3+} 的溶出浓度只有 0.12mg/L，

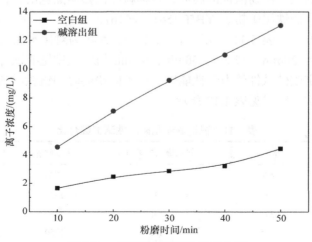

图 1.21　硅离子的浸出浓度对比图

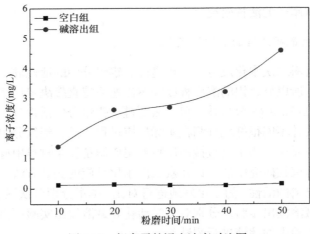

图 1.22　铝离子的浸出浓度对比图

但是碱溶出的浓度达到了 1.39mg/L。第 50min 时，Al^{3+}的碱溶出浓度达到了 4.59mg/L，碱性条件下，Al^{3+}的溶出浓度提高了 2.30 倍。与此同时，第 10min 时，Si^{4+}经过碱性溶出浓度达到了 4.57mg/L，是单纯的机械力活化之后浓度的 2.75 倍。第 50min 时，碱溶出浓度达到了 13.04mg/L。可见，Si^{4+}的碱性溶出效果要高于 Al^{3+}。对比发现碱溶的方式能有效提高铁尾矿中硅、铝的活性，钒钛磁铁尾矿中硅的浸出浓度最低为 4.57mg/L，最高为 13.04mg/L；铝的浸出浓度最低为 1.39mg/L，最高为 4.59mg/L。

2. 钒钛磁铁尾矿活性指数分析

实验用胶砂强度法的抗压强度比，即活性指数来判定钒钛磁铁尾矿的活性。活性指数大小反映了矿物活性的高低。各物料配比参照黑色冶金行业标准《用于水泥和混凝土中的铁尾矿粉》(YB/T 4561—2016)。

实验配比方案如表 1.11 所示。表 1.11 中，A-0 为对比水泥试件，A-1～A-4 分别为掺入粉磨 20min、35min、50min、65min 钒钛磁铁尾矿试件，标准养护至特定龄期，测定胶砂试件的力学性能以分析不同粉磨时间钒钛磁铁尾矿不同龄期的活性指数。实验结果见表 1.12 所示。

表 1.11　钒钛磁铁尾矿活性测试配合比

样品编号	水泥/g	钒钛磁铁尾矿粉/g	标准砂/g	水胶比
A-0	450	—	1350	0.5
A-1	315	135	1350	0.5
A-2	315	135	1350	0.5
A-3	315	135	1350	0.5
A-4	315	135	1350	0.5

表 1.12　机械力活化对钒钛磁铁尾矿活性的性能影响

样品	抗折强度/MPa			抗压强度/MPa			活性指数/%		
编号	3d	7d	28d	3d	7d	28d	R_3	R_7	R_{28}
A-0	4.9	6.2	9.3	22.5	30.8	48.9	100	100	100
A-1	4.2	5.6	7.2	15.5	24.7	32.6	68.9	80.2	66.7
A-2	4.3	6.3	6.8	18.6	27.8	30.6	82.7	90.3	62.5
A-3	5.1	6.1	6.9	17.8	25.9	34.2	79.1	84.1	69.9
A-4	5.1	6.0	7.0	17.7	26.0	34.3	78.7	84.4	70.1

观察图 1.23，钒钛磁铁尾矿早龄期活性指数与晚龄期的活性指数呈现不同的变化趋势。早龄期的活性指数均比晚龄期的活性指数要高，且 7d 龄期活性指数高于 3d 龄期活性指数。由于早龄期水泥水化不充分，尾矿微粉主要起到了填充作用。7d 龄期胶凝材料水化反应进行得较充分，占到总的水化反应进程的 70% 以上，3d 龄期水化反应较少，反应不够充分，生成的水化硅酸钙数量不多，对于强度的贡献比起 7d 龄期远远不足。生成的水化产物和尾矿微粉填充作用协同优化，共同支撑了早龄期胶砂抗压强度，提高了早龄期活性指数，使 7d 成为三个龄期活性指数最高的龄期。其中粉磨 35min 尾矿微粉的早龄期活性指数最高，之后的 A-3 组和 A-4 组的 7d 活性指数有所降低。

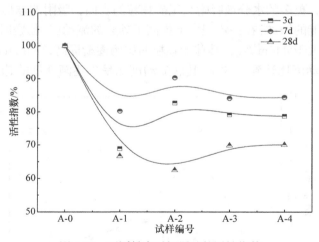

图 1.23　不同粉磨时间尾矿的活性指数

粉磨 35min 尾矿微粉 28d 的活性指数却是最低的。各个粉磨时间段的 28d 活性指数相差不大，在 62.5%～70.1% 之间，证明了钒钛磁铁尾矿的活性，介于活性混合材与非活性混合材之间。

1) 钒钛磁铁尾矿机械力活化对砂浆流动度比的影响研究

水泥砂浆的流变性能是水泥基材料很重要的工艺特性，直接关系到水泥基制品的工艺效果。本小节采用流动度比表示尾矿微粉砂浆的流变性能，给后面的生产及研究提供重要的技术参考。

粉磨时间的延长促使钒钛磁铁尾矿颗粒逐步细化，减小了颗粒粒径，增加了比表面积。砂浆流动度能直接关系到砂浆结构分布、强度增长、耐久性能的优劣。因而，探索新型辅助胶凝材料与砂浆流动度的变化规律很有必要。按照上述配比测试砂浆的流动度比。

如图 1.24 所示，经不同粉磨时间磨细之后的钒钛磁铁尾矿，均对砂浆的流动度比有所提高。钒钛磁铁尾矿粉磨 20min 时，其比表面积达到 350.4m²/kg，流动度比达到了 116%。钒钛磁铁尾矿比表面积大于 350.4m²/kg 之后，砂浆的流动度比逐渐降低，几乎接近基准水泥砂浆的流动度比。观察钒钛磁铁尾矿微观形貌，不难发现粉磨时间 20min 时，即比表面积达到 350.4m²/kg 时，钒钛磁铁尾矿粉的外观形貌大多呈球形，且比表面积接近水泥标准要求，尾矿微粉此时正值大颗粒迅速转化为小颗粒的高峰期，也是小颗粒转化为更细微粉的转折点。颗粒尺寸减小，圆形颗粒的数量迅速增加，减少了颗粒间的摩擦。又因比表面积较小，其表面与水分相互接触的机会不多，对水分的吸附量较小，且需要水泥浆包裹量不大。两者之间的黏聚性差，致使搅动过程中相互润滑，给予尾矿颗粒固相与水之间更多的接触机会，更多的水分被吸附在尾矿颗粒的表面，吸附的球形颗粒增多间接支持了流动性能的增加，在一定程度上提高了砂浆的流动度。粉磨时间超过 35min后，比表面积大于 446m²/kg，其球形颗粒的比例逐渐提高，35min 磨细尾矿微粉制备的砂浆流动度比达到 105%，其后流动度比呈现逐渐降低的趋势，流动度比

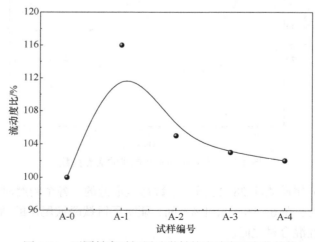

图 1.24　不同粉磨时间尾矿微粉的流动度比变化趋势

减小的趋势并不大，往后越来越趋近于基准水泥砂浆的流动度比。球形颗粒的尺寸继续减小，比表面积持续增大，致使颗粒表面分子的吉布斯自由能增加，对水分的吸附能力增强，吸附量增大。尾矿微粉颗粒之间的团聚能力提高，一部分水分被包裹在团聚的颗粒之间，减少了自由流动的水分，流动度比也由此降低。这表明尾矿颗粒比表面积对砂浆流动度比有着深远的影响。

2) 钒钛磁铁尾矿机械力活化对砂浆抗折强度的影响研究

抗折强度是评定水泥强度等级的一项重要的评判指标。在《通用硅酸盐水泥》(GB 175—2007)中要求 42.5 级水泥 3d 抗折强度不得低于 3.5MPa，28d 抗折强度不得低于 6.5MPa。32.5 级水泥 3d 抗折强度不得低于 2.5MPa，28d 抗折强度不得低于 5.5MPa。观察图 1.25 可知，不同粉磨时间尾矿微粉的抗折强度均符合国家标准要求。

由图 1.25 可知，抗折强度整体变化趋势为 28d 抗折强度＞7d 抗折强度＞3d 抗折强度。尾矿微粉掺入大多会造成抗折强度的损失。尽管如此，无论是 3d 龄期还是 28d 龄期，A-3 组、A-4 组的抗折强度均高于国家标准要求。其中 A-2 组 7d 龄期的抗折强度达 6.3MPa，接近 42.5 级水泥 28d 抗折强度国家标准 6.5MPa 的要求。

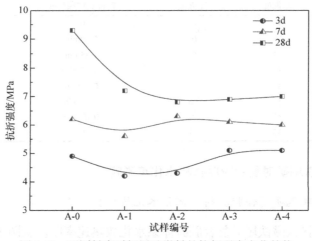

图 1.25　不同粉磨时间尾矿微粉的抗折强度变化趋势

1.4　钒钛磁铁尾矿复合胶凝材料的水化特性研究

1.4.1　钒钛磁铁尾矿复合胶凝材料的匹配设计

实验采用两组配合比，如表 1.13、表 1.14 所示，钒钛磁铁尾矿粉分别选用粉磨 20min、35min 及 50min 试件,采用 Calmetrix 八通道水泥和混凝土等温量热仪,胶凝材料总量 50g,水 25g,在 72h 内不间断测量了上述三种细度下分别掺 15%、30%和 50%钒钛磁铁尾矿粉,以及复掺硅灰的水泥基材料试件的水化放热速率和水化热曲线。实验所用水为实验室二级用水。水化热实验温度控制在 25℃。

表 1.13 钒钛磁铁尾矿复合胶凝材料配合比 Ⅰ

实验编号	水泥/g	钒钛磁铁尾矿/g	水胶比
F-0	50	0	0.5
F-1	42.5	7.5(20min)	0.5
F-2	35	15(20min)	0.5
F-3	25	25(20min)	0.5
F-4	42.5	7.5(50min)	0.5
F-5	35	15(50min)	0.5
F-6	25	25(50min)	0.5
F-7	25	25(35min)	0.5

表 1.14 钒钛磁铁尾矿复合胶凝材料配合比 Ⅱ

实验编号	水泥/g	硅灰/g	钒钛磁铁尾矿/g	水胶比
G-0	50	0	0	0.5
G-1	35	0	15(20min)	0.5
G-2	35	0	15(35min)	0.5
G-3	35	0	15(50min)	0.5
G-4	35	5	10(35min)	0.5
G-5	35	7.5	7.5(35min)	0.5
G-6	35	10	5(35min)	0.5
G-7	35	15	0	0.5

1.4.2 钒钛磁铁尾矿对复合胶凝材料水化热影响

1. 钒钛磁铁尾矿复合胶凝材料体系水化热分析

图 1.26 为钒钛磁铁尾矿复合胶凝体系水化放热速率图。从图 1.26 可以看出,钒钛磁铁尾矿的掺量越高,第二放热峰峰值越低。随钒钛磁铁尾矿粉掺量增加,诱导期时间梯次增加,第二放热峰出现时间推迟,其放热峰峰值从 3.28~3.46mW/g 最低下降到 1.68~1.71mW/g。钒钛磁铁尾矿的掺入稀释了水泥,使得复合胶凝材料体系中单位体积内水泥的含量降低,导致整个体系中溶解的 Ca^{2+} 与 OH^- 浓度大幅降低,使 Ca^{2+} 达到过饱和状态更加困难,以 $Ca(OH)_2$ 晶体状态析出的时间延长,致使水化诱导期得以延长。此胶凝体系随着钒钛磁铁尾矿含量的增

加，单位体积内的水泥含量迅速降低。在水化早期，钒钛磁铁尾矿粉的水化反应微乎其微，以物理填充作用为主。随钒钛磁铁尾矿粉掺量的增加，单位体积内生成物的数量也降低，第二放热峰的峰值也紧随降低。

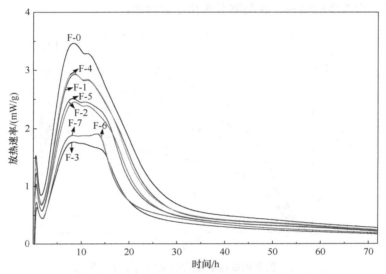

图 1.26　钒钛磁铁尾矿复合胶凝材料的放热速率

　　随着钒钛磁铁尾矿粉磨时间增加，第二放热峰出现时间提前且峰值增加。钒钛磁铁尾矿粉磨时间的增加，使得钒钛磁铁尾矿的比表面积增加，与水泥矿物颗粒的接触机会增大，水泥矿物颗粒与钒钛磁铁尾矿相互填充效果增强。如此，单位体积胶凝材料体系内，水泥矿物颗粒的含量较少。这样使得诱导前期结束前，溶液的 Ca^{2+} 含量减小，水泥矿物颗粒表面的"富硅层"与 Ca^{2+} 吸附形成的双电层作用减弱，容易让未反应的矿物颗粒从生成物的包裹层中释放出来。另外，溶液中 $[SiO_4]^{4-}$ 的存在，能抑制 $Ca(OH)_2$ 晶体析出。单位体积胶凝材料体系水泥矿物颗粒的含量较低，$[SiO_4]^{4-}$ 相对较少，抑制 $Ca(OH)_2$ 晶体析出作用减弱，客观上提高了 $Ca(OH)_2$ 析出速度。诱导期因上述两种原因得以缩短。

　　从图 1.27 中可以看出，掺入钒钛磁铁尾矿粉可明显降低胶凝体系早期水化放热量。与纯水泥胶凝体系相比，钒钛磁铁尾矿粉掺量逐渐增加，胶凝体系水化放热总量从最高 281.3J/g 逐渐减小至最低 145.5J/g；当复合胶凝体系中钒钛磁铁尾矿的掺量达到 15%时，水化放热总量最低达到 237.3J/g，比纯水泥水化放热总量降低 15.6%；当复合胶凝体系中钒钛磁铁尾矿的掺量达到 30%时，水化放热总量最低达到 202.5J/g，比纯水泥水化放热总量降低 28.0%；当复合胶凝体系中钒钛磁铁尾矿的掺量达到 50%时，水化放热总量最低达到 145.0J/g，比纯水泥水化放热总量降低 48.5%。可见，钒钛磁铁尾矿粉的掺入，对复合胶凝体系早期水化放热的贡献微乎其微，钒钛磁铁尾矿粉的掺加，很大程度上降低了复合胶凝体系早期水化热，这对大体积混凝土或者蒸汽养护制备的预制构件是有积极意义的。随钒钛磁铁尾矿粉细度的增加，胶凝体系水化热量增加。

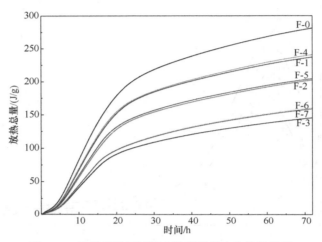

图 1.27　钒钛磁铁尾矿复合胶凝材料水化放热总量

　　总之，加入钒钛磁铁尾矿粉有助于降低胶凝体系早期放热速率和减少放热量，且随掺入钒钛磁铁尾矿粉增多，对早期放热速率和放热量的削弱效应增加。而增加钒钛磁铁尾矿粉的粉磨时间有助于增加胶凝体系的放热速率和放热量。

2. 钒钛磁铁尾矿-硅灰-水泥复合胶凝材料体系水化热分析

　　图 1.28 为钒钛磁铁尾矿-硅灰-水泥复合胶凝体系水化放热速率图。从图中可以看出，在同为 30%掺量情况下，与水泥组相比，不同粉磨时间钒钛磁铁尾矿的诱导期均有所延长，第二放热峰峰值较低；随钒钛磁铁尾矿粉掺量减少及硅灰增加，比起单掺钒钛磁铁尾矿粉的胶凝组，诱导期前期又有所缩短，第二放热峰出现的时间有推迟，放热峰峰值却有所提高。

　　当钒钛磁铁尾矿粉掺量由 30%逐渐降低至 0%，并且硅灰由 0%逐渐提高至30%时，放热峰峰值从 2.27～2.38mW/g 最低提高至 3.24mW/g。钒钛磁铁尾矿的掺入稀释了水泥，导致整个体系中溶解的 Ca^{2+} 与 OH^- 浓度大幅降低。硅灰强大的比表面积对水的吸附作用很强，更易包裹在诱导前期生成物的表面，生成比单掺尾矿粉的胶凝体系更加致密的产物薄膜，致使水化诱导期得以延长。

　　由图 1.29 可知，与纯水泥胶凝体系相比，掺入钒钛磁铁尾矿粉可明显降低胶凝体系早期放热总量。单掺 30%钒钛磁铁尾矿粉的胶凝体系水化热最低为 199.70J/g，

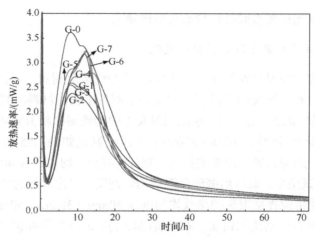

图 1.28　钒钛磁铁尾矿-硅灰-水泥复合胶凝材料的放热速率图

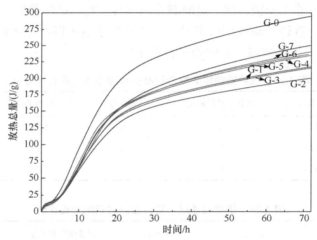

图 1.29　钒钛磁铁尾矿-硅灰-水泥复合胶凝材料的放热总量

在整个胶凝体系中，随着钒钛磁铁尾矿掺量的逐渐减少，硅灰掺量逐渐增加，水化热总量逐渐最高提高至 249.8J/g。当复合胶凝体系中钒钛磁铁尾矿与硅灰之比达到 2∶1 时，水化放热总量达到 234.7J/g，比单掺钒钛磁铁尾矿胶凝体系水化放热总量提高 17.5%；当复合胶凝体系中钒钛磁铁尾矿与硅灰之比达到 1∶1 时，水化放热总量达到 236.3J/g，比单掺钒钛磁铁尾矿胶凝体系水化放热总量提高 18.3%；当复合胶凝体系中钒钛磁铁尾矿与硅灰之比达到 1∶2 时，水化放热总量达到 239.6J/g，比单掺钒钛磁铁尾矿胶凝体系水化放热总量提高 20.0%。可见，硅灰的掺入对钒钛磁铁尾矿复合胶凝体系早期水化放热有一定的提高，但与钒钛磁铁尾矿粉相对掺量的提高，对水化放热总量的提高并不明显。

1.4.3　钒钛磁铁尾矿复合胶凝材料水化机理研究

1. 钒钛磁铁尾矿复合胶凝材料组成优化

本小节研究主要是针对纯水泥、尾矿-水泥复合胶凝材料、尾矿-硅灰-水泥胶凝材料的水化过程。该实验在已有研究基础上制备了胶凝材料净浆，成型试件，研究其水化过程。依据标准《用于水泥和混凝土中的铁尾矿粉》(YB/T 4561—2016)和《砂浆和混凝土用硅灰》(GB/T 27690—2011)，制定如表 1.15 和表 1.16 所示的方案。将称量好的物料置于净浆搅拌机，充分搅拌后，均匀倒入 40mm×40mm×160mm 的三联试模中，而后用振动台振动均匀密实。将称量好的物料置于净浆搅拌机中搅拌，并将搅拌结束后的净浆均匀倒入 30mm×30mm×50mm 的三联试模中，而后用振动台振动均匀密实。在温度(20±1)℃的环境下养护 1d 脱模，随后将脱模后的试件放进标准养护室[温度(20±1)℃，相对湿度95%以上]养护 1d、3d、7d、28d 和进行蒸汽养护，到一定龄期后测试其性能。试件养护至指定龄期后，经过机械破碎至直径 5mm 以下，并放入无水乙醇溶液中以终止水化，浸泡 7d 后，自然风干 1d，并根据微观实验的需求制备样品。

表 1.15　钒钛磁铁尾矿复合胶凝材料胶砂实验配合比设计

试件编号	水泥/g	钒钛磁铁尾矿/g	硅灰/g	标准砂	水胶比
H-1	450	—	0	1350	0.5
H-2	315	135	0	1350	0.5
H-3	315	90	45	1350	0.5

表 1.16　钒钛磁铁尾矿复合胶凝材料配合比设计

试件编号	水泥/g	硅灰/g	钒钛磁铁尾矿/g	水/g
G-1	500	0	0	135
G-2	350	0	150	135
G-3	350	50	135	135

2. 钒钛磁铁尾矿掺量对复合胶凝材料力学性能的影响

通过测试水泥强度的方法测试新配制的复合胶凝材料的强度，并为胶凝材料水化机理分析奠定宏观基础，测得的强度如图 1.30 所示。从图中可以清楚看到，掺加 30%钒钛磁铁尾矿的(H-2)1d 抗压强度比纯水泥胶砂的(H-1)1d 抗压强度高1.4MPa，掺加 20%钒钛磁铁尾矿与 10%硅灰胶凝材料的(H-3)1d 抗压强度高1.5MPa，掺加了辅助胶凝材料的胶凝材料 1d、3d、7d、28d 及蒸汽养护得到的抗压强度均比纯水泥抗压强度要低。其中，钒钛磁铁尾矿与硅灰复掺的胶凝材料均比只掺尾矿粉的抗压强度要高。

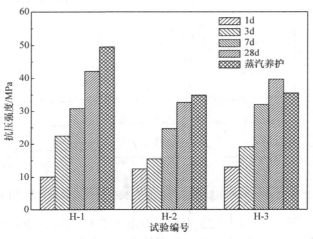

图 1.30　不同胶凝材料的抗压强度

3. 钒钛磁铁尾矿复合胶凝材料水化产物及微观形貌分析

通过 X 射线衍射(XRD)对上述胶凝材料净浆粉末 1d、3d、7d 及 28d 龄期水化产物进行表征分析，得出水化产物不同组成，如图 1.31、图 1.32、图 1.33 所示，整个胶凝体系主要有未水化反应的 C_2S、C_3S 及反应生成的 C-S-H、$Ca(OH)_2$ 和 AFt。随反应时间的延长，AFt、C-S-H 含量逐渐增加，而 C_3S、C_2S 含量逐渐下降。AFt 的衍射峰逐渐尖锐，表明钙矾石的结晶度在增强。

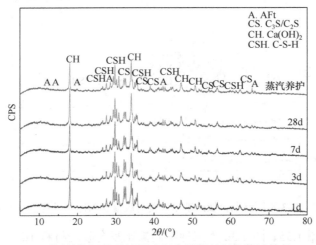

图 1.31　G-1 不同龄期钒钛磁铁尾矿复合胶凝材料净浆试件的 XRD 谱图

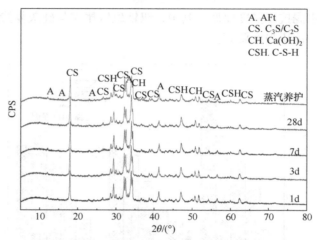

图 1.32　　G-2 不同龄期钒钛磁铁尾矿复合胶凝材料净浆试件的 XRD 谱图

从图 1.31、图 1.32、图 1.33 中明显看出 C-S-H 的衍射峰在逐渐变强，说明 C-S-H 随着龄期的增加而增加。C-S-H 凝胶属于胶状物质，然而在 XRD 图谱中依然有所识别且大多属于 II 型 C-S-H。与一般龄期相比，蒸汽养护的胶凝体系其物相组成并无明显变化。而图中随着水化龄期的增加，CH 的峰值均有所降低。随龄期的加深，CH 在水化后期呈愈来愈低的趋势。这是由于尾矿以及硅灰中的活性组分，在水化后期发生了火山灰反应。图 1.33 所示的 CH 峰变化尤为显著，表明了硅灰-尾矿-水泥复合材料进行二次水化的程度高于尾矿-水泥体系。

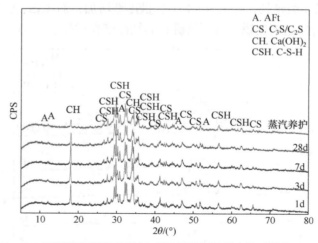

图 1.33　　G-3 不同龄期钒钛磁铁尾矿复合胶凝材料净浆试件的 XRD 谱图

图 1.34、图 1.35、图 1.36 为三种不同掺比复合胶凝材料 1d、3d、7d、28d 及

蒸汽养护净浆试件的红外光谱图。观察三个图可知，无论是正常龄期还是蒸汽养护，对净浆试件的红外光谱图差异化影响不大，配比不同对其红外光谱有不同的影响。不同位置处出现了具有代表性的吸收峰，从而判断相应的水化产物。

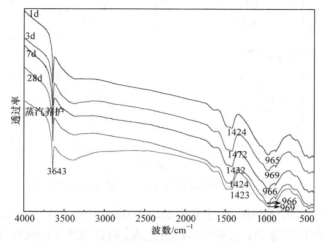

图 1.34　G-1 胶凝材料净浆试件各龄期的 FT-IR 图

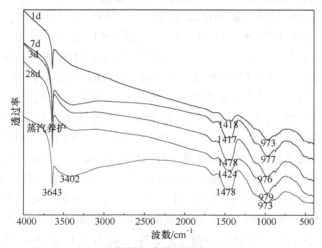

图 1.35　G-2 胶凝材料净浆试件各龄期的 FT-IR 图

图 1.34 为纯水泥浆体在不同水化龄期的红外光谱图。水化产物中的硅酸盐和水的红外光谱吸收带波数的变化反映了其水化过程。早龄期时，很容易鉴别未水化的水泥矿物，999cm^{-1} 处吸收峰归属于 C_2S，925cm^{-1}、525cm^{-1} 处吸收峰归属于 C_3S。1633cm^{-1}、3375cm^{-1}、3555cm^{-1} 处吸收峰归属于石膏中的 H_2O。伴随龄期的推移，965cm^{-1} 处吸收峰逐渐向高波数方向位移到 969cm^{-1} 处。经查，硅酸钙

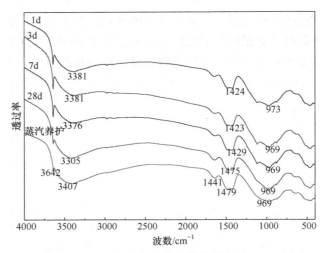

图 1.36　G-3 胶凝材料净浆试件各龄期的 FT-IR 图

(C-S-H)的红外光谱中有[SiO₄]⁴⁻伸缩振动峰(1074～886cm⁻¹)，3630cm⁻¹ 处的吸收峰表明结晶水的伸缩振动，表明 C-S-H 的生成，而且吸收峰的吸收波数向上偏移，表明 C-S-H 钙硅比逐渐增加，对应熟料矿物的较强吸收峰，由于水化作用被水化产物 C-S-H 的吸收峰掩盖。随水化反应的进行，3643cm⁻¹ 处吸收峰出现并且增强。经查，$Ca(OH)_2$ 的吸收峰是由 O—H 的伸缩振动(3643cm⁻¹)引起的。这表明随龄期增长，水化反应进行程度加深，纯水泥浆体中的 $Ca(OH)_2$ 也不断增加。1160cm⁻¹ 处吸收峰为钙矾石 S—O 键伸缩振动。510cm⁻¹ 处吸收峰表明有 Al—O 键振动，随着水化反应的进行，其吸收峰逐渐减弱，表明 C_3A 逐渐发生水化生成水化铝酸钙。

　　对比图 1.34，由图 1.35 及图 1.36 可看出，伴随水泥水化及尾矿二次水化的进行，反应初期有 C-S-H、AFt 及 $Ca(OH)_2$ 生成 ，其中 C-S-H 的生成量随水化反应的进行而不断增加，吸收峰增强，由 1074～886cm⁻¹ 范围的光谱图来看，吸收峰的吸收频率向下偏移，也就是说随着水化反应的进行，生成的 C-S-H 的钙硅比逐渐降低；在单掺尾矿粉的胶凝材料中，$Ca(OH)_2$ 的峰在水化 3d 之前，随水化龄期的增加，吸收峰锐化，表明其含量明显提高，锐化幅度较纯水泥浆体要小。至 7d、28d 时，其吸收峰钝化，表明 $Ca(OH)_2$ 的量不断减少，这是由于尾矿中活性 SiO_2 和 Al_2O_3 发生二次水化反应而消耗了水泥水化生成的 $Ca(OH)_2$；在尾矿粉与硅灰复掺的体系中，$Ca(OH)_2$ 的峰在水化 7d 之前，随水化龄期的增加，吸收峰逐渐锐化，趋势并不明显，锐化的幅度也很低，表明有硅灰存在时，水化早期就消耗了大量的 $Ca(OH)_2$。28d 及蒸汽养护所得浆体的 $Ca(OH)_2$ 比起 1d 水化所得的更少，由此也反映了硅灰活性 SiO_2 和 Al_2O_3 对 $Ca(OH)_2$ 的消耗量比尾矿粉要大很多。

在 TGA 曲线中，100～110℃的峰表示少量自由水、吸附水及 C-S-H、AFt 的结合水脱除区，400～460℃表示 $Ca(OH)_2$ 脱水温度，720～745℃阶段为 $CaCO_3$ 分解阶段。图 1.37、图 1.38 及图 1.39 为三种不同配比胶凝材料 TGA 曲线，由图可知，三种配比胶凝材料随着龄期的增长，在 100～110℃阶段，质量损失速率随温度升高而逐渐降低，表明龄期逐渐增长，使硬化浆体内的自由水、吸附水呈现逐渐降低的趋势。这主要是因为随龄期的增长，自由水、吸附水逐渐参加水化反应，形成 C-S-H、AFt 的结合水。同时也表明，蒸汽养护水化程度没有 28d 龄期的水化程度高。

纯水泥的 TGA 曲线如图 1.37 所示。随着水化龄期的延长，在 400～460℃阶段，水泥净浆 1d、3d、7d、28d 及蒸汽养护的质量损失速率逐渐增大，表明 $Ca(OH)_2$ 的产量随龄期不断增长。图 1.38 和图 1.39 分别为掺入 30%尾矿粉和 20%尾矿粉+

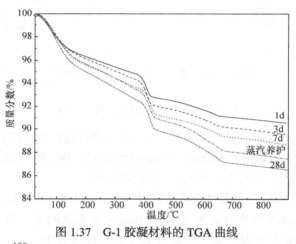

图 1.37　G-1 胶凝材料的 TGA 曲线

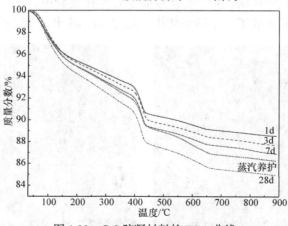

图 1.38　G-2 胶凝材料的 TGA 曲线

10%硅灰复合胶凝材料水化不同龄期的 TGA 曲线。如图 1.38 所示，加入活化的
尾矿粉后，随着水化龄期的延长，水化后期 Ca(OH)$_2$ 质量损失率呈现一定减小的
趋势，说明尾矿中的活性成分消耗了一部分 Ca(OH)$_2$，但差异并不明显。如图 1.39
所示，硅灰的存在使硬化浆体中 Ca(OH)$_2$ 晶体的量降低，表明硅灰在胶凝体系中
的二次水化反应更为剧烈。

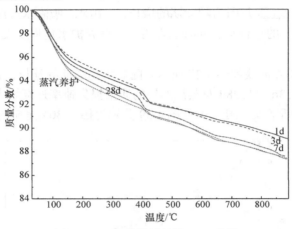

图 1.39　G-3 胶凝材料的 TGA 曲线

　　通过 SEM 对三种不同胶凝材料进行分析，可直观观察胶凝材料在不同龄期
水化产物的形貌，清晰地观察水化产物表面的微观结构。图 1.40 为标准条件养护
下复合胶凝材料胶砂试件养护不同龄期的 SEM 图。

　　图 1.40 为三种复合胶凝材料净浆试件 7d 和 28d 的 SEM 图。从纯水泥 SEM
图中可发现，纯水泥水化龄期为 7d 时，出现大量絮状的 C-S-H 凝胶，从放大图
中发现存在大量的针棒状产物，交错穿插于 C-S-H 凝胶中，属 AFt 的晶体，两者
相互混合交织共同形成了一个网络结构。相比 7d，纯水泥 28d 的 SEM 图中出现

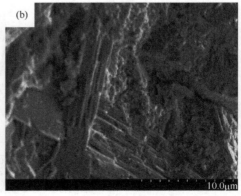

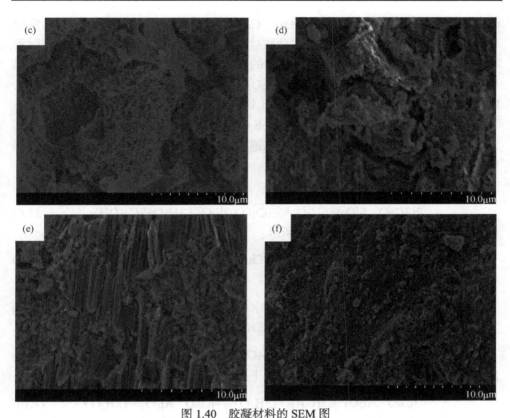

图 1.40　胶凝材料的 SEM 图

(a)和(b)纯水泥，7d、28d；(c)和(d)尾矿-水泥，7d、28d；(e)和(f)硅灰-尾矿-水泥，7d、28d

了大量的层状结构的片状物质，经分析为析出的 Ca(OH)$_2$ 晶体。显然纯水泥 28d 结构显得更加致密。从各龄期的微观结构图中不难发现，与 7d 相比，28d 的水化反应更加充分，反应产物更加丰富，钙矾石又被硅酸钙凝胶包覆，共同形成了一个密实而完整的硬化浆体体系。

7d 时，比较纯水泥胶凝体系，尾矿-水泥复合胶凝体系与尾矿-硅灰-水泥胶凝体系中的针棒状产物明显减少，这是由于辅助胶凝材料的掺加降低了水泥矿物颗粒的浓度，使得原本含量较少的 C$_3$A 更加稀少，其水泥产物 AFt 数量也明显减少。同时，相比纯水泥体系，掺有辅助胶凝材料的体系结构更加密实。28d 时，相比纯水泥，其他两组复合胶凝材料体系的层结构的片状物质明显减少，表明外掺的尾矿粉及硅灰在一定程度上消耗了体系中的 Ca(OH)$_2$，有硅灰存在的胶凝体系结构更为密实。

4. 复合胶凝材料水化过程研究

硅酸盐水泥是多矿物的聚集体，主要矿物成分有　C$_3$S(3CaO · SiO$_2$)、

$C_2S(2CaO \cdot SiO_2)$、$C_3A(3CaO \cdot Al_2O_3)$、$C_4AF(4CaO \cdot Al_2O_3 \cdot Fe_2O_3)$，其中六角形和棱柱状的 C_3S 及椭圆状的 C_2S 占硅酸盐水泥矿物总量的 70%以上。根据实际需求，也可调整其相对含量制备不同品种的水泥。玻璃体也是水泥中的一个主要组成部分，组成是不固定的，一般包括 Al_2O_3、Fe_2O_3、CaO，少量 MgO 及 $RO(MgO$、FeO、MnO 的固溶体)、f-CaO。其主要矿物均处于介稳状态，Al_2O_3、MgO、Fe_2O_3 等杂质进入 C_3S 的晶格形成固溶体，C_2S 中也含有 Fe_2O_3、Ti_2O_3 等少量杂质，其固溶程度越高，强度越高，水硬活性也越高。水泥主要矿物颗粒的水化反应进程如下：

C_3S 水化反应方程式如式(1.6)所示：

$$2(3CaO \cdot SiO_2)+6H_2O =\!\!=\!\!= 3CaO \cdot 2SiO_2 \cdot 3H_2O+3Ca(OH)_2 \qquad (1.6)$$

C_2S 水化反应方程式如式(1.7)所示：

$$2(2CaO \cdot SiO_2)+4H_2O =\!\!=\!\!= 3CaO \cdot 2SiO_2 \cdot 3H_2O+Ca(OH)_2 \qquad (1.7)$$

C_3A 水化反应方程式如式(1.8)所示：

$$2(3CaO \cdot Al_2O_3)+27H_2O =\!\!=\!\!= 4CaO \cdot Al_2O_3 \cdot 19H_2O+2CaO \cdot Al_2O_3 \cdot 8H_2O \qquad (1.8)$$

其中，$4CaO \cdot Al_2O_3 \cdot 19H_2O$ 在较为干燥环境中容易失水：

$$4CaO \cdot Al_2O_3 \cdot 19H_2O =\!\!=\!\!= 4CaO \cdot Al_2O_3 \cdot 13H_2O+6H_2O \qquad (1.9)$$

因水化在碱性介质及有石膏存在的情况下发生，上式可写成

$$3CaO \cdot Al_2O_3+Ca(OH)_2+12H_2O =\!\!=\!\!= 4CaO \cdot Al_2O_3 \cdot 13H_2O \qquad (1.10)$$

$C_3AH_6(3CaO \cdot Al_2O_3 \cdot 6H_2O)$ 与石膏、水发生反应生成多硫型水化硫铝酸钙，即钙矾石，反应方程式如下：

$$3CaO \cdot Al_2O_3 \cdot 6H_2O+3(CaSO_4 \cdot 2H_2O)+20H_2O =\!\!=\!\!= 3CaO \cdot Al_2O_3 \cdot 3CaSO_4 \cdot 32H_2O$$
$$\cdot 32H_2O+Ca(OH)_2 \qquad (1.11)$$

反应进入后期，因石膏耗尽，钙矾石又与 C_3A 反应生成单硫型水化硫铝酸钙，其反应方程式如下：

$$(3CaO \cdot Al_2O_3) \cdot 3CaSO_4 \cdot 32H_2O+2(4CaO \cdot Al_2O_3 \cdot 13H_2O) =\!\!=\!\!= 3(CaO \cdot Al_2O_3$$
$$\cdot CaSO_4 \cdot 12H_2O)+2Ca(OH)_2+20H_2O \qquad (1.12)$$

在石膏极少的情况下，所有钙矾石转化成为单硫型水化硫铝酸钙时会有 C_3A 剩余，这时可形成 $C_4A\bar{S}H_{12}$ 与 C_4AH_{13} 的固溶体，反应方程式如下：

$$3CaO \cdot Al_2O_3 \cdot CaSO_4 \cdot 6H_2O+3CaO \cdot Al_2O_3+Ca(OH)_2+12H_2O =\!\!=\!\!= 6CaO \cdot 2Al_2O_3$$
$$\cdot CaSO_4 \cdot Ca(OH)_2 \cdot 18H_2O \qquad (1.13)$$

C_4AF 水化反应方程式如式(1.14)所示：

$$4CaO \cdot Al_2O_3 \cdot Fe_2O_3 + 7H_2O = 3CaO \cdot Al_2O_3 \cdot 6H_2O + CaO \cdot Fe_2O_3 \cdot H_2O \quad (1.14)$$

因在碱性环境中发生水化，在没有石膏的环境中可发生水化反应，如式(1.15)所示：

$$4CaO \cdot Al_2O_3 \cdot Fe_2O_3 + 4Ca(OH)_2 + 22H_2O = 8CaO \cdot Al_2O_3 \cdot Fe_2O_3 \cdot 26H_2O \quad (1.15)$$

当石膏存在时，可发生如式(1.16)所示反应：

$$4CaO \cdot Al_2O_3 \cdot Fe_2O_3 + 2Ca(OH)_2 + 6CaSO_4 \cdot 12H_2O = 6CaO \cdot Al_2O_3 \cdot Fe_2O_3$$
$$\cdot 6CaSO_4 \cdot 14H_2O \quad (1.16)$$

综上所述，常温下凝结并硬化的硅酸盐水泥石主要包括未水化的水泥颗粒、水、空气，以及水与空气所占的空隙网络结构，除此之外还包括水泥颗粒水化产物，主要水化产物如氢氧化钙、水化硅酸钙、水化铝酸三钙、水化铁酸一钙、多硫型水化硫铝酸钙(钙矾石)、单硫型水化硫铝酸钙等。水化硅酸钙是一种微晶质物质，具有强大的比表面积及刚性特征，在水中的溶解度很低，几乎不溶于水。水化反应进行时，很快以胶凝体微细晶粒度溶出，胶凝微粒间存在范德瓦耳斯力和化学结合键，彼此交叉连生，构成强度很高的空间网状结构。因此，水化硅酸钙的形成对水泥石强度的贡献无疑是巨大的。

氢氧钙石也是硅酸二钙及硅酸三钙的水化产物。其晶体结构呈$[Ca(OH)_6]$八面体结构彼此联结的层状结构，$[Ca(OH)_6]$八面体结构层内为离子键连接，结构层之间以氢键连接。层间较弱的连接，导致其对水泥石强度的贡献较小。因此也造成了相比较低碱性水化硅酸钙(C/S<1.5)，钙硅比为1.6~1.9的高碱性水化硅酸钙的强度要低得多。通过本章上述分析可知，钒钛磁铁尾矿及硅灰中的活性 Al_2O_3 和活性 SiO_2 具有火山灰活性，可消耗水化产物氢氧化钙。在氢氧化钠作碱性激发剂，石膏作为碱性激发环境中，其反应方程式如式(1.17)~式(1.20)所示：

$$(0.8\sim1.5)Ca(OH)_2 + SiO_2 + [n-(0.8\sim1.5)]H_2O = (0.8\sim1.5)CaO \cdot SiO_2 \cdot nH_2O \quad (1.17)$$

$$x(1.5\sim2.0)CaO \cdot SiO_2 \cdot nH_2O + ySiO_2 = z(0.8\sim1.5)CaO \cdot SiO_2 \cdot nH_2O \quad (1.18)$$

$$xCa(OH)_2 + Al_2O_3 + mH_2O = xCaO \cdot Al_2O_3 \cdot (x+m) H_2O \quad (x \leqslant 3) \quad (1.19)$$

$$3Ca(OH)_2 + Al_2O_3 + 2SiO_2 + mH_2O = 3CaO \cdot Al_2O_3 \cdot 2SiO_2 \cdot (3+m)H_2O \quad (1.20)$$

结合本章上述可知，辅助胶凝材料在水泥中进行二次水化反应产物以C-S-H(Ⅱ)为主，其次还有水化铝酸钙、水化铁酸钙及它们各自形成的固溶体。与硅酸盐水泥相比，随养护龄期的增长，掺加钒钛磁铁尾矿及硅灰的复合胶凝材料中 f-CaO 的数量减少。通过二次水化反应，水化产物的质量及数量均有提高，使得水泥石的强度及其他性能指标得以大幅度提高。复合胶凝材料存在上述效应，所以 CH 的量呈逐渐减少的趋势。

另外水泥石结构中还存在孔隙网，根据其孔隙大小，可分为胶凝孔、毛细孔及介于胶凝孔与毛细孔之间的过渡孔。其中毛细孔的孔径较大，一般大于 200nm，而过渡孔的孔径大小分布不一，硅灰粒径一般在 0.1～1.0μm 之间，粉磨 35min 钒钛磁铁尾矿粉平均粒径是 20μm，尾矿微粉及硅灰的掺入对胶凝材料的孔隙起着一定的物理填充作用，可明显改善水泥石结构强度，提高致密性。

1.5 钒钛磁铁尾矿隔声板材的性能研究

1.5.1 隔声板材的制备原理

隔声板材(sound proof board)是指把空气中传播的噪声隔绝、隔断、分离的一种板材。声音在传播的过程中遇到隔声介质，入射能量一部分被介质反射，一部分被介质吸收，最后剩余部分声波能量。描述板材隔声性能的好坏通常用隔声量(TL)来表示，其定义式为

$$TL=10\lg n_1=10\lg(1/t_1) \tag{1.21}$$

式中，TL 为板材隔声量或者传声损失，dB；t_1 为透射系数。

经过演化计算可得质量定律方程：

$$TL=-42+20\lg f+20\lg M \tag{1.22}$$

式中，TL 为板材隔声量或者传声损失，dB；f 为声波频率，Hz；M 为板材或者墙体单位面积质量，kg/m^2。

如式(1.22)所示，当声波频率一定时，密实的单层墙体或者板材的隔声量唯一取决于它的单位面积质量。当墙板的材料已经确定时，只能通过增加墙板厚度的方法来提高隔声量。由此公式也可判断，增加墙板的厚度或者改变板材的材质对高频段声波的隔声量会有很好的提升作用，但是对于低频率的隔声量有一定的局限性。根据声波频率大小对隔声量的影响，可将单层密实匀质板材分为三个控制区，相关曲线如图 1.41 所示。这三个特征区分别为劲度阻尼控制区(Ⅰ区)、质量控制区(Ⅱ区)、吻合控制区(Ⅲ区)。

在劲度阻尼控制区(Ⅰ区)，声波频率很低，隔声量的大小主要受材料劲度的控制和影响。当入射声波的频率与材料自身的固有频率一致时，产生共振现象，产生共振频率，隔声量出现低谷，其中影响最大的为第一共振频率。伴随着入射声波频率的提高，材料自身的阻尼值对其共振频率产生影响，进而对隔声量产生影响。这种情况下，伴随着材料阻尼值的提高，对共振频率的抑制作用也逐渐增强。声波频率继续提高迫使板材隔声进入质量控制区(Ⅱ区)。这个阶段隔声量主要受质量定律的影响。在质量控制区，一般单位面积质量增加一倍，隔声量提高

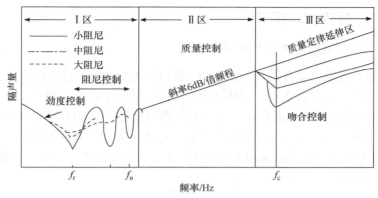

图 1.41　隔声板材频率特性曲线

接近 6dB。入射声波的频率继续提高，超过质量控制区的声波频率上限时，声波入射角度引起的波作用与隔墙中弯曲波传播速度相吻合使隔声量降低的现象，称为吻合效应，从而进入吻合控制区(Ⅲ区)。吻合效应受声波的频率、入射角、固体的弹性性质的影响。

　　基于以上隔声理论的研究，本节选用的钒钛磁铁尾矿的密度为 3.20g/cm³，甚至比水泥的密度还要大，提高其掺量可有效提高板材制品的单位面积质量。另外，钒钛磁铁尾矿含有较高含量的 Fe_2O_3，具有一定的磁致伸缩效应。这类材料在遭受到外力时，可引起磁畴壁的微小移动而产生磁化，从而产生阻尼效应，提高其隔声量。一般认为物体的刚性越好，声波在传导过程中的阻碍越小。为了改善无机砂浆材料的刚性特征，选用钢纤维和废弃橡胶粉以提高板材的韧性。钢纤维不仅可提高材料的韧性，密度也较大，约为 7.8g/cm³，其掺量的提高对质量控制区有一定的贡献。废弃橡胶粉属黏弹性阻尼材料，此类黏弹性材料在遭受外力时引起热流，损耗了传播的机械能，对材料的阻尼性能有一定的提高。

　　除上述材料因素外，层结构对板材的隔声性能也有影响。声波会在多个界面层之间进行反射，每遇到一个界面都会发生一次反射和透射，从而消耗声能的传播。对于中低频噪声来说，阻尼材料的阻尼性能可以降低材料振动的幅度，削弱共振现象。而在临界频率下，芯层的阻尼或吸声作用，使得双层外层面板与整体结构相互独立，因此复合结构的隔声量可以达到两面层板各种隔声量的总和，超出质量定律所给出的数值。

　　综上所述，为提高板材的隔声性能，理论上尽可能增加钒钛磁铁尾矿、微细钢纤维及橡胶粉的掺量。但是，所有的建筑功能制品都必须以一定的力学性能为基础。在 1.4 节研究的基础上，本节配合板材的制备工艺分别对各项掺量指标对其力学性能的影响进行了研究。

1.5.2　隔声板材抗折性能研究

1. 钢纤维对板材抗折强度的影响

将配制好的原料混合均匀，随后加入钢纤维充分搅拌，搅拌时间为 240s，再加入水并搅拌均匀得到浆料，搅拌时间为 240s。将得到的浆料进行浇注，压制成型，成型压力为 10MPa，将压制成型的板坯在温度 20℃、相对湿度 95%标准养护室中静养 24h，接着放入混凝土加速养护箱中蒸汽养护。蒸汽养护条件为：升温 4.5h，升温速率 20℃/1.5h，恒温 80℃保持 12h，断电降温 4h，冷却至室温后出箱。具体配合比如表 1.17 所示。

表 1.17　掺入钢纤维隔声板材的配合比

编号	水泥/g	尾矿粉/g	硅灰/g	尾矿砂/g	水/g	微细钢纤维/vol%
I-0	560	160	80	1200	160	0
I-1	560	160	80	1200	160	0.93
I-2	560	160	80	1200	160	1.60
I-3	560	160	80	1200	160	2.27

如图 1.42 所示，随着微细钢纤维的掺入，隔声板材的抗折强度呈现先随掺量提高后又随着掺量降低的趋势。经分析可知，在隔声板压制成型过程中，板坯的压力在逐渐增加，随着钢纤维掺量的增加，对板坯内部的反作用力也逐渐增加，即对板坯的伤害逐渐增加。对于抗折强度而言，钢纤维的最优掺量为 0.93vol%，对应的抗折强度为 8.0MPa，比不掺钢纤维的隔声板材的抗折强度提高 1.5MPa。当微细钢纤维的掺量最高达到 2.27vol%时，抗折强度达到 6.5MPa，与不掺微细钢

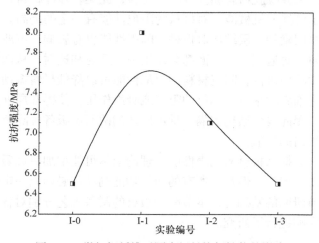

图 1.42　微细钢纤维对隔声板材抗折性能的影响

纤维的板材抗折强度一致。可见微细钢纤维的掺入对于隔声板材的抗折强度的提高并不明显。

2. 橡胶对板材抗折强度的影响

将配制好的原料混合均匀,随后加入橡胶粉充分搅拌,搅拌时间为240s,再加入水并搅拌均匀得到浆料,搅拌时间为240s。将得到的浆料进行浇注,压制成型,成型压力为10MPa,将压制成型的板坯在温度20℃、相对湿度95%的标准养护室中静养 24h,接着放入混凝土加速养护箱中蒸汽养护。蒸汽养护条件为:升温 4.5h,升温速率 20℃/1.5h,恒温 80℃保持 12h,断电降温 4h,冷却至室温后出箱。具体配合比如表 1.18 所示。

表 1.18 掺入橡胶粉隔声板材的配合比

编号	水泥/g	尾矿粉/g	硅灰/g	尾矿砂/g	水/g	橡胶粉/wt%
J-0	560	160	80	1200	160	0
J-1	560	160	80	1200	160	1
J-2	560	160	80	1200	160	3
J-3	560	160	80	1200	160	5

测得的隔声板材的抗折强度如图 1.43 所示,随着橡胶粉掺量的逐渐增加,隔声板材的抗折强度呈现先增加后降低的状况。显然,当橡胶粉掺量达到 1wt%时,抗折强度达到了 8.8MPa,比不掺橡胶粉的板材抗折强度提高了 35%;当掺量达到 3wt%时,抗折强度达到了 5.3MPa,比不掺橡胶粉的板材抗折强度降低了 18.4%;当掺量达到 5wt%时,抗折强度达到了 2.9MPa,比不掺橡胶粉的板材抗折强度降

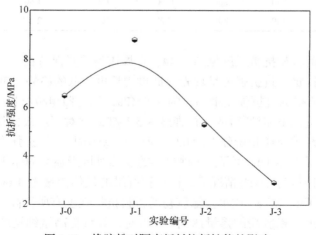

图 1.43 橡胶粉对隔声板材抗折性能的影响

低了55.4%。可见，即便是改变了工艺条件，橡胶粉掺量超过1wt%后，抗折强度还是会降低。实际应用中，对于隔声功能要求比较高的情况，可考虑将掺量提高至 3wt%，此时，对抗折强度会有所牺牲，但对抗折强度的损害并不大。但是当掺量大于或者等于 5wt%时，对抗折强度的损害非常大。因此在综合考虑强度要求与功能性要求的前提下，必须要求橡胶粉的最大掺量不得大于5wt%。

3. 微细钢纤维-橡胶粉复掺对板材抗折强度的影响

将配制好的原料混合均匀，随后加入橡胶粉充分搅拌，搅拌时间为240s，再加入水并搅拌均匀得到浆料，搅拌时间为240s。将得到的浆料进行浇注，压制成型，成型压力为10MPa，将压制成型的板坯在温度20℃、相对湿度95%的标准养护室中静停 24h，接着放入混凝土加速养护箱中蒸汽养护。蒸汽养护条件为：升温 4.5h，升温速率 20℃/1.5h，恒温 80℃保持 12h，断电降温 4h，冷却至室温后出箱。为保证板材的隔声性能，在上小节研究基础上，本小节刻意将橡胶粉的掺量提高至 7%，在橡胶粉与微细钢纤维复掺的情况下反映力学性能，具体配合比如表 1.19 所示。

表 1.19   复掺钢纤维和橡胶粉隔声板材的配合比

编号	水泥/g	尾矿粉/g	硅灰/g	尾矿砂/g	水/g	钢纤维/vol%	橡胶粉/wt%
K-0	560	160	80	1200	160	0	0
K-1	560	160	80	1200	160	0.93	3
K-2	560	160	80	1200	160	1.60	3
K-3	560	160	80	1200	160	2.27	3
K-4	560	160	80	1200	160	0.93	7
K-5	560	160	80	1200	160	1.60	7
K-6	560	160	80	1200	160	2.27	7

实验测得的板材抗折强度见图 1.44。在橡胶粉掺量保持在 3wt%的情况下，提高钢纤维的掺量，抗折强度呈现先降低再增长再降低的趋势。单掺微细钢纤维 0.93vol%时，所得的抗折强度最高，为 8.0MPa，比对照组板材提高了 1.5MPa；单掺橡胶粉掺量3wt%时所得的抗折强度为5.3MPa，比对照组板材降低了1.2MPa。当复掺微细钢纤维与橡胶粉分别为 0.93vol%与3wt%时，其抗折强度只有 4.7MPa，比对照组降低了 1.8MPa。可见，两种材料的复掺对抗折强度的作用并没有叠加效应。在橡胶粉掺量为 3wt%情况下，微细钢纤维的最佳掺量为 1.60vol%，对应的抗折强度达到了 6.1MPa，比单掺橡胶粉的板材抗折强度有所提高，且已经接近对照组的抗折强度。橡胶粉的掺量达到 7wt%时，继续提高微细钢纤维的掺量很难提高抗折强度。

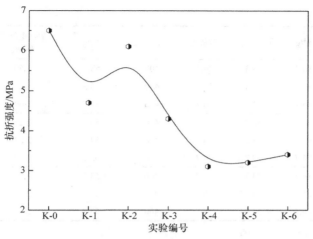

图 1.44 橡胶粉对隔声板材抗折性能的影响

4. 多层结构对隔声板材抗折强度的影响

为了研究两层结构或者三层结构的抗折强度,实验具体配合比如表 1.20 所示。其中,L-0 为单层结构;L-1~L-4 为双层结构;L-5~L-8 为三层结构。每层结构粉状材料按照表 1.20 混合均匀,随后加入钢纤维充分搅拌,再加入水并搅拌 240s 至均匀,得到浆料,最后按层浇注均匀,铺平,并在万能压力机上压制成型,成型压力为 10MPa。将压制成型的板坯在温度 20℃、相对湿度 95%的标准养护室中静停 24h,接着放入混凝土加速养护箱中蒸汽养护。蒸汽养护条件为:升温 4.5h,升温速率 20℃/1.5h,恒温 80℃保持 12h,断电降温 4h,冷却至室温后出箱。

表 1.20 多层结构隔声板材的配合比

方案编号	水泥/g	尾矿粉/g	硅灰/g	尾矿砂/g	水/g	微细钢纤维/vol%	橡胶粉/wt%
L-0	560	160	80	1200	160	0	0
L-1	280	80	40	600	80	1.60	0
	280	80	40	600	80	1.60	3
L-2	280	80	40	600	80	1.60	0
	280	80	40	600	80	1.60	7
L-3	280	80	40	600	80	2.27	0
	280	80	40	600	80	2.27	3
L-4	280	80	40	600	80	2.27	0
	280	80	40	600	80	2.27	7
L-5	186.7	53.3	26.7	400	53.3	1.60	0
	186.7	53.3	26.7	400	53.3	1.60	3
	186.7	53.3	26.7	400	53.3	1.60	0

方案编号	水泥/g	尾矿粉/g	硅灰/g	尾矿砂/g	水/g	微细钢纤维/vol%	橡胶粉/wt%
	186.7	53.3	26.7	400	53.3	1.60	0
L-6	186.7	53.3	26.7	400	53.3	1.60	7
	186.7	53.3	26.7	400	53.3	1.60	0
	186.7	53.3	26.7	400	53.3	2.27	0
L-7	186.7	53.3	26.7	400	53.3	2.27	3
	186.7	53.3	26.7	400	53.3	2.27	0
	186.7	53.3	26.7	400	53.3	2.27	0
L-8	186.7	53.3	26.7	400	53.3	2.27	7
	186.7	53.3	26.7	400	53.3	2.27	0

　　将制作完成的隔声板材进行抗折强度的测试,结果如图 1.45 所示。由图可见,三层结构的隔声板材的抗折强度大多优于双层结构的隔声板材。在双层结构板材中,橡胶粉对于抗折强度的影响起主导作用。当隔声板材的第二层掺量达到 3wt%时,抗折强度是最高的,达到了 8.2MPa。其后,无论是增加微细钢纤维还是橡胶粉的掺量,对抗折强度的提高都无济于事。与单层结构类似,掺量大于 3wt%时,即便增加微细钢纤维的掺量依然难以改变抗折强度降低的事实。对于三层结构来说,层数的增多也迫使中间层的橡胶粉掺量相对减少。因此,当中间层的橡胶粉掺量为 7wt%时,隔声板材的抗折强度达到最高 6.5MPa,甚至比中间层橡胶粉掺量为 3wt%的隔声板材抗折强度还要高。

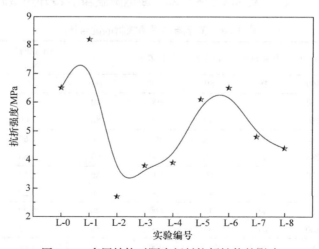

图 1.45　多层结构对隔声板材抗折性能的影响

1.6　本 章 小 结

本章以钒钛磁铁尾矿特性为出发点，根据辅助胶凝材料的要求，结合固体废弃物橡胶、硅灰作辅助胶凝材料，以制作出满足《纤维增强硅酸钙板　第 1 部分：无石棉硅酸钙板》(JC/T 564.1—2018)抗折强度等级 R1～R2 级(4～7MPa)的隔声板材为目标，遵循着"特性研究→活性研究→机理研究→性能研究→工艺研究"的思路展开研究。通过理论与实证性研究相结合的方法，采用实验、总结、对比分析等方法和手段进行研究，得出如下结论。

(1) 通过对钒钛磁铁尾矿特性和活性研究，密度为 $3.20g/cm^3$，原始颗粒主要分布在 0.3～1.18mm 之间，这一区间的颗粒占 60%以上。尾矿的主要矿物组成为辉石、铁韭闪石、绿泥石、黑云母等。其易磨性能高于高硅铁尾矿。粉磨 30min 钒钛磁铁尾矿的比表面积就可达到 $400m^2/kg$，而高硅铁尾矿则需要 100min。分别模拟钒钛磁铁尾矿与高硅铁尾矿比表面积的函数方程，钒钛磁铁尾矿的模拟直线斜率达到高硅铁尾矿的模拟直线斜率的 1.74 倍。钒钛磁铁尾矿的化学组成中氧化硅和氧化铝总含量为 50.83%，硅铝含量较低。按矿渣粉标准，计算得钒钛磁铁尾矿与高硅铁尾矿都属于酸性渣，且二者的质量系数都小于 1.2,活性远低于矿渣粉。

(2) 通过机械粉磨对钒钛磁铁尾矿进行活化，负压筛分实验、比表面积实验的模拟函数关系反映了粉磨动力学规律。通过模拟 $45\mu m$ 和 $80\mu m$ 筛余量与时间的关系，分别求得粉磨动力学方程。通过模拟比表面积与粉磨时间的关系得 $W_{45\mu m}=27.75+1598.83/[1+(t/0.78)^{1.68}]$ 和 $W_{80\mu m}=6.94+3033.47/[1+(t/0.25)^{1.34}]$。通过粒度分析，模拟得到 d_{10}、d_{50}、d_{90} 特征粒径与粉磨时间呈双对数关系。通过比表面积分析，求得粉磨动力学方程为：$S=-416.81+567.69\lg t$。研究发现，钒钛磁铁尾矿的易磨性较好，分别模拟钒钛磁铁尾矿与高硅铁尾矿比表面积的函数方程，钒钛磁铁尾矿的模拟直线斜率达到高硅铁尾矿的模拟直线斜率的 1.74 倍。通过机械粉磨，改变了钒钛磁铁尾矿中的矿物晶体结构，降低结晶度，但并不改变矿物组成。

(3) 通过机械粉磨对钒钛磁铁尾矿进行活化，ICP-MS 测试表明，钒钛磁铁尾矿所得溶液中的硅、铝离子浓度随粉磨时间的延长而增大，硅、铝离子最高浓度分别可达到 13.04mg/L、4.59mg/L，碱性环境中硅、铝离子的释放量大于中性环境中的硅、铝离子。比起铝离子，机械力活化对硅离子的释放量影响更大；相比硅离子，碱性环境对铝离子释放影响更为明显。参照黑色冶金行业标准《用于水泥和混凝土中的铁尾矿粉》(YB/T 4561—2016)，测得不同粉磨时间所得的钒钛磁铁尾矿的活性指数在 62.5%～70.1%之间，证明了钒钛磁铁尾矿的活性介于活性混合材与非活性混合材之间。

(4) 通过等温量热仪测试各个配比胶凝材料水化放热速率及水化放热总量。研究表明钒钛磁铁尾矿粉的掺入，稀释了水泥，降低了胶凝体系放热总量，使Ca(OH)$_2$晶体析出所需的时间延长，致使水化诱导期延长。随钒钛磁铁尾矿粉掺量减少、硅灰增加，比起单掺钒钛磁铁尾矿粉的胶凝组，诱导前期有所缩短，第二放热峰出现的时间推迟，放热峰峰值却有所提高。胶凝材料强度实验表明随着龄期的增长，胶凝材料的强度呈现逐渐增长的变化趋势。

(5) 进行纯水泥、尾矿-水泥复合胶凝材料(3∶7)及尾矿-硅灰-水泥复合材料(2∶1∶7)3组胶凝材料的水化反应机理研究，掺有辅助胶凝材料的胶凝材料1d、3d、7d、28d及蒸汽养护得到的抗压强度均比纯水泥抗压强度要低。其中，尾矿粉与硅灰复掺的胶凝材料均比只掺尾矿粉的抗压强度高。通过XRD、SEM、TGA、FT-IR等表征手段，针对复合胶凝材料在不同水化龄期的水化产物进行分析，胶凝材料水化产物早期就有钙矾石(AFt)、C-S-H凝胶、Ca(OH)$_2$产生。随着水化程度的加深，掺有钒钛磁铁尾矿粉、硅灰的复合胶凝材料体系，活性组分在碱性环境中发生二次水化，促使活性硅铝组分与Ca(OH)$_2$反应生成更多的水化产物，包括C-S-H凝胶、水化铝酸钙、AFt及一些无定形物质。

(6) 钒钛磁铁尾矿复合胶凝材料和粗颗粒尾矿制备的单层隔声板材与多层结构的隔声板材，其抗折强度符合《纤维增强硅酸钙板 第1部分：无石棉硅酸钙板》(JC/T 564.1—2018)R1~R2级的要求。分别研究了单掺微细钢纤维、橡胶粉、复掺微细钢纤维与橡胶粉等变量，对单层隔声板材及多层结构板材抗折强度的影响。随着微细钢纤维掺量的增加，隔声板材的抗折强度呈现先增加后降低的趋势，单层隔声板材中单掺微细钢纤维掺量为0.93vol%，抗折强度达到8.0MPa；随着橡胶粉的掺入，板材的抗折强度呈现先随掺量提高后随掺量降低的趋势，单掺橡胶粉为1wt%时，抗折强度达到了8.8MPa；复掺微细钢纤维与橡胶粉的掺量分别为1.60vol%和3wt%，抗折强度达6.1MPa。分层浇注不同配料料浆制备的多层结构板材，抗折强度最高值为8.2MPa。

参 考 文 献

[1] 廖欣. 我国矿产资源保护法律制度完善路径分析[J]. 学术论坛, 2018, 41(4): 153-160.
[2] 任世赢. 我国矿产资源综合利用现状、问题及对策分析[J]. 中国资源综合利用, 2017, 35(12): 78-80.
[3] 杨国华, 郭建文, 王建华. 尾矿综合利用现状调查及其意义[J]. 矿业工程, 2010, 8(1): 55-57.
[4] 崔正旭. 论尾矿综合利用现状调查及其意义[J]. 低碳世界, 2017(12): 76-77.
[5] 张淑会, 薛向欣, 金在峰. 我国铁尾矿的资源现状及其综合利用[J]. 材料与冶金学报, 2004, 3(4): 241-245.
[6] 邓湘湘, 陈阳. 我国金属尾矿资源综合利用现状分析[J]. 有色金属文摘, 2015, 30(5): 48-49.
[7] 赖才书, 胡显智, 字富庭. 我国矿山尾矿资源综合利用现状及对策[J]. 矿产综合利用,

2011(4): 11-14.

[8] 钟菊芽. 我国渣选尾矿资源综合利用现状[J]. 世界有色金属, 2017(9): 191-192.

[9] 王绍文, 梁富智, 王纪曾. 固体废弃物资源化技术与应用[M]. 北京: 冶金工业出版社, 2003.

[10] 任玉森. 钢铁行业固体废弃物农业利用基础技术研究[D]. 天津: 天津大学, 2007.

[11] 王昆, 杨鹏, Karen H E, 等. 尾矿库溃坝灾害防控现状及发展[J]. 工程科学学报, 2018, 40(5): 526-539.

[12] 姜清辉, 胡利民, 林海. 尾矿库溃坝研究进展[J]. 水利水电科技进展, 2017, 37(4): 77-86.

[13] 张佳尚. 尾矿库溃坝泥石流防控措施试验研究[D]. 石家庄: 石家庄铁道大学, 2017.

[14] 梅国栋. 尾矿库溃坝机理及在线监测预警方法研究[D]. 北京: 北京科技大学, 2015.

[15] 杨金艳, 蒲生彦, 谢燕华, 等. 尾矿库溃坝风险评价方法的研究进展[J]. 环境污染与防治, 2014, 36(15): 84-88, 91.

[16] 郑欣. 尾矿库溃坝风险研究[D]. 沈阳: 东北大学, 2013.

[17] 潘德安, 逯海洋, 刘晓敏, 等. 铁尾矿建材化利用的研究进展与展望[J]. 硅酸盐通报, 2019, 38(10): 3162-3169, 3214.

[18] Sun J S, Dou Y M, Chen Z X, et al. Experimental study on the performances of cement stabilized iron ore tailing gravel in highway application[J]. Applied Mechanics and Materials, 2011, 97-98: 425-428.

[19] Salomons W, Forstner U. Environmental Management of Solid Waste: Dredged Material and Mine Tailings[M]. Hurburg: Springer-Verlag Berlin Heidelberg, 1988.

[20] Santibanez C, Ginocchio R, Varnero M T. Evaluation of nitrate leaching from mine tailings amended with biosolids under Mediterranean type climate conditions[J]. Soil Biology & Biochemistry, 2007, 39(6): 1333-1340.

[21] Mu Oz M A, Guzman J G, Zornoza R, et al. Effects of biochar and marble mud on mine waste properties to reclaim tailing ponds[J]. Land Degradation & Development, 2016, 27(4): 1227-1235.

[22] Norland M R, Veith D L. Revegetation of coarse taconite iron ore tailing using municipal solid waste compost[J]. Journal of Hazardous Materials, 1995, 41(2-3): 123-134.

[23] Johnson R H, Blowes D W, Robertson W D, et al. The hydrogeochemistry of the Nickel Rim mine tailings impoundment, Sudbury, Ontario[J]. Journal of Contaminant Hydrology, 2000, 41(1-2): 49-80.

[24] Wang X L, Liu R Y. Application of DTA in preparation of glass-ceramic made by iron tailings[J]. Procedia Earth & Planetary Science, 2009, 1(1): 750-753.

[25] 陈永伟. 浅谈矿资源回收与尾矿综合利用[J]. 世界有色金属, 2018(3): 4-6.

[26] 刘璇, 李如燕, 崔孝炜, 等. 机械力活化对钼尾矿胶凝性能的影响研究[J]. 矿产保护与利用, 2018(4): 108-111, 117.

[27] 孙立群. 铁尾矿土壤化利用及重金属污染的微生物修复技术[D]. 济南: 山东大学, 2017.

[28] Zhang Y W, Wang X, Gong K C, et al. Study on the recovery of sulfur from a lead-zinc tailings of Fujian[J]. Applied Mechanics & Materials, 2014, 541-542: 334-337.

[29] Lv X W, Tong X, Xie X, et al. Study on the recovery of sulfur from multi-metals tailings[J]. Advanced Materials Research, 2013, 734-737: 1110-1113.

[30] 杨侨, 赵龙, 侯红, 等. 土壤改良剂对赣南废弃稀土尾矿的改良效应[J]. 应用化工, 2018, 47(2): 211-214.

[31] Lange C A, Kotte K, Smit M, et al. Effects of different soil ameliorants on karee trees(*Searsia lancea*)growing on mine tailings dump soil. Part Ⅰ: pot trials[J]. International Journal of Phytoremediation, 2012, 14(9): 908-924.

[32] Pollmann O, Meyer S, Blumenstein O, et al. Mine tailings: waste or valuable resource?[J]. Waste and Biomass Valorization, 2010, 1(4): 451-459.

[33] Ercikdi B, Cihangir F, Kesimal A, et al. Utilization of industrial waste products as pozzolanic material in cemented paste backfill of high sulphide mill tailings[J]. Journal of Hazardous Materials, 2009, 168(2): 848-856.

[34] Song W, Shan W, Li H, et al. Study of basic characteristics of full tailings filling material[C]. Shanghai: International Conference on Materials for Renewable Energy & Environment, 2011.

[35] Zhang W, Cao H, Zhong J H, et al. CaO-MgO-Al$_2$O$_3$-SiO$_2$ glass-ceramics from lithium porcelain clay tailings for new building materials[J]. Journal of Non-Crystalline Solids, 2015, 409: 27-33.

[36] 杨帆. 谈尾矿在建材中的综合利用[J]. 广东建材, 2013, 29(10): 27-29.

[37] 姚亚东. 矿山尾矿制作建筑材料工艺技术研究[D]. 成都: 四川大学, 2002.

[38] 周勋南. 细粒铁尾矿应用于墙体材料的研究[J]. 金属矿山, 1989(4): 55-58.

[39] 蔡霞. 铁尾矿用作建筑材料的进展[J]. 金属矿山, 2000(10): 45-48.

[40] 任铮钺, 田军. 利用当地石英石尾矿制备蒸压加气混凝土[J]. 低温建筑技术, 2016, 38(6): 4-6.

[41] Zhang J W, Wang C L, Liu H X, et al. Preparation and properties of autoclaved aerated concrete using coal gangue and iron ore tailings[J]. Construction and Building Materials, 2016, 104(1): 109-115.

[42] 舒伟, 罗立群, 程琪林, 等. 低贫钒钛铁尾矿制备加气混凝土[J]. 过程工程学报, 2015, 15(6): 1075-1080.

[43] 王长龙, 杨建, 郑永超, 等. 铁尾矿物相分析及加气混凝土制备[J]. 科技导报, 2015, 33(18): 45-48.

[44] 王长龙, 刘世昌, 郑永超, 等. 以电石渣铁尾矿为原料制备加气混凝土的实验研究[J]. 矿物学报, 2015, 35(3): 373-378.

[45] Wu P C, Wang C L, Zhang Y P, et al. Properties of cementitious composites containing active/inter mineral admixtures[J]. Polish Journal of Environmental Studies, 2018, 27(3): 1-8.

[46] Cui X W, Wang C L, Ni W, et al. Study on the reaction mechanism of autoclaved aerated concrete based on iron ore tailings[J]. Romanian Journal of Materials, 2017, 47(1): 46-53.

[47] 罗立群, 舒伟. 利用矿山尾矿制备加气混凝土技术现状[J]. 中国矿业, 2014, 23(12): 140-146.

[48] Yuan D X, Liang X Y, Li J, et al. Preparation and phase characteristics of autoclaved aerated concrete using iron ore tailings[J]. Romanian Journal of Materials, 2018, 48(3): 39-44.

[49] Zhang J W, Wang C L, Liu H X, et al. Study of preparation for autoclaved aerated concrete with low-silica iron ore tailings[J]. Revista de la Facultad de Ingenieria, 2016, 31(4): 36-48.

[50] 丁向群, 董越. 石灰对铁尾矿加气混凝土抗冻性能的影响[J]. 硅酸盐通报, 2014, 33(10): 2631-2635.

[51] 王长龙, 乔春雨, 王爽, 等. 煤矸石与铁尾矿制备加气混凝土的试验研究[J]. 煤炭学报, 2014, 39(4): 764-770.

[52] 龚威, 丁向群, 冀言亮, 等. 蒸养制度对铁尾矿加气混凝土强度的影响[J]. 硅酸盐通报, 2014, 33(1): 43-47.

[53] 温欣子. 以铁尾矿砂为主要原料制备加气混凝土的优化研究[D]. 唐山: 河北联合大学, 2014.

[54] 温欣子, 李富平, 王建胜. 铁尾矿砂制备加气混凝土砌块的试验研究[J]. 绿色科技, 2013(11): 251-252, 258.

[55] 韩晨, 吴焦, 刘桃红. 铁尾矿制备加气混凝土试验研究[J]. 新型建筑材料, 2013, 40(11): 49-52.

[56] 李涵. 铁尾矿陶粒制备工艺及混凝土性能研究[D]. 西安: 长安大学, 2018.

[57] 刘晨, 朱航, 何捷, 等. 利用铁尾矿砂和活性炭制备轻质淤泥陶粒的研究[J]. 武汉理工大学学报, 2016, 38(12): 23-27.

[58] 朱晓丽, 陈瑞军, 幺琳, 等. 铁尾矿陶粒的制备及对生活污水的处理[J]. 金属矿山, 2015(8): 178-180.

[59] 杨传猛. 铁尾矿制备烧结砖和陶粒的研究[D]. 南京: 南京理工大学, 2015.

[60] 胡晨光, 邢崇恩, 刘蕾, 等. 铁尾矿与碱渣基核壳高强陶粒的制备与性能研究[J]. 金属矿山, 2019(5): 197-203.

[61] 刘佳. 利用密云尾矿废石制备高性能混凝土的基础研究[D]. 北京: 北京科技大学, 2015.

[62] 吴辉, 倪文, 汤畅, 等. 基于均匀设计制备铁尾矿高强结构材料[J]. 科技导报, 2014, 32(11): 38-42.

[63] 曹曦娇, 邱俊, 吕宪俊. 铁尾矿陶粒的发展现状和存在问题分析[J]. 现代矿业, 2013, 29(12): 152-154.

[64] 王德民, 雷国元, 宋均平, 等. 低硅铁尾矿陶粒的制备与应用[J]. 金属矿山, 2013(9): 163-166.

[65] 息雪立. 利用铁矿山废弃物制备陶粒的研究[D]. 唐山: 河北联合大学, 2012.

[66] 杜芳, 刘阳生. 铁尾矿烧制陶粒及其性能的研究[J]. 环境工程, 2010, 28(S1): 369-372, 402.

[67] 冯向鹏, 孙恒虎, 张娜, 等. 铁尾矿活性优化机理研究[J]. 矿业快报, 2007(6): 21-24.

[68] 冯向鹏, 张娜, 孙恒虎, 等. 用赤泥提高铁尾矿热活化性能的试验研究[J]. 金属矿山, 2007(10): 132-136.

[69] 罗立群, 舒伟, 程琪林, 等. 铁尾矿加气混凝土制备工艺及结构形成机理分析[J]. 化工进展, 2017, 36(4): 1482-1490.

[70] 郑永超, 倪文, 张旭芳, 等. 用细粒铁尾矿制备细骨料混凝土的试验研究[J]. 金属矿山, 2009(12): 151-153.

[71] Zhao S, Fan J, Wei S. Utilization of iron ore tailings as fine aggregate in ultra-high performance concrete[J]. Construction and Building Materials, 2014, 50(2): 540-548.

[72] Zhang G D, Zhang X Z, Zhou Z H, et al. Preparation and properties of concrete containing iron tailings/manufactured sand as fine aggregate[J]. Advanced Materials Research, 2014, 838-841:

152-155.

[73] Shettima A U, Hussin M W, Ahmad Y, et al. Evaluation of iron ore tailings as replacement for fine aggregate in concrete[J]. Construction and Building Materials, 2016, 120: 72-79.

[74] 张越. 苍山铁矿尾矿砂制备蒸压加气混凝土砌块的研究[D]. 西安: 西安建筑科技大学, 2017.

[75] 齐晓然, 王长龙, 张凯帆, 等. 用铁尾矿和废石制备蒸压灰砂砖的研究[J]. 矿业研究与开发, 2019, 39(11): 109-114.

[76] 王春阳, 郑永超, 李胜, 等. 钒钛磁铁尾矿微粉在混凝土中的应用研究[J]. 混凝土与水泥制品, 2019(5): 19-21, 30.

[77] 郑永超, 倪文, 郭珍妮, 等. 铁尾矿制备高强结构材料的试验研究[J]. 新型建筑材料, 2009, 36(3): 4-6.

[78] 彭链. 铁尾矿硅铝活性激发及铁尾矿基充填胶凝材料制备技术研究[D]. 重庆: 重庆大学, 2014.

[79] 李北星, 陈梦义, 王威, 等. 养护制度对富硅铁尾矿粉的活性及其浆体结构的影响[J]. 武汉理工大学学报, 2013, 35(8): 1-5.

[80] 侯云芬, 刘锦涛, 彭小东, 等. 铁尾矿粉细度对水泥砂浆孔结构的影响[J]. 粉煤灰综合利用, 2017(5): 23-26, 35.

[81] 李莉. 铁尾矿微粉在硅酸盐胶凝体系中的作用及机理研究[D]. 北京: 北京建筑大学, 2017.

[82] Forest L, Gibiat V, Hooley A. Impedance matching and acoustic absorption in granular layers of silica aerogels[J]. Journal of Non-Crystalline Solids, 2001, 285: 230-235.

[83] António J, Godinho L, Tadeu A. Acoustic insulation provided by circular and infinite plane walls[J]. Journal of Sound and Vibration, 2004, 273(3): 681-691.

[84] Uris A, Llopis A, Llinares J. Effect of the rockwool bulk density on the airborne sound insulation of lightweight double walls[J]. Applied Acoustics, 1999, 58(3): 327-331.

[85] Carneal J P, Fuller C R. An analytical and experimental investigation of active structural acoustic control of noise transmission through double panel systems[J]. Journal of Sound and Vibration, 2004, 272(2): 749-771.

[86] Yimazer S, Ozdeniz M B. The effect of moisture content on sound absorption of expanded perlite plates[J]. Building and Environment, 2005, 40: 311-318.

[87] Scarpa F, Bullough W A, Lumley P. Trends in acoustic properties of iron particle seeded auxetic polyurethane foam[J]. Journal of Mechanical Engineering Science, 2004, 218(2): 241-244.

[88] 耿军军. 基于废弃物资源化和声子晶体的轻薄隔声复合材料[D]. 南昌: 南昌航空大学, 2014.

[89] 洪有明. 轻质墙板隔声性能研究及其结构优化[D]. 青岛: 青岛理工大学, 2009.

[90] Tadeu A, António J, Mateus D. Sound insulation provided by single and double panel walls: a comparison of analytical solutions versus experimental results[J]. Applied Acoustics, 2004, 65(1): 15-29.

[91] Lee C M, Xu Y. A modified transfer matrix method for prediction of transmission loss of multilayer acoustic materials[J]. Journal of Sound and Vibration, 2009, 326: 290-301.

[92] 李胜. 新型层合隔声复合材料的制备与性能研究[D]. 杭州: 浙江理工大学, 2018.

[93] Jaouen L, Renault A, Deverge M. Elastic and damping characterizations of acoustical porous materials: available experimental methods and applications to a melamine foam[J]. Applied Acoustic, 2008, 69: 1129-1140.

[94] Garcia-Valles M, Avila G, Martinez S, et al. Acoustic barriers obtained from industrial wastes[J]. Chemosphere, 2008, 72: 1098-1102.

[95] 战佳宇, 耿春雷, 李万民, 等. 基于钼尾矿资源化利用的硅酸钙板制备及性能研究[J]. 环境工程, 2017(S1): 305-308.

[96] 战佳宇, 杨飞华, 耿春雷, 等. 钼尾矿机械活化处理及对硅酸钙板性能的影响[J]. 混凝土与水泥制品, 2017(6): 56-59.

第2章 钒尾矿制备泡沫混凝土的研究

2.1 概　述

2.1.1 钒尾矿研究背景及意义

矿产资源是当今人类社会赖以生存的自然资源[1]。工业革命以来对于矿产资源的开发利用尤为突出，当前世界上70%的工业制品原料和90%的能源来自矿产资源；而我国95%的一次能源、85%以上的工业原料以及70%以上的农业生产资料均来源于矿产资源。全国工业产值的30%是来自矿业和以矿业为原料的加工业，从事矿业相关工作的有近2000万人[2, 3]。

进入2000年以来，随着社会的蓬勃发展，我国对矿产资源的消耗量日益加大，矿产资源短缺的问题也日渐突出。矿产资源利用率不高是其中重要的一点原因，在采矿、选矿、冶炼等过程中产生大量的固体废弃物。尾矿就是其中一类有待利用的固体废弃物。据不完全统计，近5年来我国尾矿年排放量高达15亿t以上，截至2015年底各类尾矿堆存量高达146亿t[4]。尾矿固体废弃物的大量堆存，不仅占用大量土地，而且尾矿中的有用成分得不到充分利用，也是对资源的浪费，同时还面临着尾矿泄漏、治理等问题，对矿区人们的生命财产安全构成了严重威胁[5-7]。解决该类问题必须依赖于科技，通过科技实现尾矿的综合利用，它是解决矿产资源短缺、发展矿山循环经济的有效途径[8, 9]。通常在尾矿中存在数量巨大的非金属矿物。在世界各国重视二次资源开发利用的同时[10-15]，我国的尾矿储量却呈现每年不断增加的趋势，绝大多数尾矿尚未被综合利用，因此加快尾矿的综合利用已迫在眉睫。

近几年国家出台了一系列的法律、法规，加强了对固体废弃物进行综合利用的要求。依据《中华人民共和国循环经济促进法》、《中华人民共和国国民经济和社会发展第十一个五年规划纲要》，工业和信息化部印发了《金属尾矿综合利用专项规划(2010～2015年)》(工信部联规〔2010〕174号)。2015年工业和信息化部印发了《2015年工业绿色发展专项行动实施方案》，其中指出，通过实施2015年工业绿色发展专项行动，初步建立京津冀及周边地区工业资源综合利用协同发展机制，完善产业链。

石煤提钒尾矿(简称钒尾矿)是含钒石煤经过焙烧、浸出、沉钒及破碎等工艺处理后的尾渣。由于石煤中钒的品位很低，因此在石煤提钒过程中会产生大量的尾矿。据资料显示，我国石煤储量丰富，已探明的含钒石煤储量达 600 多亿 t，其中 V_2O_5 品位一般为 1.0%左右，按回收率 80%计，每生产 1t 将产生 150t 尾矿[16-19]。通常对于钒尾矿的处理多是以堆存的方式进行，不仅未能发挥其经济价值，而且带来了一系列环境问题。因此，如何实现钒尾矿的综合利用成为必须研究的一个重要课题。陕西省商洛市山阳县立足钒矿储存量亚洲第一的资源优势，拟按照集约化开发、集团化发展、清洁化生产和循环利用的思路，整合资源，依靠科技，积极促进钒矿企业转型升级，全力打造中国钒都。目前商洛市尾矿堆存量已经超过 4430 万 t，综合利用率相对较低，和国内总体 14%的综合利用水平存在一定差距[20-22]，远远低于发达国家的利用水平[22]。大量提钒尾矿的堆存不仅给企业的发展带来沉重负担，而且对环境造成污染。因此如何有效综合利用钒尾矿资源、变废为宝、构建新型循环产业链成为当地亟待解决的问题。我国研究石煤提钒的历史不长，对于石煤提钒处理后尾矿的综合利用方面，也并未研究出一套综合利用的体系，导致废物治理水平不高。因此，可以借鉴其他尾矿的综合利用途径，结合钒尾矿本身的特性，开发出属于钒尾矿的综合利用新途径，使其产生一定的经济效益。钒尾矿普遍的特征为粒度较细，主要化学成分为 SiO_2、Al_2O_3、FeO 和 Fe_2O_3，其中 SiO_2 主要以石英晶体的形式存在；还含有少量的碱性氧化物，如 CaO、MgO、Na_2O 等。焙烧后的钒尾矿含有少量的玻璃质，活性较高，是制造建筑材料的较佳硅质原料[23]。

在上述背景下，结合陕南地区的经济技术条件，以钒尾矿为主要原料制备建筑材料可以有效地消耗尾矿。商洛市钒尾矿资源大多属于高硅型细粒尾矿，少部分属于低硅型细粒尾矿(通常认为 SiO_2 含量≥60%为高硅型尾矿，SiO_2 含量<60%为低硅型尾矿)。该类尾矿矿物组成以石英为主，同时带有少量的长石、石膏等矿物。通过深入研究尾矿的化学成分及矿物学特性，结合机械力活化、热活化或化学激发的方式可有效提高其反应活性。将尾矿作为硅质生产建筑材料，是提高尾矿综合利用率的一种有效方式[24]。大量的研究表明：经超细粉磨的高硅尾矿具有与 $Ca(OH)_2$ 等碱性化合物反应的潜在活性，属于硅质复合矿物粉体材料，其中活性 SiO_2 和 Al_2O_3 与硅酸盐水泥水化产物 $Ca(OH)_2$ 可反应生成 C-S-H、C-A-H 或 C-A-S-H 等。因此，以钒尾矿为矿物掺合料制备泡沫混凝土也是一种提高其综合利用率的有效方式。

本章以综合利用商洛地区库存量较大的钒尾矿为主旨，选用山阳县地区库存量较大的钒尾矿，配以矿渣、石灰、熟料、石膏等，以铝粉为发泡剂，以制备出满足《泡沫混凝土》(JG/T 266—2011)行业标准要求的泡沫混凝土砌块为目标，使其成为一种新型的保温隔热性能良好的轻质墙体材料。

利用钒尾矿制备泡沫混凝土一方面可以实现钒尾矿中非金属矿物的高价值利

用，为提高钒尾矿综合利用价值和利用率提供新的途径，促进矿山企业转变传统粗放型增长方式，节约土地、节约资源、减少环境污染，为矿业集中地区构建一条循环经济产业链，有效缓解矿山企业由于尾矿堆存所带来的社会矛盾和环境、安全压力。另一方面，利用钒尾矿制备泡沫混凝土保温材料契合我国政府提出的新的建筑业发展战略，是推进绿色建筑行动方案的重要支撑，代表了我国建筑业未来转型升级的发展方向。

　　钒尾矿制备泡沫混凝土的课题来源：科技部 863 计划"尾矿制备绿色环保新型建筑材料关键技术与示范"(2012AA062405)和"十二五"国家科技支撑计划项目"新型低钙水泥熟料的研究及工业化应用"(2014BAE05B01)。

2.1.2　钒尾矿制备泡沫混凝土的主要科技创新

　　(1) 运用机械粉磨、高温煅烧、化学激发的复合活化方式对钒尾矿进行活化处理，并对不同活化方式下钒尾矿的活性进行评价，最终得出针对钒尾矿的最佳处理方式，使其参与水化反应的活性得到有效激发，可作矿物掺合料使用。

　　(2) 将经 50min 粉磨后的钒尾矿用于泡沫混凝土的制备，制备出满足《泡沫混凝土》(JG/T 266—2011)行业标准要求的 A06、C3.5 级泡沫混凝土。其中钒尾矿掺量 40%、矿渣掺量 34%、生石灰掺量 5%、水泥熟料掺量 13%、脱硫石膏掺量 8%，外加干料总量 0.07%的金属铝粉，水胶比为 0.6。总固体废弃物利用率达 82%。

　　(3) 使用专业图形分析软件 Image-Pro Plus 对钒尾矿泡沫混凝土断面孔的分布状况进行分析，研究孔结构的分布状况对制品性能的影响，为孔结构与制品的相关性研究提供一定的理论基础。当制品孔隙率在 75.9%～79.5%范围内变化时，制品抗压性能受孔隙分布的影响较大，其绝干密度可通过线性方程：$Y= 843.8157 - 3.242X$ 来表示，导热系数符合线性方程：$Y=0.25427 - 0.00152X$。

2.2　钒尾矿泡沫混凝土的国内外研究现状

2.2.1　钒尾矿的产生及综合利用现状

1. 石煤钒矿资源概述

　　世界上钒资源丰富度处于第 12 位，其含量超过地壳中的铜、锌、锡和镍等金属元素，但分布较为分散，属于稀有元素。目前，世界上已找到含钒矿物达 60 多种，其中主要有绿硫钒矿、硫钒铜矿、钒钛铁矿、钒铅矿、钒钛磁铁矿和石煤钒矿等。我国的钒矿资源主要以钒铁矿石和石煤矿为主，其中石煤矿具有较高的开采价值。我国 V_2O_5 的总储量约为 1.35 亿 t，石煤中 V_2O_5 储量约为 1.18 亿 t，占总储量的 80% 以上，其余分布在钒钛磁铁矿中[25]。

石煤(stone-like coal)是一种含碳少、发热值低的劣质无烟煤，又是一种低品位多金属共生矿，生成于古老地层中，由菌藻类等生物遗体在浅海、潟湖、海湾条件下经腐泥化作用和煤化作用转变而成。石煤中含有或富集了较多的伴生元素，如钒、镍、钼、铀、铜、硒、镓、铯及贵金属等 60 余种。品位较高有工业利用价值的有 20 多种，如钒、钼、银、镓、铯等，以钒为主，故石煤既是一种能源，又是一种潜在的低品位多金属矿产资源。因为这些伴生元素的存在，综合提取有价组分所创造的价值远远大于作为燃料的价值。因此，石煤是我国生产钒产品的重要原料之一。

2. 钒尾矿的产生及危害

我国从石煤中提取钒的技术始于 20 世纪 60 年代，经过 50 多年的探索研究，目前，我国石煤提钒技术已基本达到成熟。石煤提钒工艺类型多种多样，主要有火法-湿法联用和全湿法两种方法，以焙烧浸出提钒和酸法浸出提钒为主。焙烧浸出包括钠化焙烧浸出和钙化焙烧浸出。酸法浸出主要有直接酸浸、加压酸浸和加入助浸剂酸浸 3 类，这里只介绍直接酸浸提钒。在硅铝酸盐矿物中，钒是以类质同相形式置换六次配位的三价铝[Al(Ⅲ)]存在于云母晶格中，其分子式是 K(Al, V)$_2$[AlSi$_3$O$_{10}$](OH)$_2$，为使钒能从云母结构中溶浸出来，必须破坏云母结构使之氧化[26]。直接酸浸法是 H$^+$进入硅铝酸盐矿物晶格中置换 Al^{3+}，从而释放出 V^{3+}，V^{3+}进一步氧化为 V^{4+}后再用硫酸浸出[27, 28]。在高温和一定的酸度浸出条件下，硫酸可以破坏某些云母结构而溶解出其中的钒，以 V(Ⅳ)形式存在的钒则可被硫酸直接浸出[29]，其化学反应式如式(2.1)、式(2.2)所示：

$$(V_2O_3) \cdot X + 2H_2SO_4 + 1/2O_2 = V_2O_2(SO_4)_2 + 2H_2O + X \qquad (2.1)$$

$$V_2O_2(OH)_4 + 2H_2SO_4 = V_2O_2(SO_4)_2 + 4H_2O \qquad (2.2)$$

含钒酸浸溶液经氧化，再经氨水沉淀、热解，可得到纯度为 98% 的精钒产品，钒的浸出率为 75%～80%，钒的回收率可以达到 68% 以上[30]。直接酸浸法提钒不用焙烧，不会产生 HCl、Cl$_2$、SO$_2$ 等污染大气的有害气体，投资少，可以大规模用于生产实践。此方法使用强酸进行浸出，对设备的腐蚀较大，对设备要求抗腐蚀度较高，产生的酸性废水、废渣不可直接排放，需经石灰中和处理后排放。

3. 钒尾矿综合利用现状

石煤是我国所特有的一种钒矿资源。因此，国外关于钒尾矿综合利用的文章鲜见报道。我国现有的钒尾矿多以堆存或充填的方式进行处理[31-33]，所报道的钒尾矿的综合利用方面的研究主要集中在利用钒尾矿生产建筑材料。主要有以下几方面。

1) 利用钒尾矿制备水泥

钒尾矿中 SiO_2 及 Al_2O_3 含量较高，可用作制备水泥的原料。制备水泥的工艺过程中，尾矿掺量较大，能够有效地降低成本。

施正伦等[34]以提钒残渣与水泥熟料和石膏粉末配制成水泥，研究了提钒残渣的掺量对水泥性能的影响。实验结果表明，随着提钒残渣掺量的递增，水泥强度整体上呈现递减趋势。钒尾矿掺量为 25%～45%时，可单独作水泥混合材使用，所制备的水泥各项性能指标均达到《通用硅酸盐水泥》(GB 175—2007)中复合硅酸盐水泥要求，其强度满足 32.5 强度等级水泥要求。焦向科等[35]将提钒工艺中产生的高硅钒尾矿与硅酸盐水泥熟料混掺，通过机械球磨的方式提高其活性，当钒尾矿掺量为 30%、粉磨时间为 40min，水泥的凝结时间和强度达到《通用硅酸盐水泥》(GB 175—2007)中规定的 32.5 复合硅酸盐水泥的要求。

2) 利用钒尾矿生产墙体砖

时亮[36]以钒尾矿为主要原料制备普通建筑用砖，在黏土掺量为 10%，混合料水分为 28%，焙烧温度为 1100℃，保温时间为 4h 的条件下，所制备的烧结砖强度达到 MU10，同时其吸水率和饱和系数达到黏土砖和粉煤灰砖要求。吴道琼等[37]利用 30%的提钒尾矿配 70%的页岩，高温焙烧至 1100℃，所得的烧结砖制品性能满足《烧结普通砖》(GB/T 5101—2017)的要求。

3) 利用钒尾矿生产微晶玻璃

微晶玻璃是采用适当组成的玻璃，在成型后再加热至玻璃的软化温度以上进行精密热处理，使其内部形成大量的晶体和少量的残余玻璃相。这种玻璃虽然不再透明，但在机械强度及化学稳定性等方面都大大提高，在抗风化及抗磨蚀方面优于天然花岗石和陶瓷制品，因此非常适合建筑物的外墙和地面装饰。钒尾矿富含硅铝，可以用来制备硅铝酸盐体系的微晶玻璃。微晶玻璃作为一种新型装饰材料，有良好的应用前景。杨爱江等[38]以提钒尾矿渣中 SiO_2 和 Al_2O_3 可替代微晶玻璃原料中 SiO_2 和 Al_2O_3 的化学成分为出发点，研究了利用贵州省黔东南州某石煤提钒厂废渣为主要原料制备 $CaO\text{-}Al_2O_3\text{-}SiO$ 系微晶玻璃。实验选取核化温度 850℃，保温 2h，晶化温度 1050℃，保温 1h，得到微晶玻璃样品。随着钒尾矿掺入量的增加，制品抗折强度出现了先增强后减弱的趋势，掺入量在 62.03%时，强度最大值为 80.6MPa。谢飞[39]以镍钼钒尾矿为原料，镍钼钒尾矿掺量为 72%～78%，主要添加剂为氧化钙，热处理制度为：核化温度 870～880℃，核化时间 3h，晶化温度 930～951℃，晶化时间 1～2h，制备出性能(抗压强度 454MPa，抗折强度 75MPa，莫氏硬度大于 6.5)优良的硅钙系微晶玻璃。

4) 利用钒尾矿生产钒钛黑瓷

钒尾矿是优良的成瓷材料，以钒尾矿和普通陶瓷原料各 50%左右，在 1100℃

左右烧成，可以生产整体黑色的钒钛黑瓷。钒钛黑瓷密度小、吸水率低、抗弯强度高，比黑花岗石更有光泽，可用于大厅、广场、机场等建筑装饰[40]，效果良好。钒钛黑瓷还有优良的光热转换性能，阳光吸收率较高，可达到 0.90 以上。利用钒尾矿生产的钒钛黑瓷具有生产成本低、光热转换性能好、光热转换性能稳定等优点，可以直接作为太阳能吸收材料、太阳能集热板等材料使用[41]。修大鹏等[42]将钒尾矿和普通陶瓷原料按 1∶1 配比，用普通陶瓷的生产工艺和辊道窑设备经1100℃烧制成钒钛黑瓷，其工艺流程如图 2.1 所示。

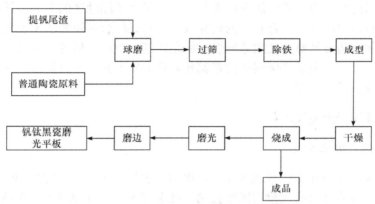

图 2.1　钒钛黑瓷生产工艺流程图

5) 利用钒尾矿生产陶粒

陈佳等[43]以石煤提钒尾矿为制备免烧陶粒的主要硅铝原料，在生石灰、水泥、粉煤灰、钒尾矿用量分别为 10%、10%、50%、30%，生石灰、粉煤灰、钒尾矿细度均为小于 0.074mm 占 80%，硫酸钠和三乙醇胺添加量分别为原料总质量的2%和 0.01%情况下，生产出各项性能指标(吸水率 7.08%、堆积密度 721kg/m³、筒压强度 3.2MPa)均达到国标标准的免烧成品陶粒。

6) 利用钒尾矿作路面基层材料

习应祥和朱梦良[44]在分析了钒尾矿的物理性质、化学特性的基础上研究以钒尾矿制备路面基层材料的工艺，将钒矿渣、土、石灰和水泥按照 80∶20∶5∶5比例铺设作为沥青路面的底基层，将钒矿渣、水泥按 100∶7 比例铺设作为水泥混凝土路面基层。

7) 利用钒尾矿制备地聚物

"地聚物"是由法国材料学家 Davidovits 于 20 世纪 70 年代提出的一种新型碱激发无机胶凝材料[45,46]。地聚物是由 Al-O-Si 网络结构聚合成的一类新型材料，其中的硅氧四面体和铝氧四面体通过共用所有的氧原子交替键合[47]，这种特殊结构使其兼具有机高聚物、陶瓷、水泥的特点，但又不同于上述材料，表现在高强度、快速固化、耐高温、隔热、耐酸抗侵蚀等方面[48-51]，因此它是一种极具发展前途的高性能无机胶凝材料。

焦向科等[52, 53]以钒尾矿为主要原料制备地聚物，与活性硅胶粉复合作为碱激发剂，先将原钒尾矿与固体氢氧化钠按照 5:1 的质量比混合，在 450℃下煅烧 1h，再干法球磨 5min，得到活化的钒尾矿，最终将活化钒尾矿与矿渣按质量比 3:2 进行混合制得样品，样品 3d 抗压强度最高达 35.1MPa，实现了二次资源回收利用和环保的目的。

在我国进行石煤提钒的研究历史并不长，钒尾矿随地区的不同差异较大，导致研究者对钒尾矿资源综合利用的研究较少，对其综合利用的水平也较低。为解决这一问题，需要针对地区的差异性对钒尾矿的特性进行研究，并借鉴其他的综合利用方式，开发出适合钒尾矿的资源化处理处置方式，使其能够创造出经济效益、环保效益及社会效益。

2.2.2 泡沫混凝土发展现状

1. 泡沫混凝土特点

泡沫混凝土是在水泥浆或水泥砂浆中引入适量微小气泡，搅拌均匀后浇注硬化形成的一种内部含有大量密闭气孔的多孔混凝土。泡沫混凝土与普通混凝土在组成材料上的最大区别在于泡沫混凝土中没有普通水泥混凝土中使用的粗集料，同时含有大量气泡。泡沫混凝土是混凝土家族中的一员，近年来，国内外都非常重视泡沫混凝土的研究与开发，使其在建筑领域的应用越来越广。

泡沫混凝土与普通混凝土相比，无论是新拌泡沫混凝土浆体，还是硬化后的泡沫混凝土，都表现出许多与普通混凝土不同的特殊性能，从而使泡沫混凝土有可能被应用于一些普通混凝土不能胜任的具有特殊性能要求的场合。泡沫混凝土主要有以下几方面特性[54, 55]。

1) 轻质

泡沫混凝土的孔隙率主要由泡沫的加入量确定，因而决定了其体积密度。泡沫混凝土的强度应遵从孔隙率理论，即孔隙率较大，体积密度偏小，强度偏低，反之亦然。泡沫混凝土由于有大量闭气孔，因而密度相对比较小，通常为 $300\sim1800kg/m^3$，密度范围为 $300\sim1200kg/m^3$ 的泡沫混凝土较为常用。当前，随着材料技术的日益发展，超轻泡沫混凝土(密度为 $160\ kg/m^3$)也在工程领域得到了广泛的应用。由于自身荷载较轻，建筑物的立柱、内外墙体、楼面、层面等均可采用该种材料，它可以降低约 25%的自重，甚至可以达到结构物总质量的 30%~40%。在结构构件中，使用泡沫混凝土替代普通混凝土可以提高结构构件承载力。所以在建筑设计和施工中，通过比较分析，其经济效益就较好地凸显出来了。

2) 优异的抗震性能

泡沫混凝土自身封闭的多孔使其自身具有较低的弹性模量，因而可以吸收和扩散冲击载荷的作用。双抗震指钢结构抗震与泡沫混凝土墙体抗震。钢结构具有良好的延展性，属柔性结构，可以有效地吸收地震产生的能量；同时泡沫混凝土气孔壁经过摩擦作用，也可消耗由地震波产生的冲击能量。泡沫混凝土现浇，多数采用钢龙骨或钢结构，在墙内浇注泡沫混凝土，因此其具有双抗震的效果。资料显示：在 1999 年台湾"9·21"大地震中，砖混结构的破坏率为 24.1%，而混凝土结构高达 52.5%，但是钢结构却只有 0.6%，轻骨浇注的混凝土破坏率仅 0.2%。泡沫混凝土也是军事上采用的材料，如抗爆炸工程，其吸收震波的军工试验为 90%~95%。

3) 隔声性能好

泡沫混凝土由于其封闭的多孔性质，具有较好的隔声性。例如，在地下建筑的顶层及地上建筑物的楼层处、高速公路两侧设置隔声板等。这些板状材料可采用泡沫混凝土。当其密度小于 $700kg/m^2$ 时，用不同的墙体厚度可实现自保温的作用，达到国家节能 65%要求；在内墙处隔声效果可达 45dB 以上，不需另作隔声处理，完全实现自隔声。

4) 耐火性能好

泡沫混凝土从化学角度看为无机材料，均有不可自燃的特性，从而可以作为较好的耐火材料。由于聚苯泡沫建筑材料易燃，很容易发生火灾，钢结构建筑的缺陷更是不耐高温，因为钢构在温度 500℃以上就要软化、倒塌。泡沫混凝土包覆了钢结构或钢龙骨，实现了墙体自保温和防火，一举两得。

2. 泡沫混凝土研究及应用现状

针对泡沫混凝土在轻质、保温、隔热等方面的优越性能，结合近年来我国对建筑节能方面的不断重视，泡沫混凝土在建筑领域产生了广泛的应用，主要应用有以下几方面[56]。

1) 自保温泡沫混凝土

自保温泡沫混凝土是一种自身具有优良保温性能的砌块，主要技术特征是用其砌筑的墙体、屋面在不采用其他保温形式的情况下，结构自身热工指标即可达到现行建筑节能标准要求，可满足不同气候地区建筑节能标准要求，实现自保温。此外，自保温砌块还具有增加建筑使用面积、减少墙体开裂、易施工等优点，具有良好的推广前景。

2) 自保温墙板、屋面板

泡沫混凝土保温制品近年来由单一的保温板产品向多种类发展，墙体、屋面、楼层、楼栏板、隔断等已成为新的应用领域，总的趋势是由非结构保温向建筑结构自保温的方向发展，并且逐步以结构自保温产品为支柱产品。

3) 保温装饰一体板

泡沫混凝土保温装饰板是将泡沫混凝土裸板与加强层、防水层、装饰层进行深加工结合，制成的集保温、防水、装饰等多功能于一体的新型墙材，可实现产品的预制化、标准化、组合多样化、施工装配化，可以干挂、粘贴或粘锚施工。保温装饰一体化体系克服了传统外墙外保温系统手工施工效率低、容易破损、开裂、装饰性差等缺点，是一种综合性价比优良的外墙外保温节能产品，具有很好的市场发展前景。

4) 小型自保温墙板

小型自保温墙板是具有我国自主知识产权，尺寸规格小于建筑条板而大于建筑砌块的最新一代高性能墙体材料。

2.2.3　工业固废制备泡沫混凝土的研究现状

对于利用固体废弃物资源制备泡沫混凝土，国内外学者做了大量的研究。邱军付等[57]通过在大掺量粉煤灰的水泥-粉煤灰制品中添加适量的粉煤灰激发剂，制备出绝干密度为 240kg/m³、粉煤灰掺量达 45%，导热系数为 0.064W/(m·K)，强度为 0.42MPa 的泡沫混凝土保温板。赵铁军等[58]研究了粉煤灰掺量对泡沫混凝土抗压强度的影响，在一定条件下，粉煤灰替代水泥用量高达 75%。熊传胜等[59]探索研究了钢渣及粉煤灰的掺量对泡沫混凝土基本性能的影响。汪新道等[60]研究了粉煤灰、矿粉双掺对泡沫混凝土性能的影响，结果表明，在泡沫混凝土中，粉煤灰、矿粉双掺等量取代水泥对泡沫混凝土的干湿表观密度、强度无不利影响。矿粉的活性高于粉煤灰，能够弥补粉煤灰早期火山灰效应滞后的缺陷而导致早期强度降低的问题，适宜掺量为粉煤灰 20%、矿粉 25%。盖广清等[61]研究了陶粒泡沫混凝土，探讨了粉煤灰掺入量对陶粒泡沫混凝土的强度、表观密度以及导热系数等热工性能的影响。Jones 等[62]的研究表明在泡沫混凝土中用未经任何处理的低钙粉煤灰来代替一定量的砂，从而使泡沫混凝土的流动度和后期强度得到了显著提高。Nambiar 等[63]研究分析了用粉煤灰部分代替砂对泡沫混凝土的干表观密度等级以及对不同龄期的抗压强度的影响，研究结果表明：对于给定干表观密度等级的泡沫混凝土，用粉煤灰来代替砂能够大大提高泡沫混凝土的抗压强度。

在各种尾矿大量堆存的当下，国内已有部分科研工作者针对利用尾矿资源制备泡沫混凝土进行了一定研究。狄燕青等[64]以粉磨后钼尾矿为原料之一，研究了钼尾矿掺量对发泡混凝土材料力学性能和绝干密度的影响。当钼尾矿掺量为 10%，水胶比为 0.51、发泡剂掺量为 5%、聚丙烯纤维掺量为 0.5%时成功制备出了抗压强度为 0.45MPa、绝干密度为 237kg/m³ 的超轻泡沫混凝土。田雨泽等[65]研究了铁尾矿掺量对碱矿渣泡沫混凝土性能的影响，得出结论：当铁尾矿粉的掺量从 10%

增加到 30%时，泡沫混凝土的抗压强度逐渐增大；当掺量从 30%增加到 50%时，泡沫混凝土的抗压强度逐渐减小。贺彬等[66]以金尾矿进行泡沫混凝土制备实验，金尾矿掺量达 73.3%，制备出表观密度为 954kg/m³、抗压强度为 11.7MPa、导热系数为 0.21W/(m·K)的砌块。

由此可见，利用固体废弃物制备泡沫混凝土已逐渐引起科研工作者的高度重视。对于利用矿渣、粉煤灰等制备泡沫混凝土已经进行了大量的研究工作，制备技术也趋于成熟。然而，对于利用尾矿制备泡沫混凝土的研究相对较少，特别是钒尾矿制备泡沫混凝土的相关研究鲜有报道。本章实验以钒尾矿为主要原料，辅以矿渣、水泥熟料、脱硫石膏等原料进行钒尾矿泡沫混凝土制备实验。考察各原料组分对泡沫混凝土制品性能的影响并通过优化配合比使其性能得到提高，可用作轻质、保温墙体材料。同时结合钒尾矿气孔结构研究，分析制品强度来源，为钒尾矿在泡沫混凝土领域的发展、应用提供一定的理论支持。

2.3 钒尾矿制备泡沫混凝土研究的工作思路和技术路线

2.3.1 钒尾矿制备泡沫混凝土研究的工作思路

从陕西山阳地区钒尾矿资源丰富的实际出发,结合建筑墙体材料的发展趋势,本章探索钒尾矿综合利用的新途径，根据钒尾矿中硅质材料含量丰富的特点，探索利用钒尾矿制备泡沫混凝土。

本章以综合利用钒尾矿为主旨(钒尾矿利用率达 40%,工业固体废弃物总利用率达 80%以上)，选用陕西山阳地区库存量较大的钒尾矿，配以矿渣、生石灰、水泥熟料、脱硫石膏等，铝粉为发泡剂，制备出满足《泡沫混凝土》(JG/T 266—2011)行业标准要求的 A06、C3.5 级泡沫混凝土，使其成为一种新型的保温隔热性能良好的轻质墙体保温材料。

矿物地域性、选矿工艺等因素的不同导致钒尾矿的特性存在较大的差异性。首先，针对钒尾矿特性展开基础研究，通过研究确定原状钒尾矿的基本物理、化学特性，为后续研究工作的开展奠定基础。其次，由于原状钒尾矿活性一般较低，在制备泡沫混凝的过程中，未经处理的原状尾矿很难发挥其潜在的经济价值，因此为实现钒尾矿的高值利用，需对原状钒尾矿进行必要的预处理，使其潜在的活性得以发挥。然后，以钒尾矿为主要原料，掺以磨细后的矿渣、水泥熟料和脱硫石膏等进行制备泡沫混凝土的研究。研究不同原料组分对制品性能的影响，并对实验配合比进行优化。最后，泡沫混凝土的性能不仅与原料组分有关，同时泡沫混凝土的气孔特征对性能也有一定的影响。因此对气孔结构与制品性能的相关性展开研究，为获得性能优良的制品提供理论基础。

2.3.2　钒尾矿制备泡沫混凝土的主要工作内容

本章以钒尾矿为主要原料制备泡沫混凝土。主要研究内容包括钒尾矿的矿物学特性分析、钒尾矿的活化研究、钒尾矿泡沫混凝土的制备、钒尾矿泡沫混凝土水化反应机理等。具体工作内容如下：

1. 钒尾矿的矿物学特性分析

为实现对钒尾矿高价值利用，首先需要明确其矿物学特性，包括尾矿的物理特征、粒度组成、化学组成、酸碱度、矿物组成等。实验采用电子 pH 计定性测定尾矿的酸碱度，采用 XRD 分析、光学显微镜分析、热重分析(TG-DSC)等检测设备综合分析确定钒尾矿的矿物组成，为后续的研究工作提供理论依据。

2. 钒尾矿的活化研究

大量的研究表明，通过机械力对颗粒的研磨，可以使颗粒细化、比表面积增大。随着颗粒的细化，尾矿中矿物晶体的结构发生一定程度的破坏，化学键断裂，尾矿的无定形化程度加深，反应活性得到增强。该研究中分别采用机械粉磨、高温煅烧+机械粉磨、机械粉磨+化学激发等三种方式对尾矿进行活化预处理。采用粒度分析、XRD 分析等手段对不同活化方式下的钒尾矿活性增强机理展开研究。主要研究内容有：①机械粉磨活化对钒尾矿活性的影响；②高温煅烧+机械粉磨复合活化对钒尾矿活性的影响；③机械粉磨+化学激发复合活化对钒尾矿活性的影响。

3. 泡沫混凝土性能的影响研究

以钒尾矿为主要硅质原料辅以生石灰、水泥熟料、脱硫石膏等原料制备泡沫混凝土。考察各物料掺量对泡沫混凝土性能的影响，优化实验配合比。进行多因素正交实验，处理分析数据得出最佳制备方案。考察的泡沫混凝土的主要性能指标包括：抗压强度、绝干密度、吸水率、导热系数等。主要研究内容有：①钒尾矿掺量对泡沫混凝土性能的影响；②生石灰掺量对泡沫混凝土性能的影响；③水泥熟料掺量对泡沫混凝土性能的影响；④脱硫石膏掺量对泡沫混凝土性能的影响；⑤水料比对泡沫混凝土性能的影响。

4. 气孔结构的特征对泡沫混凝土性能的影响

泡沫混凝土的抗压强度、绝干密度、导热系数等性能不仅与泡沫混凝土的物料组成有关，气孔结构的特征(开孔率、气孔大小分布状况、孔隙率)对泡沫混凝土的性能也有较大的影响。目前研究工作很少涉及泡沫混凝土孔结构特征，关于泡沫混凝土孔结构特征与性能的相关性研究还缺乏系统性。应设法研究孔结构与性能之间的相关性，为泡沫混凝土的组成设计与应用提供理论依据。该研究通过数码、Image-Pro Plus 图像处理软件等方法研究孔结构的特征。表征孔结构特征的指标主要包括：孔隙率、孔径的大小及分布状况。

5. 钒尾矿泡沫混凝土的水化反应机理

结合 XRD 分析、扫描电子显微镜分析、能谱分析、热重分析等测试技术对反应产物的种类进行判定，并对其形成机理进行分析，揭示钒尾矿泡沫混凝土水化产物的种类和形成过程。

2.3.3 钒尾矿制备泡沫混凝土的技术路线

研究利用钒尾矿制备泡沫混凝土的技术路线如图 2.2 所示。本研究重点突出对钒尾矿的综合利用。在泡沫混凝土制备前，首先针对钒尾矿的基本特性展开研究。采用化学全分析、XRD 分析、粒度分析、TG-DSC 分析等分析方法研究原状钒尾矿和不同活化方式处理后钒尾矿的化学成分、矿物组成及微观形貌变化，分析各种活化方法的作用机理，并对活化后钒尾矿的活性进行评价，得出一种能高效提高钒尾矿活性的复合活化方式。通过单因素实验，研究钒尾矿泡沫混凝土中各原料组分对制品性能的影响，再通过设计正交实验，对钒尾矿泡沫混凝土的配

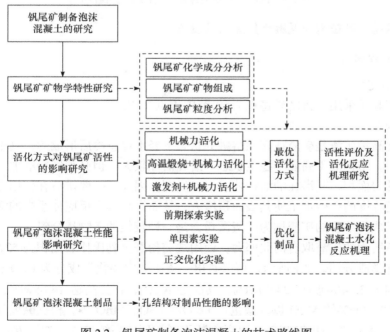

图 2.2 钒尾矿制备泡沫混凝土的技术路线图

合比进行优化，得出钒尾矿泡沫混凝土的最佳配合比。同时，对钒尾矿泡沫混凝土微观反应机理进行分析。最后，对气孔特征与制品相关性展开研究。图 2.3 为钒尾矿泡沫混凝土的制备工艺流程。

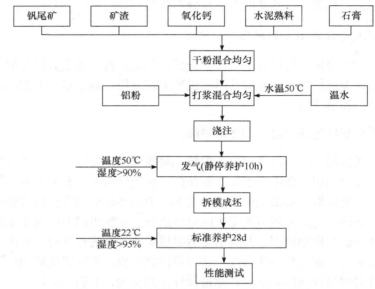

图 2.3　钒尾矿制备泡沫混凝土的工艺流程图

2.3.4　钒尾矿制备泡沫混凝土用原料及设备

1. 实验原料

1) 钒尾矿

本实验所采用的钒尾矿将在 2.4.1 节中重点介绍。

2) 矿渣

粒化高炉矿渣是矿渣在高温熔融的状态下经水淬急冷后形成的，其中玻璃体含量较多，结构处于高能不稳定状态、潜在活性较大。但必须经粉磨加工使之具有较大的表面积，其潜在的活性才能得以发挥。因此，一般矿渣在使用之前都需进行一定程度的粉磨加工使其表面积增大，从而提高其在反应体系中的活性。经粉磨加工成为细粉的矿渣称为矿渣微粉，是一种较佳的矿物掺合料。

本章所用的矿渣取自河北邢台，使用之前粉磨至勃氏比表面积为 522m²/kg，其主要化学成分如表 2.1 所示。可以看出，该矿渣主要化学成分为 CaO 和 SiO₂，含量分别为 35.46wt%和 34.90wt%；其次是 Al₂O₃，含量高达 14.65wt%；此外，还含有 10.52wt%的 MgO 以及微量的 Fe₂O₃、K₂O、MnO 等。根据碱度计算公式 $B=(CaO + Al_2O_3 + MgO)/SiO_2$，可以判断不同类型的高炉矿渣。如果 $B>1$，为碱性矿渣；$B=1$，为中性矿渣；$B<1$，则为酸性矿渣。作为水化反应的原料，矿渣呈碱性为宜。本章所使用的矿渣微粉的碱度 $B=1.737$，为碱性矿渣，具有较强的潜在活性，可替代钒尾矿制备泡沫混凝土中部分的水泥熟料，降低生产成本，有长远的经济、环境效益。由于高炉矿渣是矿渣在高温熔融的状态下经水淬急冷后形成的，所以通过 XRD 谱图(图 2.4)可以看出，矿渣粉主要是以玻璃体形态存在，处于高能状态，所以有一定的胶凝活性。

表 2.1　矿渣的主要化学成分　　　　　　　　(单位：wt%)

成分	含量	成分	含量	成分	含量	成分	含量
SiO_2	34.90	K_2O	0.35	MgO	10.52	SO_3	1.11
Al_2O_3	14.65	TiO_2	0.98	CaO	35.46	合计	99.62
Fe_2O_3	0.70	MnO	0.68	Na_2O	0.27		

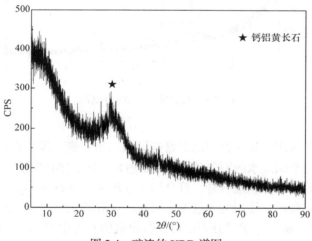

图 2.4　矿渣的 XRD 谱图

3) 水泥熟料

实验所使用的水泥熟料为普通硅酸盐水泥熟料，其化学成分如表 2.2 所示：主要含有 66.30wt%的 CaO 和 22.50wt%的 SiO_2。通过图 2.5 水泥熟料的 XRD 谱图可以看出，主要矿物有硅酸三钙($3CaO \cdot SiO_2$；简写为 C_3S)、硅酸二钙($2CaO \cdot SiO_2$；简写为 C_2S)、铁铝酸四钙($4CaO \cdot Al_2O_3 \cdot Fe_2O_3$；简写为 C_4AF)、铝酸三钙等($3CaO \cdot Al_2O_3$；简写为 C_3A)。使用前将水泥熟料粉磨至比表面积为 $476.5m^2/kg$。

表 2.2 水泥熟料的主要化学成分　　　　　　　　(单位：wt%)

成分	含量	成分	含量	成分	含量	成分	含量
SiO_2	22.50	Na_2O	0.24	MgO	0.83	LOI	1.15
Al_2O_3	4.86	MnO	0.20	CaO	66.30		
Fe_2O_3	3.43	TiO_2	0.18	K_2O	0.31		

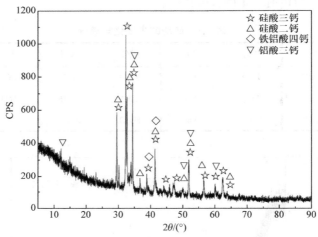

图 2.5 水泥熟料的 XRD 谱图

4) 石膏

工业生产中常用作建筑材料的石膏有天然二水石膏、脱硫石膏，它们的主要成分都为带有两个结晶水的石膏($CaSO_4 \cdot 2H_2O$)，同时含有少量其他杂质。

实验采用的石膏为脱硫石膏，符合国家标准《天然石膏》(GB/T 5483—2008)二级以上的品质要求。使用之前磨细至 80μm 方孔筛筛余 1%～3%。其主要化学成分列于表 2.3，从该化学成分表中可以看出脱硫石膏中 CaO 和 SO_3 含量较高，分别达 45.31wt%和 47.26wt%，合计达 92.57wt%，其次含有少量的 SiO_2 和 Al_2O_3。

表 2.3 脱硫石膏的主要化学成分　　　　　　　　(单位：wt%)

成分	含量	成分	含量	成分	含量	成分	含量
CaO	45.31	TiO_2	0.07	MgO	0.58	Na_2O	0.10
SiO_2	3.14	F	0.67	Cl	0.27	SrO	0.03
Fe_2O_3	0.71	SO_3	47.26	P_2O_5	0.03	LOI	0.02
Al_2O_3	1.48	K_2O	0.35				

该脱硫石膏的 XRD 谱图如图 2.6 所示，由图可见，脱硫石膏中所含主要的结晶相物质为 $CaSO_4 \cdot 2H_2O$。

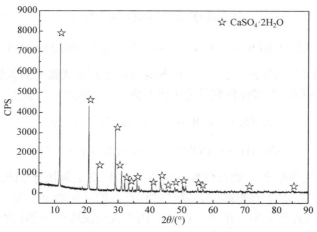

图 2.6 脱硫石膏的 XRD 谱图

5) 生石灰

用于生产建筑材料制品的生石灰应符合《硅酸盐建筑制品用生石灰》(JC/T 621—2021)标准要求。该标准要求严格控制其成分中 CaO 和 MgO 的含量,其中有效 CaO 含量应≥65%,MgO 的含量不大于 6%,消解温度≥60℃,消解时间为 10~20min,其细度控制在 0.08mm 方孔筛筛余 8%~15%。生石灰的 XRD 谱图如图 2.7 所示。

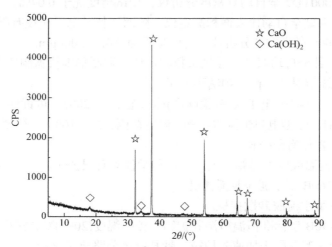

图 2.7 生石灰的 XRD 谱图

6) 铝粉

采用铝粉作为发气剂,泡沫混凝土中的气孔结构通过铝粉在料浆中经一系列化学反应所得。铝粉是目前化学发气方式中使用最为广泛、最成熟的发气剂,在碱性环境中其发气反应原理如式(2.3)、式(2.4)所示:

$$Al + H_2O \longrightarrow Al(OH)_3 + H_2 \uparrow \tag{2.3}$$

$$Al + Ca(OH)_2 + H_2O \longrightarrow CaO \cdot Al_2O_3 \cdot 6H_2O + H_2 \uparrow \tag{2.4}$$

由于铝粉的活性较强，其与空气接触时将在表面形成致密的氧化物 Al_2O_3，阻止反应的继续进行。在碱性料浆环境中将首先进行如式(2.5)、式(2.6)所示的反应：

$$Al_2O_3 + Ca(OH)_2 \longrightarrow Ca(AlO_2)_2 + H_2O \tag{2.5}$$

$$Al(OH)_3 + Ca(OH)_2 \longrightarrow Ca(AlO_2)_2 + 4H_2O \tag{2.6}$$

铝粉的发气速率和开始发气的时间在很大程度上取决于铝粉颗粒的粗细状况、粒度组成及形状。颗粒越细，发气过程开始的时间越早，发气速率越快，在料浆中形成的气孔越均匀、细小。因此，用于发泡混凝土的铝粉颗粒不能过粗，最好由单一的粒级组成且有很多片状的颗粒。本章所使用的铝粉为亲水发气铝粉，细度为 200 目。

2. 钒尾矿制备泡沫混凝土用实验设备

(1) SM 500×500 水泥实验磨，装料量：5kg，转速 48r/min，献县亚星公路建筑仪器厂。

(2) 3H-2000TD2 全自动真密度分析仪，测试精度优于 0.04%。

(3) QBE-9 型全自动比表面积测定仪，陕西波特兰电子科技有限责任公司。

(4) Ms 2000 激光粒度分析仪，有效量程为 0.02～2000μm。

(5) DHR-Ⅲ 全自动双平面导热系数测定仪，湘潭华丰仪器制造有限公司。

(6) X 射线衍射仪，荷兰帕纳科公司。

(7) BSA223S-CW 电子天平(德国产)称重范围≤2200g，可读性=1mg。

(8) HH.S11-1s 型电热恒温水浴锅，温度范围：37～100℃，温度波动：0.5℃，上海跃进医疗器械有限公司。

(9) 电热恒温鼓风干燥箱，上海一恒科学仪器有限公司。

(10) NJ-160B 型水泥净浆搅拌机。

(11) JJ-5 型水泥胶砂搅拌机。

(12) YH-40B 型标准恒温恒湿养护箱，控制温度(20±1)℃，湿度≥90%。

(13) HJ-84 型混凝土加速养护箱，献县亚星公路建筑仪器厂。

(14) WDW-50 微机控制电子万能试验机，最大试验力为 50kN，加载速度可调范围为 0.02～2kN/s，试验机精度级别为一级，济南恒瑞金试验机有限公司。

3. 分析与测试

本章研究过程中运用的分析测试手段主要有扫描电子显微镜分析、X 射线衍射分析、红外分析、热重分析等。

1) X 射线衍射分析

基于 X 射线与材料的衍射作用研发了 X 射线衍射(XRD)分析技术，该项技术是现代材料分析的一种重要的物理分析方法。该方法利用 X 射线与材料的衍射作用，使待测物质中的原子被初级 X 射线光子或其他微观离子激发而产生次级的 X 射线从而进行物质成分分析与化学态研究的方法。在矿物研究领域，该分析技术能够结合其他辅助分析手段对矿物的组成、结晶度等进行准确的定性及半定量分析，因此在科学研究领域得到了广泛应用。对于一般的物相来说都有其特定的衍射图谱，任何两种物相所对应的 XRD 谱图不可能完全一致。对 XRD 谱图的分析实则是将测得图谱与标准图谱卡片进行对比分析。尾矿大多含有多种物相，其对应的衍射图谱则为各物相对应图谱的叠加，将其与单一物相的标准卡片的图谱进行对比分析进而判断尾矿的物相组成。在本研究中所涉及的 XRD 谱图均是通过荷兰帕纳科公司生产的 X 射线衍射仪获得。测试条件：管压为 40kV，电流为 50mA，2θ 角范围为 5°～90°。

2) 热重分析

热重分析(TGA)是所有在高温过程中测量物质热性能技术的总称，它是在程序控温条件下，测量物质的质量与温度之间的关系。热重分析常与差热分析或差示扫描量热分析技术联合使用组合成综合热分析，用于研究物质的物理现象(如晶型转变、熔化等)或化学现象(如脱水、分解等)。在本研究中，采用德国公司生产的 STA449F3 型同步热分析仪对试件进行分析。测试条件：空气气氛，升温速度为 10℃/min。

3) 扫描电子显微镜分析

扫描电子显微镜(SEM)分析是利用入射电子与试件之间发生相互作用从而得到试件的表面微观形貌，同时可以对试件的原子序数和晶体取向衬度，即进行成分和元素分析。在测试过程中，需要对试件做一些预处理，使得试件能够导电、保持干燥等。本实验 SEM 为卡尔蔡司(上海)管理有限公司生产，型号为 SUPRA55。该仪器主要用来观察胶凝材料水化产物的微观形貌，再通过能谱及元素分析鉴定水化产物的成分。

2.3.5　钒尾矿泡沫混凝土成品性能测试方法

1. 钒尾矿泡沫混凝土的绝干密度测试方法

(1) 取 3 块试件，依次量取长、宽、高 3 个方向的长度值，每个方向的长度值在其两端和中间各测 1 次，再在其相对的面上各测 1 次，共 6 次，并精确至 1mm，6 次测量的平均值作为该方向的长度值。计算每块试件的体积 V。

(2) 将 3 块试件放在温度为(60±5)℃干燥箱内烘干至前后两次相隔 4h 的质量差不大于 1g，取出后试件放入干燥器内并在冷却至室温后称取试件烘干质量 M_0，精确至 1g。

(3) 密度按式(2.7)进行计算:

$$\rho_0 = \frac{M_0}{V} \times 10^6 \qquad (2.7)$$

式中, ρ_0 为绝干密度, kg/m^3, 精确至 $0.1kg/m^3$; M_0 为试件烘干质量, g; V 为试件的体积, mm^3。该组试件的绝干密度值应为 3 块试件绝干密度的平均值, 精确至 $1kg/m^3$。

2. 钒尾矿泡沫混凝土的吸水率测试方法

(1) 实验前将 3 块试件放入电热鼓风干燥箱内, 试件在 $(60\pm5)℃$ 下烘干至前后两次间隔 4h 质量差小于 1g, 并确定其恒质量, 记作 m_0。

(2) 当试件冷却至室温后, 将其放入水温为 $(20\pm5)℃$ 的恒温水槽中, 加水至试件高度的 1/3 处, 待 24h 后再加水至试件高度的 2/3 处, 保持 24h 后, 加水高出试件 30mm 以上, 保持 24h。将试件从水中取出, 用湿布抹去表面水分, 并立即测量其每块质量, 记作 m_g。

(3) 吸水率按式(2.8)进行计算:

$$W_R = \frac{m_g - m_0}{m_0} \times 100\% \qquad (2.8)$$

式中, W_R 为吸水率, %, 计算精度至 0.1; m_0 为试件烘干后质量, g; m_g 为试件吸水后质量, g。该组试件的吸水率应为 3 块试件吸水率的平均值, 并应精确至 0.1%。

3. 钒尾矿泡沫混凝土的抗压强度测试

实验用压力试验机除应符合《试验机 通用技术要求》(GB/T 2611—2007)中技术要求的规定外, 其测量精度应为 ±1%, 试件破坏荷载应大于压力试验机量程的 20% 且小于压力试验机量程的 80%, 加压速度为 2.0kN/s。抗压强度按式(2.9)进行计算:

$$f = F/A \qquad (2.9)$$

式中, f 为试件的抗压强度, 精确至 0.001MPa; F 为最大破坏荷载, N; A 为试件受压面积, mm^2。该组试件的抗压强度应为 3 块试件抗压强度的平均值, 精确至 0.01MPa。

4. 钒尾矿泡沫混凝土导热系数测定

泡沫混凝土属于以固相为连续相、气相为分散相的保温材料。泡沫混凝土为多孔组织, 具有质量轻、保温隔热、吸声防震的特点。泡沫混凝土的导热系数主要取决于固相材料的性质、容重、内部缺陷、孔洞尺寸、孔洞形状和相互间连通情况等因素。泡沫混凝土的气相是降低热导率的主导因素。

运用全自动双平板导热系数测定仪(图 2.8)对导热系数进行测定。

图 2.8　导热系数测定仪

(1) 将料浆注入自制 300mm × 300mm × 100mm 铁质模具中成型,经养护制得泡沫混凝土。取中间段进行导热性能测试,测试试件如图 2.9 所示。

5cm

图 2.9　钒尾矿泡沫混凝土板

(2) 取样尺寸为 300mm × 300mm × X(X=5～50mm)。用砂纸对试件表面进行平整处理，使得试件两表面平行，且厚度均匀。

(3) 将试件放入导热系数测定仪中进行导热系数测定。

5. 钒尾矿活性评价方法

为直接反映不同活化方式对钒尾矿活性的影响，实验将不同活化方法处理后的钒尾矿以 30%的掺量与 P·I 42.5 硅酸盐水泥混合，按照《水泥胶砂强度检验方法(ISO法)》(GB/T 17671—1999)制备胶砂试件并测得强度。按照《用于水泥混合材的工业废渣活性试验方法》(GB/T 12957—2005)计算得水泥胶砂 28d 抗压强度比(活性指数 K_{28})，对经预处理的钒尾矿活性进行表征。活性指数 K_{28} 按式(2.10)进行计算：

$$K_{28} = f_{S,28}/f_{C,28} \tag{2.10}$$

式中，K_{28} 为 28d 抗压强度比(活性指数)，%；$f_{S,28}$ 为掺尾矿后的试样 28d 抗压强度，MPa；$f_{C,28}$ 为对比样品 28d 抗压强度，MPa。

2.4　钒尾矿特性及活化研究

本章所使用的钒尾矿(酸浸提钒尾渣)来自陕西五洲矿业股份有限公司(商洛市山阳县)，是石煤钒矿直接经过酸性提钒后得到的废渣。图 2.10 为该厂提钒工艺的流程简图。该钒尾矿如图 2.11、图 2.12 所示，外观呈黑色，pH 呈酸性，尾矿粒度较细，真密度为 2.609g/cm³。

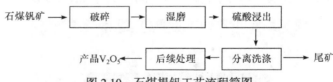

图 2.10　石煤提钒工艺流程简图

图 2.11　钒尾矿库　　　　　　　　　图 2.12　原状钒尾矿形貌

2.4.1　钒尾矿基本性质研究

为实现尾矿有针对性的高价值利用，首先需对尾矿的物理、化学特性进行基本研究，为其综合利用提供理论依据。通常尾矿的物理、化学特性会因产地、选矿工艺的不同而呈现多样性。因此，对尾矿的基本性质进行研究是十分必要的。本节研究的钒尾矿基本特性主要包括尾矿的粒度组成状况、主要化学成分、矿物组成等。

1. 钒尾矿的化学组成分析

利用 X 射线荧光光谱仪对钒尾矿的化学组成进行分析，得到结果如表 2.4 所示。在表 2.4 中将钒尾矿中各元素的含量以氧化物的形式表示，通过该表可以看出该钒尾矿中 SiO_2 的含量达 64.20wt%，其次为 CaO、Al_2O_3、Fe_2O_3 和 K_2O 等氧化物。

表 2.4　钒尾矿的主要化学成分　　　　（单位：wt%）

成分	含量	成分	含量	成分	含量	成分	含量
SiO_2	64.20	V_2O_5	0.23	Fe_2O_3	3.53	LOI	9.48
CaO	6.60	TiO_2	0.15	K_2O	3.20		
Al_2O_3	6.41	Na_2O	0.13	MgO	0.37		
SO_3	5.39	MnO	0.13				

2. 钒尾矿矿物组成分析

1) 钒尾矿的 XRD 分析

在化学成分分析时，已将各元素的含量以氧化物含量的形式表示，但通常情况下元素很少以纯氧化物的形式长期、稳定地存在于自然界中。氧化物在原料中存在的形式体现在原料的矿物组成上，对于不同的矿物，即便具有相同的化学组成，但如果矿物组成不相同，所具有的性质也会存在较大差异。为明确钒尾矿的理化特性就必须对其矿物组成进行分析，本实验采用 X 射线衍射仪对钒尾矿进行测试，将测试图谱与标准卡片对比分析得到钒尾矿的矿物组成，如图 2.13 所示。钒尾矿的主要矿物成分为石英、正长石，以及少量的硬石膏、黄铁矿等。

2) 钒尾矿的 TG-DSC 分析

图 2.14 是钒尾矿的 TG-DSC 曲线，从图中可以看出，随着温度的升高，钒尾矿 TG 曲线呈现递减趋势,说明钒尾矿在 20～1000℃的加热过程中是连续失重的。经分析 TG 曲线主要包括三个明显失重阶段。第一阶段位于温度区间 50～75℃,

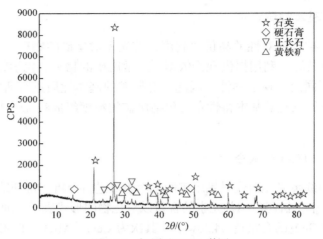

图 2.13　钒尾矿 XRD 谱图

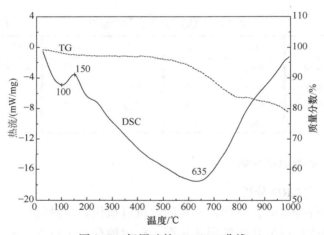

图 2.14　钒尾矿的 TG-DSC 曲线

失重 3.91%，对应钒尾矿中物理吸附水的脱除。第二阶段位于 100～175℃之间，该区间对应着 TG 曲线上 3.66%的下降区段，同时 DSC 曲线在 100～175℃区间出现一个吸热峰，可能由于钒尾矿中的硬石膏在该温度区间内吸热脱去结晶水而引起失重。第三阶段位于 630℃左右，该区间中 DSC 曲线出现的放热峰对应着 TG 曲线 10.45%的失重过程，可能由于钒尾矿中的碳燃烧而引起的放热失重过程。由此可见，钒尾矿的 TG-DSC 分析结果与其 XRD 分析所得物相组成基本一致。

3. 钒尾矿粒度组成分析

为分析钒尾矿的粒度组成，通过筛分实验对原状钒尾矿粒度进行分析。筛分实验结果如表 2.5 所示。

表 2.5　钒尾矿粒度分析结果

筛孔尺寸	筛余质量/g	分计筛余率 a/%	累计筛余率 A/%	筛孔尺寸	筛余质量/g	分计筛余率 a/%	累计筛余率 A/%
5mm	0	0	0	0.315mm	156.04	31.21	75.61
2.5mm	84.23	16.85	16.85	0.16mm	79.31	15.86	91.47
1.25mm	37.62	7.52	24.37	0.08mm	11.00	2.20	93.67
0.63mm	100.15	20.03	44.40	筛底	31.45	6.29	99.96

根据公式 $M_X = [(A_2 + A_3 + A_4 + A_5 + A_6) - 5A_1] \div (100 - A_1)$，计算得细度模数为 2.53，根据《普通混凝土用砂、石质量及检验方法标准》(JGJ 52—2006)可知，该细度模数为 2.53，属中砂。而通常要求用于水泥混合材的工业废渣需具有较细的粒度才有利于活性的发挥(一般要求通过 80μm 方孔筛筛余 1%～3%)，因此原状态的钒尾矿不适合直接用作矿物掺合料，需要粉磨至一定的细度方可使用。

4. 钒尾矿安全性分析

对于尾矿的综合利用而言，人们关注的问题是尾矿中是否存在超标的放射性元素和其他有害成分，尾矿产品是否会在使用过程中产生二次污染，对人体健康造成伤害，这些都是需要考虑的重要问题。无论产品性能如何，安全问题始终是人们考虑的首要因素。因此，有必要对尾矿的安全性进行分析。

陕西省放射性物质监督检验站使用高纯锗伽马能谱仪对该钒尾矿的放射性做了检测分析，结果如表 2.6 所示，并按照《建筑材料放射性核素限量》(GB 6566—2010)标准判定。结果表明其放射性满足建筑主体材料的要求：对于孔隙率大于 25% 的建筑主体材料，其天然放射性核素的放射性比活度同时满足 $I_r \leqslant 1.3$ 和 $I_{Ra} \geqslant 1.0$ 的要求。

表 2.6　钒尾矿的放射性检测结果

材料类别		放射性比活度要求	钒尾矿放射性比活度
建筑主体材料	一般主体材料	$I_r \leqslant 1.0$ 且 $I_{Ra} \geqslant 1.0$	
	孔隙率>25%的主体材料	$I_r \leqslant 1.3$ 且 $I_{Ra} \geqslant 1.0$	
装饰装修材料	A 类	$I_r \leqslant 1.3$ 且 $I_{Ra} \geqslant 1.0$	I_r=1.1, I_{Ra}=0.7
	B 类	$I_r \leqslant 1.9$ 且 $I_{Ra} \geqslant 1.3$	
	C 类	$I_r \leqslant 2.8$	

注：I_r 为外照射指数；I_{Ra} 为内照射指数。

2.4.2 不同活化方式对钒尾矿活性的影响

通过对钒尾矿化学成分、矿物组成的分析，可知钒尾矿中 SiO_2 含量较高，主要以石英的形式存在，可将其作为硅质材料用在建筑材料的制备中。对于原状钒尾矿而言，未经过一定预处理不适合用作矿物掺合料。为实现钒尾矿的高值利用，在经济可行的条件下，尽可能地增强钒尾矿的活性，实现高值利用，所以在利用其制备建筑材料前，可先对其进行活化处理。

目前对于尾矿的活化处理方式主要有机械粉磨、高温煅烧、添加碱性激发剂等三种方式。而单一运用高温煅烧或添加碱性激发剂处理的尾矿由于粒度较大、比表面积较小，在一定程度上限制了尾矿在体系中的反应接触面积，尾矿活性很难得到发挥。因此，高温煅烧、添加碱性激发剂的方式通常需要与机械粉磨相结合。

本节中运用机械粉磨、高温煅烧复合机械粉磨及机械粉磨复合掺碱性激发剂的方式对钒尾矿进行预处理，并进行水泥胶砂试件 28d 抗压强度比实验对活化后的钒尾矿进行活性评价，得出最佳活化预处理方式。采用粒度分析、X 射线衍射仪分析等测试手段研究不同活化方式下钒尾矿的活化机理。

1. 钒尾矿活化预处理

钒尾矿活化预处理的方式如图 2.15 所示，主要有以下三种。

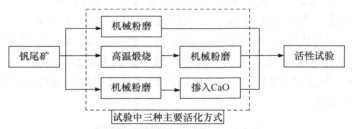

图 2.15　钒尾矿的活化预处理方式

(1) 机械粉磨：对钒尾矿进行不同程度的粉磨，粉磨时间分别为 20min、30min、40min、50min、60min，得到的钒尾矿分别记为 T_{20}、T_{30}、T_{40}、T_{50}、T_{60}。

(2) 高温煅烧+机械粉磨复合活化：将钒尾矿分别在 750℃、850℃、950℃、1050℃、1150℃、1250℃的环境下进行煅烧，取出后在空气中自然冷却，再对其进行相同时间的粉磨，粉磨时间统一为 40s，制得的样品分别记为 W_{750}、W_{850}、W_{950}、W_{1050}、W_{1150}、W_{1250}。

(3) 机械粉磨+化学激发复合活化：将钒尾矿粉磨 50min 后分别加入 1.5%、3%、4.5%、6%、7.5%、9%、10.5%、12%、13.5%的生石灰(CaO)混合均匀，分别记作 Y1、Y2、Y3、Y4、Y5、Y6、Y7、Y8、Y9。

2. 机械粉磨对尾矿活性的影响

机械粉磨作为一种常用的活化方法，属于物理活化的范畴，即通过机械粉磨使晶体颗粒细化、粉体比表面积增加，在此过程中同时伴随着晶体内部化学键断裂的发生、键能增加，使原尾矿的结晶度降低、无定形化程度加深，活性增强。

1) 不同粉磨时间下钒尾矿的粒度分布

图 2.16 为不同粉磨时间下钒尾矿粒度的分布情况，粒度分布图 2.16(a)、(b)、(c)、(d)分别对应粉磨时间为 20min、30min、40min、50min。从图中可以看出，随着粉磨时间的增长，钒尾矿粉磨后颗粒的粒度分布范围变窄，曲线峰位逐渐向粒径较小的方向移动。在粉磨时间为 50～60min 过程中，粒度的分布区域无明显变化，达到较为稳定的状态；但曲线峰位仍进一步向粒度较小方向移动、峰值略有降低，表明在此过程中一部分粒径较大的晶体颗粒得到了进一步的细化。粉磨至 60min 时，粒度分布曲线基本呈正态分布。

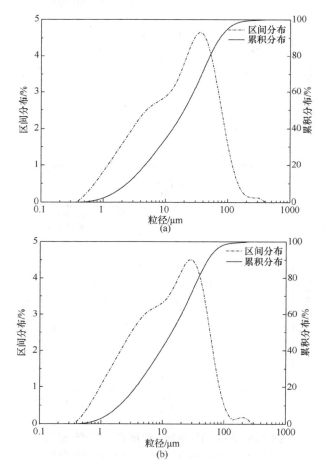

(a)

(b)

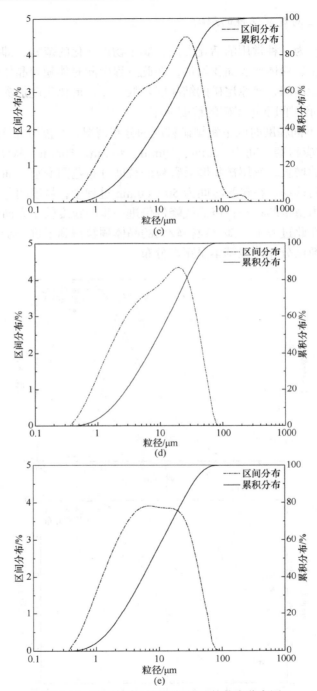

图 2.16　不同粉磨时间下钒尾矿的粒度分布图

(a) 20min；(b) 30min；(c) 40min；(d) 50min；(e) 60min

图 2.17 为不同粉磨时间下钒尾矿颗粒特征粒径分布情况。由图可以看出，随着粉磨时间的延长，d_{10}、d_{50}、d_{90} 均呈现不同程度的递减状态。在粉磨时间由 20min 增加到 60min 的过程中，d_{10} 由 2.725μm 降低到 1.524μm，特征粒径降低了 44.1%；d_{50} 由 25.803μm 降低到 7.852μm，特征粒径降低了 69.6%；d_{90} 由 104.450μm 降低到 34.209μm，特征粒径降低了 67.2%。这表明机械粉磨对粒径较小的颗粒细化速率较为缓慢，对于粒径较大的颗粒有较为明显的细化作用，可使颗粒粒径迅速得到降低。粉磨时间分别为 50min、60min 时，d_{10}、d_{50}、d_{90} 的数值均较为接近，表明粉磨时间为 50min 时，机械粉磨对颗粒粒径的减小作用尤为缓慢，因此粉磨效率较低。

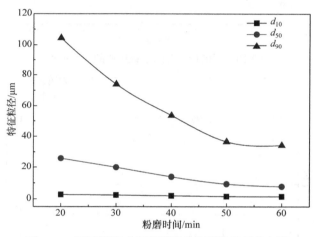

图 2.17　不同粉磨时间下钒尾矿的颗粒特征分布图

2) 不同粉磨时间下钒尾矿的比表面积变化规律

比表面积是反映粉体粗细程度的一个重要指标。图 2.18 反映的是不同粉磨时间(20min、30min、40min、50min、60min)下钒尾矿的比表面积变化，由表中可以看出，随着粉磨时间的增加，比表面积也呈现逐步增加的趋势。在粉磨时间由 20min 增加到 50min 过程中，钒尾矿比表面积增加速率明显，而 50～60min 的粉磨过程中，比表面积的增加速率放缓，由此说明进一步增加粉磨时间，比表面积变化不大。

3) 不同粉磨时间下钒尾矿的 XRD 分析

图 2.19 为不同粉磨时间下钒尾矿的 XRD 谱图，从图中可以看出，随着粉磨时间的增加，各衍射峰的位置基本无变化，表明尾矿中所含的矿物种类无明显变化。但随着机械粉磨时间的增长，各矿物衍射峰的峰值有所变化。矿物的 X 射线衍射峰强度反映矿物晶体结晶度的变化，X 射线衍射峰强度逐渐降低表明晶体有序结构被破坏，石英等结晶相组分含量下降，无定形化程度加深。分析认为：矿

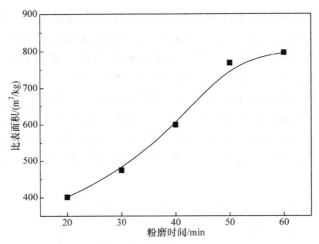

图 2.18　不同粉磨时间下钒尾矿的比表面积

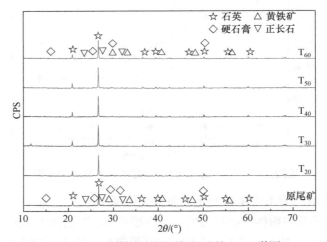

图 2.19　不同粉磨时间下钒尾矿的 XRD 谱图

物颗粒在外界机械力作用下，粒度不断细化，一部分机械能被晶体颗粒所吸收，使颗粒晶格发生破坏、畸变，晶格常数发生变化，晶体表面活性增强，致使矿物产生无序结构、无定形化程度加深，因此矿物参加化学反应所需的能量降低、反应活性随之增强。

4) 不同粉磨时间下钒尾矿活性的变化

实验参照上面钒尾矿活性评价方法，通过活性指数 K_{28} 对经粉磨处理的钒尾矿进行活性评价。

经粉磨处理的钒尾矿的活性指数如图 2.20 所示，随着粉磨时间的增加，钒尾矿活性指数呈现先下降再逐步上升的趋势，当粉磨时间为 50min 时，活性指数出现拐点，此时活性指数最高，达 70.7%。总体活性上升的态势验证了"机械力化学效应"理论。机械粉磨能细化颗粒，破坏颗粒晶体结构，使一部分机械能转化为化学键能，晶体表面活性增加，降低反应能量的要求。

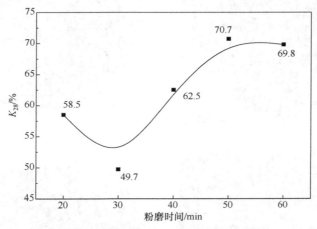

图 2.20　不同粉磨时间下钒尾矿的活性指数

3. 高温煅烧+机械粉磨复合活化对钒尾矿活性的影响

高温煅烧旨在利用高温下钒尾矿微观结构中各微粒产生剧烈的热运动，使其组分发生脱水和分解等化学反应，离子重新选择位置填隙，致使硅氧四面体和铝氧四面体不可能充分地聚合成长链，形成大量自由端的断裂点，质点无法再按照一定规律排列，形成处于热力学不稳定状态的玻璃相结构，致使烧成后的钒尾矿中含有大量活性氧化硅(SiO_2)和氧化铝(Al_2O_3)，达到活化的目的。

1) 不同煅烧温度下的钒尾矿物理特征

图 2.21 为不同煅烧温度下钒尾矿的物理特征变化。从图 2.21(a)可以看出，当温度由常温上升到 750℃时，钒尾矿原有的黑色明显褪去，温度上升至 950℃时，颜色进一步变浅，此时呈浅黄色。当温度进一步上升时颜色进一步加深，加热至 1250℃时钒尾矿的颜色呈黑色。结合钒尾矿的热重曲线的变化规律，分析其原因：钒尾矿颜色逐渐变浅为 650～950℃温度区间，恰好对应着钒尾矿热重曲线中的放热峰，推测原因为钒尾矿中的碳燃烧放热。850～1250℃颜色由浅变黑，推测原因为尾矿的矿物组成发生了变化，产生了黑色熔融物质。

2) 不同煅烧温度下的钒尾矿的 XRD 分析

为进一步掌握钒尾矿的物相变化，深入研究高温下钒尾矿物相变化机理，测得不同煅烧温度下尾矿的 XRD 谱图(图 2.22)。由图中可以看出煅烧温度为 750℃时，钒尾矿中主要包含的物相为石英，同时还有少量的长石，以及由 $CaSO_4 \cdot H_2O$

图 2.21　不同煅烧温度下钒尾矿的物理特征
(a) 750℃；(b) 850℃；(c) 950℃；(d) 1050℃；(e) 1150℃；(f) 1250℃

脱去结晶水所形成的 $CaSO_4$。当煅烧温度达到 1050℃后，有部分蓝晶石(莫来石)、方石英产生。当煅烧温度达到 1250℃时，尾矿中的硬石膏、长石等物相完全消失，最终产物为石英，以及少量的方石英、蓝晶石、石灰等矿物。综合分析认为：煅烧温度达到 750℃时，钒尾矿中的长石类矿物开始发生分解，产生无定形的 SiO_2、Al_2O_3。当温度达到 1050℃后，尾矿中部分无定形的 SiO_2、Al_2O_3 发生重结晶生成方石英及莫来石。

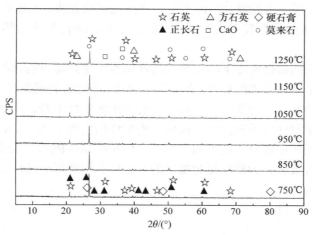

图 2.22　不同煅烧温度下钒尾矿的 XRD 谱图

3) 不同煅烧温度下钒尾矿比表面积的变化

测定样品 W_{750}、W_{850}、W_{950}、W_{1050}、W_{1150}、W_{1250} 的比表面积，如图 2.23 所示。随着煅烧温度的上升，经相同时间粉磨的钒尾矿的比表面积呈下降趋势，表明钒尾矿的易磨程度随煅烧温度的上升而下降，高温煅烧后的钒尾矿需要更多的机械能对其粒度进行细化。特别是当煅烧温度达到 950℃后，比表面积下降尤为

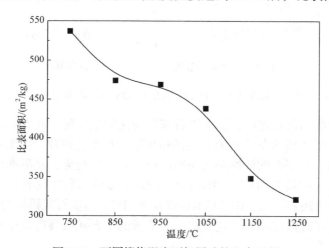

图 2.23　不同煅烧温度下钒尾矿的比表面积

显著,结合 XRD 分析结果,认为当温度升高至 1050℃以上时,钒尾矿中的 SiO_2、Al_2O_3 反应生成结晶度较好的莫来石晶体,以及部分石英转变为方石英,使得粉磨的难易程度增加,要想其达到一定的细度,则需要消耗更多的机械能。

4) 复合活化对钒尾矿活性的影响

实验参照《用于水泥混合材的工业废渣活性试验方法》(GB/T 12957—2005),采用活性指数 K_{28}(水泥胶砂 28d 抗压强度比)对经活化处理的钒尾矿活性进行评价。

图2.24 为不同煅烧温度下的钒尾矿活性指数变化规律,随着煅烧温度的升高,活性指数呈先上升后下降的趋势,最高为 80.6%。综合实验现象、XRD 分析结果、比表面积测定结果,认为实验中 950℃以前钒尾矿活性上升,主要因为煅烧过程可除去钒尾矿中对活性不利的碳质成分。当煅烧温度大于 950℃后,碳质成分燃烧殆尽,同时尾矿中部分无定形的 SiO_2、Al_2O_3 结晶生成基本无活性的莫来石晶体,并有部分石英转化为性质更为稳定的方石英,因此尾矿活性呈现下降趋势。

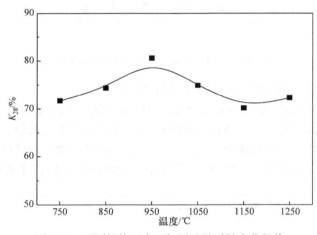

图 2.24　不同煅烧温度下钒尾矿的活性变化规律

4. 机械粉磨+化学激发复合活化对钒尾矿活性的影响

将机械粉磨后的钒尾矿,加入生石灰作为化学激发剂,而后测试钒尾矿的活性指数变化。图 2.25 为加入生石灰后的钒尾矿活性变化规律,由图可知,随着生石灰掺量增加,钒尾矿的活性呈现先增加而后降低的趋势,其活性指数的变化可分为两个阶段:掺量为 0%~3.0%的上升阶段,在该过程中随着生石灰掺量的提高,活性指数也逐步提高,由 70.7%提高至 85.1%,当生石灰掺量为 3%时活性指数较单磨钒尾矿提高 20.4%。这表明加入适量的生石灰可使得钒尾矿的活性得到较大幅度的提高。

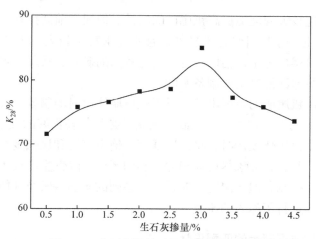

图 2.25 生石灰掺量对钒尾矿活性的影响

综上比较三种不同的活化方式对钒尾矿活性的最佳激发效果(图 2.26),机械粉磨+化学激发复合活化(85.1%)>高温煅烧+机械粉磨复合活化(80.6%)>机械粉磨活化(70.7%)。添加化学激发剂的活化方式对于钒尾矿活性的激发效果较为显著,活性指数达 85.1%,较机械粉磨的方式活性指数可提高 20.4%,经此方式处理的钒尾矿可作为较理想的矿物掺合料使用。

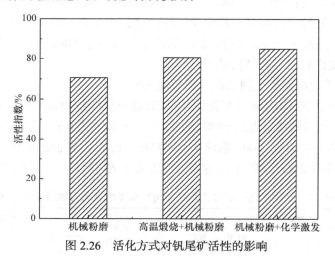

图 2.26 活化方式对钒尾矿活性的影响

2.5 钒尾矿泡沫混凝土的性能影响研究

2.4 节重点介绍了钒尾矿的基本物理、化学特性,以及综合分析了不同活化方式对钒尾矿活性的影响、活性增强的机理。最终得出结论:机械粉磨+化学激发复合活化方式能较大程度地提高钒尾矿的活性。但通过前期探索实验发现，单纯以钒尾矿作为主要原料料浆过于黏稠，且水泥消耗量较大。因此，本节将以经50min 粉磨的钒尾矿为主，辅以一定量活性较高的矿渣、石灰、水泥熟料、脱硫石膏等原料进行泡沫混凝土的制备实验。

从综合利用钒尾矿的角度出发，对于轻质墙体材料的制备，配合比的设计需要着重考虑以下几点：首先，泡沫混凝土制品必须具备良好的性能(轻质高强)，因此在进行配合比优化设计时，将抗压强度、绝干密度和比强度等性能指标作为重点考察对象。其次，应该尽可能消耗、利用尾矿，降低生产成本。因此本节实验围绕利用钒尾矿制备泡沫混凝土展开了一系列的实验探索及性能优化，并且对其微观反应过程进行了深入的研究。

2.5.1 钒尾矿泡沫混凝土的匹配设计

1. 钒尾矿泡沫混凝土用胶凝材料的组成及制备

为初步探索使用钒尾矿、矿渣生产泡沫混凝土的可行性，进行发泡混凝土探索实验。将钒尾矿、矿渣、生石灰、水泥熟料和脱硫石膏按一定质量比混合均匀(干物料的总量为 600g)，加入一定量的铝粉，再加入一定量的温水(水温度为 50℃)打浆均匀，初定搅拌时间为 60s，然后将料浇注入铁质 100mm × 100mm × 100mm 三联模具中，55℃的恒温养护箱中发气静停养护，10h 后拆模测量其发气高度(初步判定：发气高度大于 10cm 时，制品的绝干密度低于 600kg/m³)，再将硬化胚体取出，取横截面观察其孔结构状况。

1) 钒尾矿泡沫混凝土用胶凝材料基础实验

本节实验中使用钒尾矿和矿渣取代全部的胶凝材料。固定脱硫石膏占总干物料质量的 10%，铝粉的掺量为总干物料的 0.07%，水胶比为 0.6。钒尾矿和矿渣掺量交替增减，总掺量为 90%，100%取代水泥熟料和生石灰组成的混合胶凝材料。初步探索钒尾矿-矿渣-脱硫石膏料浆体系制备发泡混凝土的可行性。具体配合比见表 2.7。

表 2.7 钒尾矿泡沫混凝土用胶凝材料初步配合比方案及测试结果

试件编号	干物料配合比/%					水灰比	发泡剂铝粉/%	实验结果	
	钒尾矿	矿渣	生石灰	水泥熟料	脱硫石膏			发气高度/cm	孔结构状况
A-01	30	60						8.0	气孔扁平，气孔之间贯通
A-02	40	50						7.5	气孔扁平，气孔之间贯通
A-03	50	40	0	0	10	0.6	0.07	7.5	气孔扁平，气孔之间贯通
A-04	60	30						7.3	气孔扁平，气孔之间贯通
A-05	70	20						6.8	气孔较小，气孔扁平

从表 2.7 可以看出，随着钒尾矿掺量由 30%增加至 70%，发气高度呈现降低趋势，竖向断面气孔结构呈扁平趋势。这表明钒尾矿掺量的增加可使料浆稠化，降低发气的高度。几组发泡实验中发气高度未达到发气体积要求，最高的 A-01 仅为 8.0cm，气孔结构也过小，未达到制品的孔结构要求。分析其原因，推断为缺少碱性环境，铝粉发气需要碱性环境才能有利地进行。石灰的消解可以帮助反应体系提供有利于发气的碱性环境。可考虑在反应体系中掺入少量石灰。

2) 钒尾矿泡沫混凝土用胶凝材料初步配合比优化

在探索实验的基础上考虑掺入少量的生石灰。固定脱硫石膏掺量为 10%，同时固定水胶比为 0.6、铝粉掺量为 0.07%，在生石灰掺量为 3%、5%、8%、10%的条件下，调节钒尾矿、矿渣的掺量进行发泡混凝土制备实验(表 2.8)。

表 2.8   钒尾矿泡沫混凝土用胶凝材料初步配合比的优化及测试结果

试件编号	干物料配合比/%					水灰比	发泡剂铝粉/%	实验现象	
	钒尾矿	矿渣	生石灰	水泥熟料	脱硫石膏			发气高度/cm	孔结构状况
B-01	32	55						10.5	不均匀(f_7=2.44MPa)
B-02	43	44	3					9.0	孔偏小，不均匀
B-03	55	32						8.0	孔偏小，不均匀
B-04	30	55						11.0	不均匀(f_7=2.70MPa)
B-05	42	43	5					9.5	孔偏小，不均匀
B-06	55	30						8.5	孔偏小，不均匀
B-07	30	52		0	10	0.6	0.07	9.5	不均匀(f_7=2.73MPa)
B-08	41	41	8					9	孔偏小，不均匀
B-09	52	30						7.8	孔偏小，不均匀
B-10	30	50						9.8	不均匀(f_7=2.52MPa)
B-11	40	40	10					8.7	孔偏小，不均匀
B-12	50	30						7.8	孔偏小，不均匀

注：表中 f_7 指 7d 抗压强度。

研究发现：①当生石灰掺量为 3%～5%时，发气高度可达到 10cm 以上，达到发起高度的要求。但气孔结构不均匀，出现大量连通孔，不符合制品孔结构的要求。分析原因是钒尾矿和矿渣的水化速率与铝粉发气速率不协调，导致发气速率过快、浆体硬化速率过慢，气孔内压比较大，排挤周围浆体，气泡兼并，产生大量的连通孔，未能达到气孔结构的要求。②当钒尾矿的掺量过高时，发气高度不能满足要求。分析原因是随着钒尾矿的掺量增加，料浆变稠，料浆的稠化导致发气不顺畅、憋气。③当生石灰掺量为3%、5%、8%、10%时，泡沫混凝土7天抗压强度分别为 2.44MPa、2.70MPa、2.73MPa、2.52MPa。初步确定当生石灰的掺量为 5%左右时，可满足制品对发气高度的要求。根据探索性实验的结果，认为掺入少量的水泥熟料可调节料浆的均匀性、硬化速率，改善气孔结构。由于水泥熟料在水化过程中有 $Ca(OH)_2$ 生成，可同时考虑适当降低生石灰的掺量。

3) 钒尾矿泡沫混凝土用胶凝材料初步配合比确定

固定钒尾矿、矿渣的总掺量为75%，水泥熟料为单因素，相应调整生石灰、脱硫石膏的掺量，考察其发气高度和气孔结构，为后期进行单因素对性能的影响实验初步确定配合比，具体见表 2.9。

表 2.9　钒尾矿泡沫混凝土用胶凝材料配合比优化方案及测试结果

试件编号	干物料配合比/%					水胶比	发泡剂铝粉/%	实验现象	
	钒尾矿	矿渣	生石灰	水泥熟料	脱硫石膏			发气高度	孔结构状况
C-01			5	5	15			10.5	不均匀、略扁
C-02	40	35	4	8	13	0.6	0.07	10.5	较均匀、略扁
C-03			4	11	10			11	较均匀、较圆
C-04			3	12	10			11.5	较均匀、较圆

从实验结果看，水泥熟料的掺量达到10%以上时，发气高度和孔结构均匀程度都能达到要求。当水泥熟料的掺量为12%时，发气高度较其他各组更为理想。根据探索实验的结果，初步确定配合比为：钒尾矿40%、矿渣35%、生石灰4%、水泥熟料11%、脱硫石膏10%，进行单因素实验。

2. 工艺参数对钒尾矿泡沫混凝土发气过程的影响

为明确加入水的初始温度、搅拌时间对铝粉发气过程的影响，进行发气速率实验。实验从料浆倒入 500mL 的杯中开始计时，每隔 4min 记录一次发气高度(初始体积为 160mL，高度 3.81cm)。配合比为：钒尾矿40%、矿渣35%、生石灰4%、水泥熟料11%、脱硫石膏10%，铝粉为总干料质量的 0.07%，水胶比为 0.6。

1) 初始水温对泡沫混凝土发气过程的影响

图 2.27 为初始水温分别为 20℃、30℃、40℃、50℃条件下，随着时间的增加，发气高度的变化情况。从图中可以看出，发气高度在 12min 之前增长较快，12min 之后比较平缓，这说明铝粉的发气过程主要集中在前 12min。从整体来看，随着

初始水温的增加，每个时间节点的发气高度增加。从图中可以看出，初始水温为
50℃时，发气高度最高，到 12min 时，发气高度能达到 7.57cm(相当于坯体中充
入气孔的体积为初始体积的 98%)。而到达发气终点时，发气高度达到 7.75cm(符
合制品要求的容重所需的孔结构)。

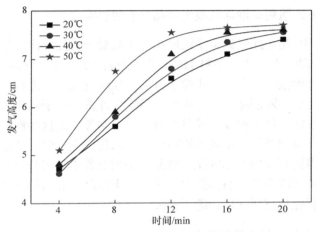

图 2.27　初始水温对发气高度的影响

2) 搅拌时间对泡沫混凝土发气过程的影响

图 2.28 为搅拌时间分别为 1min、2min、3min、4min 和 5min 的条件下，随
着时间的增加，发气高度的变化情况。从图中可以看出，搅拌时间为 4min 和 5min
的发气高度变化趋势呈直线型，搅拌时间为 1min、2min 和 3min 的发气高度变化
趋势呈现先增加后平缓的曲线型。可以得出，4min 和 5min 发气终点时的发气高

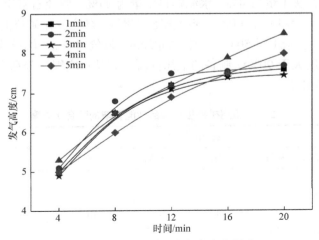

图 2.28　搅拌时间对发气高度的影响

度分别为 8.5cm 和 8.0cm(均超出理想的孔结构达到的发气高度),而且发气高度的变化趋势呈现直线型不利于协调坯体的硬化速度,导致孔结构出现大量的连通孔。对比 1min、2min 和 3min 的发气情况,可以得出,2min 的发气高度均比 1min 和 3min 的高,而且发气终点的发气高度满足本实验制品的容重要求($600kg/m^3$)。

2.5.2 原料组分对钒尾矿泡沫混凝土制品性能的影响

在 2.5.1 节中,初步探索确定了钒尾矿泡沫混凝土的配合比方案,钒尾矿 40%、矿渣 35%、生石灰 4%、水泥熟料 11%、脱硫石膏 10%,以及初始水温 50℃、搅拌时间 2min 等参数。然而,初步探索方案中仅对发气状况进行了评价。为得到理想的制品,还必须对制品的性能指标进行综合评价,对于轻质墙体材料主要性能指标有抗压强度、绝干密度、导热系数、吸水率等。而这些性能指标又是与制品的原料组分息息相关的。不同的原料组分经水化反应所形成的水化产物也不相同。因此,要得到较佳的泡沫混凝土制品,必须对各原料组分对制品性能的影响进行研究。本小节围绕各原料掺量对泡沫混凝土制品性能的影响展开研究,主要考察的性能指标包括抗压强度、绝干密度。

1. 钒尾矿掺量对制品性能的影响

钒尾矿基本理化特性的研究结果表明,钒尾矿中含有丰富的 SiO_2,在混凝土的水化反应过程中可为体系提供一定的硅质材料。随着钒尾矿在原料体系中掺量的增加,各方面的物理性能也在发生一定的变化,且影响较大。本节实验,根据 2.4 节中的结论,选用经 50min 粉磨的钒尾矿作为主要原料进行泡沫混凝土的制备实验,考察钒尾矿的掺量对制品性能的影响。

实验中生石灰用量为 4%、水泥熟料用量为 11%、脱硫石膏用量为 10%、铝粉掺量为 0.07%、水胶比为 0.6,变动钒尾矿掺量,随之变化矿渣的掺量。具体配合比见表 2.10。初始水温 50℃,搅拌时间 2min,发气过程在恒温养护箱中进行(温度为 55℃,湿度大于 90%)。制备的泡沫混凝土制品对应编号分别为 D-01、D-02、D-03、D-04 和 D-05。

表 2.10 钒尾矿掺量对制品性能影响的配合比方案

试件编号	干物料配合比/%					水胶比	发泡剂铝粉/%
	钒尾矿	矿渣	生石灰	水泥熟料	脱硫石膏		
D-01	30	45					
D-02	35	40					
D-03	40	35	4	11	10	0.6	0.07
D-04	45	30					
D-05	50	25					

　　图 2.29 反映了泡沫混凝土 28d 抗压强度、绝干密度与钒尾矿掺量的关系。由图中可知，随着钒尾矿掺量的增加，泡沫混凝土的强度曲线呈现先上升后缓慢降低的趋势，当钒尾矿的掺量为 40%时，泡沫混凝土的强度最高达 3.32MPa。当钒尾矿掺量为 40%时，对于制品的强度而言已经达到一个强度较佳的掺入量水平。同时，制品的绝干密度随着钒尾矿掺量的增加呈现出不断上升的趋势，由最初掺量 30%时的绝干密度 596.4kg/m³ 增加到掺量为 50%时的 652.5kg/m³。很明显钒尾矿掺量的增加对于泡沫混凝土制品的绝干密度有着明显的负面影响。结合实验过程中料浆稠度随钒尾矿掺量增加而增大的现象，分析主要原因：钒尾矿经 50min 粉磨处理后粒度较细，具有较大的比表面积，随之需水量也在增大；当水胶比一定时，随着料浆体系中钒尾矿掺量的增加，料浆稠度增加。料浆稠度的增加将导致料浆流动度降低，使铝粉发气形成气泡需要克服更强的外界阻力，发气过程不顺畅导致憋气现象的发生，最终致使发气高度不能满足要求，绝干密度过大不能满足制品性能的要求。

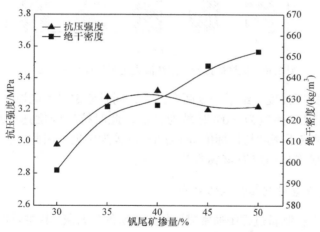

图 2.29　钒尾矿掺量对泡沫混凝土制品性能的影响

　　吸水率对于轻质墙体材料而言一般受孔隙率、原料组分、气孔结构特征等因素的影响。泡沫混凝土吸水后，其导热系数、强度等性能会发生相应的变化。正常吸水后的泡沫混凝土会出现导热系数上升、抗压强度下降、耐久性下降等问题，因此吸水率对于泡沫混凝土而言也是一个重要的参考指标，性能优良的泡沫混凝土需具有相对较小的导热系数[66, 67]。

　　图 2.30 反映了钒尾矿掺量对泡沫混凝土制品吸水率的影响。由图中可以看出，吸水率随钒尾矿掺量的增加呈先下降而后上升的趋势。当钒尾矿掺量由 30%增加到 50%时，对应的吸水率由 36.8%下降至 30.5%。分析认为影响吸水率最直接的因素为制品的孔隙率，吸水率随着制品绝干密度的降低而增加。但在 30%～50%

变化区间吸水率并非呈现一直下降的趋势。当钒尾矿掺量增加至50%时，吸水率较掺量45%的有小幅增加，认为主要因为钒尾矿的掺量增加导致制品在成型过程中发气不顺畅，孔壁发生破坏、贯通较多且形成了较多的毛细孔，导致制品吸水率增加。

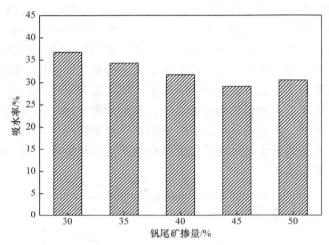

图2.30 钒尾矿掺量对泡沫混凝土制品吸水率的影响

综合考虑抗压强度、绝干密度两个因素，同时考虑尽可能地提高钒尾矿的利用率，认为钒尾矿掺量为40%时最为合适，此时抗压强度达到最佳状态，为3.32MPa，同时绝干密度与目标值600kg/m³也较为接近。因此，在接下来的正交实验中将钒尾矿掺量确定为40%的平均水平。

2. 生石灰掺量对制品性能的影响

泡沫混凝土在制备过程中通常需要加入少量的生石灰，其主要作用为[68]：①为反应体系提供一定量的钙质材料。②生石灰在料浆中发生熟化反生成$Ca(OH)_2$，促进料浆体系碱性环境的形成。为铝粉发气提供必要的碱性环境，保证发气过程的顺利进行，同时可促进硅质材料的进一步溶解，促进水化反应的进行。③生石灰的消解过程会释放出一定的热量，可促进养护过程中坯体硬化，由此可见在泡沫混凝土的制备过程中生石灰掺入的必要性。

本节实验固定钒尾矿掺量40%、水泥熟料用量11%、脱硫石膏掺量10%、铝粉掺量0.07%、水胶比0.6，变动生石灰掺量，随之变化矿渣的掺量。初始水温50℃，搅拌时间2min，发气过程在恒温养护箱中进行(温度为55℃，湿度大于90%)。具体配合比见表2.11，制备的泡沫混凝土制品对应编号为E-01、E-02、E-03、E-04、E-05。

表 2.11　生石灰掺量对制品性能影响的配合比方案

试件编号	干物料配合比/%					水胶比	发泡剂 铝粉/%
	钒尾矿	矿渣	生石灰	水泥熟料	脱硫石膏		
E-01		36	3				
E-02		35	4				
E-03	40	34	5	11	10	0.6	0.07
E-04		33	6				
E-05		32	7				

　　将泡沫混凝土的 28d 抗压强度、绝干密度提出绘制成变化曲线，如图 2.31 所示。由图中可以看出，随着生石灰掺量的逐步加大，制品绝干密度呈现先减小后增加的趋势，当生石灰掺量由 3% 增加到 5% 时，泡沫混凝土绝干密度急剧下降，生石灰掺量进一步增加到 6% 时，绝干密度下降趋于平缓。分析认为随着生石灰掺量的增加，料浆体系中 $Ca(OH)_2$ 的浓度增加，可促进铝粉发气反应的进行，形成足够的气泡使制品孔隙率增加、绝干密度下降。当生石灰掺量增加至 6% 时，有一部分气孔因过大而导致气孔兼并、破裂，因此孔隙率增加趋于平缓。当生石灰掺量大于 6% 时，料浆中 $Ca(OH)_2$ 的浓度进一步增加，铝粉发气量过大，导致气孔表面料浆张力过大，较多的孔壁发生破裂，致使发气高度出现倒缩现象。因此，在只考虑绝干密度的情况下，生石灰的掺量以 5%、6% 为宜。再看图中的抗压强度曲线，可分为两个阶段：第一阶段生石灰掺量为 3%～4% 时，抗压强度处于微量增强阶段，该阶段抗压强度由 3.35MPa 增加到 3.37MPa；第二阶段生石灰掺量为 4%～7% 时，制品强度处于急剧下降阶段，该阶段制品抗压强度由 3.37MPa

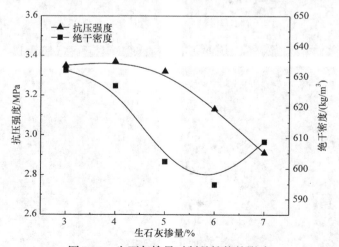

图 2.31　生石灰掺量对制品性能的影响

下降至 2.91MPa。这说明随着生石灰掺量的提高，料浆体系碱度得到了进一步的提升，Ca(OH)$_2$ 浓度适当增加可促进 Ca(OH)$_2$ 与硅质材料钒尾矿和矿渣溶出更多的活性 SiO$_2$ 及 Al$_2$O$_3$，在水热条件下发生化学反应生成水化硅酸钙、钙矾石等，与未反应的颗粒胶结在一起为制品提供强度。但当生石灰掺量过多时，生石灰消解放热量大，料浆稠化的速度得到一定的加快，胚体内部温度过高，导致坯体膨胀裂开，从而使制品的抗压强度急剧下降。综合以上分析，本节实验选取生石灰掺量 5% 为平均水平进行正交实验。此时，制品 28d 抗压强度为 3.32MPa，28d 绝干密度为 602.3kg/m^3。

由图 2.32 可以看出，随着生石灰掺量的增加，钒尾矿泡沫混凝土制品水化产物的形貌出现了明显的变化。图 2.32(a1) 为 3000 倍的 SEM 图，图 2.32(a2) 为 A 区域对应的 10000 倍 SEM 图，由图 2.32(a2) 可以看出在生石灰掺量为 4% 时，气孔外表面有大量的较细针棒状物质生长，分析认为是料浆中溶解的 AlO$_2^-$、SO$_4^{2-}$ 及 Ca^{2+} 结合反应生成了大量的棒状钙矾石。当原料中生石灰掺量为 5% 时，通过图 2.32(b2) 可以看出针棒状的钙矾石被大量的凝胶类物质所包裹，结合对应 T 点能谱图分析认为该凝胶类物质为 C-S-H 凝胶。由于钙矾石有"微膨胀效应"，此

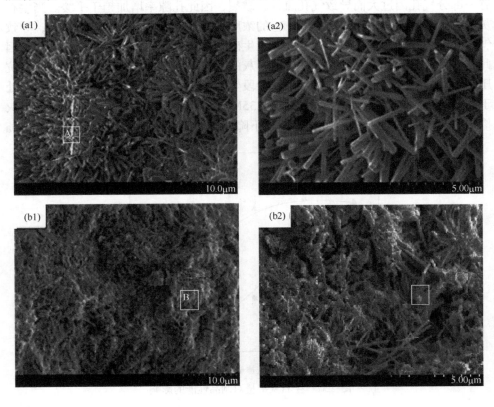

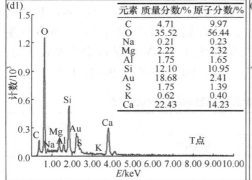
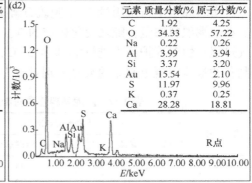

图 2.32　养护 28d 泡沫混凝土孔壁 SEM、EDS 图

(a1)、(a2) 生石灰掺量 4%SEM 图；(b1)、(b2) 生石灰掺量 5%SEM 图；(c1)、(c2) 生石灰掺量 6%SEM 图；
(d1)、(d2) 为 EDS 图

时针棒状的钙矾石与 C-S-H 凝胶共同作用对制品中的毛细孔产生填充效应，对制品强度产生有利的影响。当生石灰掺量继续增加至 6%时，制品孔壁的 3000 倍、10000 倍 SEM 图如图 2.32(c1)、(c2)所示，水化产物逐渐凝结成块状的产物。结合 R 点的能谱图判定其为 $CaCO_3$、$Ca(OH)_2$ 混合物。分析认为随着生石灰掺量的加大，早期浆体中 Ca^{2+}、OH^- 浓度增加将对 AlO_2^- 的溶解产生抑制作用，后期产物中钙矾的生成受到抑制，生成较多的 $Ca(OH)_2$、$CaCO_3$，因此将对制品强度产生不利的影响[69]。

3. 水泥熟料掺量对制品性能的影响

水泥熟料是以生石灰、黏土等为主要原料，按适当比例混合，经煅烧至部分或全部熔融，再经冷却而形成的硅酸盐制品[70-72]。最常用的硅酸盐水泥熟料主要化学成分为 CaO、SiO_2，以及少量的 Al_2O_3 和 Fe_2O_3。主要矿物组成为硅酸三钙 $(3CaO \cdot SiO_2)$、硅酸二钙 $(2CaO \cdot SiO_2)$、铝酸三钙 $(3CaO \cdot Al_2O_3)$ 和铁铝酸四钙 $(4CaO \cdot Al_2O_3 \cdot Fe_2O_3)$。硅酸盐水泥熟料加适量石膏共同磨细后即成硅酸盐水泥。

水泥强度的影响因素主要来自水泥熟料的矿物组成和形态，以及水泥的颗粒形貌和细度等方面。就硅酸盐水泥熟料矿物而言，硅酸盐矿物的含量是决定水泥强度的主要因素。一般认为 C_3S 不仅影响水泥的早期强度，而且影响水泥的后期强度，而 C_2S 对早期强度影响不大，却对后期强度的贡献较多，C_3A 含量对水泥早期强度的影响最大。

　　水泥熟料作为主要原料之一，一方面在料浆体系中经水化反应可生成一定量的 C-S-H 凝胶对颗粒进行胶结，为泡沫混凝土制品强度的形成作贡献。另一方水泥熟料在水化的过程中，会生成一定量的 $Ca(OH)_2$ 为料浆体系提供碱性环境，可促进硅质材料的溶解，水化反应程度加深。同时，凝胶的产生可在一定程度上保证发气过程中料浆的稳定，使发气过程顺畅，形成较好的孔隙结构。

　　实验固定生石灰用量 5%、脱硫石膏掺量 10%、铝粉掺量 0.07%、水胶比 0.6，变动水泥熟料掺量，随之变化矿渣的掺量。初始水温 50℃，搅拌时间 2min，发气过程在恒温养护箱中进行(温度为 55℃，湿度大于 90%)。具体配合比见表 2.12，制备的泡沫混凝土制品的编号分别对应为 F-01、F-02、F-03、F-04、F-05。

表 2.12　水泥熟料掺量对制品性能影响的配合比方案

试件编号	干物料配合比/%					水胶比	发泡剂铝粉/%
	钒尾矿	矿渣	生石灰	水泥熟料	脱硫石膏		
F-01		34		11			
F-02		33		12			
F-03	40	32	5	13	10	0.6	0.07
F-04		31		14			
F-05		30		15			

　　图 2.33 反映了水泥熟料掺量对钒尾矿泡沫混凝土制品性能的影响。水泥熟料掺量在 11%～12%时对应着制品 28d 抗压强度的快速提高，当水泥熟料掺量为 12%时，泡沫混凝土的抗压强度达 3.59MPa。当水泥熟料掺量为 12%～13%制品抗压强度出现小幅下降，之后随着水泥熟料掺量的增加制品抗压强度呈现缓慢增加的趋势。分析认为产生上述现象的原因是过多的水泥熟料将产生过多的 CaO，超过了水化反应所需要的 CaO 的总量，多余的 CaO 在泡沫混凝土中将形成强度较低的薄片状的双碱水化硅酸钙[$C_2SH(A)$]和纤维状的双碱水化硅酸钙[$C_2SH(B)$]，这将导致制品抗压强度下降[73]。后期的抗压强度缓慢增长主要是因为随着水泥熟料掺量的增加，熟料水化产物水化硅酸钙凝胶(C-S-H)进一步增加有利于制品强度的提高。由图中绝干密度曲线可以看出，当水泥熟料掺量为 11%～13%时绝干密度增长缓慢，当掺量大于 13%时，制品绝干密度得到较快的增长。分析认为绝干密度不断提高的原因有两个方面：①水泥熟料的密度为 $3.13g/cm^3$ 而矿渣的密度为

2.65g/cm³，当水泥熟料的掺量增加时，矿渣减少，混合料体的密度随着水泥熟料的掺量增加而升高；②水泥熟料的加入可促进料浆体系水化程度的加深，形成带有结晶水的水化硅酸钙等物质，促使制品的密度增加。

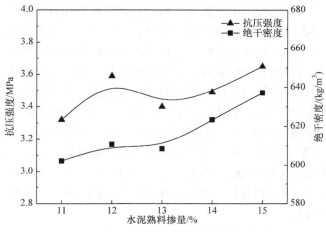

图 2.33　水泥熟料掺量对制品性能的影响

　　为评定材料在质量、强度方面的综合性能，引入比强度的概念(材料的强度除以其表观密度)对材料轻质、高强性能进行评价。不同水泥掺量情况下泡沫混凝土制品的比强度如图 2.34 所示，通过该图可以看出，当水泥熟料掺量为 12%时所获得的制品比强度最高。因此认为水泥熟料掺量为 12%时较为合适，此时抗压强度为 3.59MPa、绝干密度为 610kg/m³，满足目标强度 3.5MPa 且与目标绝干密度 600kg/m³ 最为接近。在进行正交优化设计时，选取 12%为水泥熟料因素的平均水平。

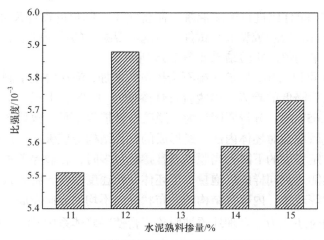

图 2.34　水泥熟料掺量对制品比强度的影响

4. 脱硫石膏掺量对制品性能的影响

在泡沫混凝土制备过程中,脱硫石膏是一种较佳的调节剂。在蒸养水泥、生石灰、粉煤灰制品中,脱硫石膏可以使强度大幅度提高,减少收缩,提高抗冻性。脱硫石膏作为调节剂的作用主要体现在对生石灰消解和使料浆稠化速度减慢。在泡沫混凝土的制备过程中,脱硫石膏主要起到以下几个方面的作用:①具有一定的缓凝作用,参加水泥的水化反应,阻止熟料中铝酸盐的快速凝结,调节水泥的凝结时间,特别对早期水化反应有一定的抑制作用,防止早期强度发展过高、过快。②可调节生石灰的消解,使其消解时间延长,避免早期温度过高时料浆的稠化速度放缓,使发气速率与稠化速率相匹配。③可与铝粉发气反应所产生的$Al(OH)_3$反应,生成硫铝酸盐,为坯体提供早期强度以及降低收缩[74]。

实验固定钒尾矿掺量 40%、生石灰用量 5%、水泥熟料掺量 12%、铝粉掺量0.07%、水胶比 0.6,变动脱硫石膏掺量,随之变化矿渣的掺量。初始水温 50℃,搅拌时间 2min,发气过程在恒温养护箱中进行(温度为 55℃,湿度大于 90%)。实验配合比见表 2.13。

表 2.13　脱硫石膏掺量对制品性能影响的配合比方案

| 试件编号 | 干物料配合比/% | | | | | 水胶比 | 发泡剂铝粉/% |
	钒尾矿	矿渣	生石灰	水泥熟料	脱硫石膏		
G-01		35			8		
G-02		34			9		
G-03	40	33	5	12	10	0.6	0.07
G-04		32			11		
G-05		31			12		

按表 2.13 配合比进行泡沫混凝土制备实验,制得的试件尺寸为 100mm×100mm×100mm,每组成型 6 个试件,对泡沫混凝土的抗压强度、绝干密度进行测定,结果取平均值。实验结果如图 2.35 所示。

从图 2.35 可以看出,随着脱硫石膏掺量的增加,泡沫混凝土制品 28d 抗压强度呈现先增加后降低的趋势。当脱硫石膏掺量为 9%时,出现一个峰值,此时的抗压强度为 3.65MPa。分析原因认为:脱硫石膏掺量不足,致使料浆稠化速度加快,铝粉发气后期会对坯体内部已经形成的气孔结构造成破坏,形成裂缝,将导致制品强度一定程度的下降;当脱硫石膏掺量过多时,在静停养护时料浆稠化速度减慢,虽然能达到同样的气泡量,但坯体硬化速度减慢,将导致坯体内形成的气孔发生兼并等现象,内部孔结构的分布状况向不均匀方向发展,不利于制品强度的发展。同时还认为,合理地添加脱硫石膏使料浆体系中 Ca^{2+}、OH^-、SO_4^{2-}、AlO_2^- 共存,有利于钙矾石生成,为制品强度作贡献。就制品强度而言,脱硫石膏

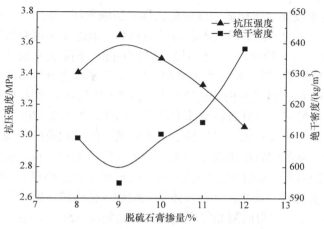

图 2.35　脱硫石膏掺量对制品性能的影响

的最佳掺量为 9%，此时制品绝干密度为 594.8g/cm³，达到最小状态。因此认为当脱硫石膏掺量为 9%时较为合适，此时发气速率与浆体硬化速率相匹配，气孔结构较为均匀饱满，这是制品性能往轻质、高强方向发展的主要因素之一。

5. 水胶比对制品性能的影响

水胶比是指料浆中总的用水量与总干物料的质量之比，通常水胶比对水泥基材料制品的性能有着较大的影响。在料浆的制备过程中水不仅是主要原料之一，同时还是其他物料参与反应形成强度材料的前提条件[75]。一般泡沫混凝土的制备过程中，过小的水胶比将导致料浆稠度过大，铝粉发气形成气泡需要克服的阻力也随之增大，将导致发气过程不顺畅，制品出现憋气现象，密度也随之不能达到预期的要求。当水胶比过大时，料浆本身的黏度减小，在发气过程中包裹气泡的料浆将由于黏度的降低而过早破坏，气孔之间出现贯通、兼并，导致制品强度下降。因此，对水胶比对钒尾矿泡沫混凝土制品性能的影响展开研究。

实验中固定钒尾矿掺量 40%、矿渣掺量 34%、生石灰用量 5%、水泥熟料掺量 12%、脱硫石膏掺量 9%、铝粉掺量 0.07%，在水胶比为 0.55、0.58、0.60、0.62、0.65 时分别制备泡沫混凝土制品(表 2.14)。初始水温 50℃，搅拌时间 2min，发气过程在恒温养护箱中进行(温度为 55℃，湿度大于 90%)。

表 2.14　水胶比对制品性能影响的配合比方案

试件编号	水胶比	试件编号	水胶比
H-01	0.55	H-04	0.62
H-02	0.58	H-05	0.65
H-03	0.60		

　　图 2.36 为水胶比对钒尾矿泡沫混凝土性能影响曲线，从图中可看出制品的抗压强度随着水胶比的增加而呈现不断降低的趋势。而绝干密度曲线则呈现先下降再升高的趋势，由水胶比为 0.55 时的 630.9kg/m³ 下降至水胶比为 0.60 时的 592.5kg/m³，当水胶比进一步加大至 0.65 时，绝干密度上升至 612.3kg/m³，表明当水胶比为 0.60 时，料浆的稠化速度与发气速率刚好协调，制品所形成气泡较为饱满，且能够均匀完整地分布在泡沫混凝土制品中，如图 2.37(b)所示。当水胶比过小时，料浆稠化速度过快，易导致发气不顺畅、憋气现象的出现，形成的孔较小[图 2.37(a)]，制品的密度也因此增大。当水胶比过大时，料浆流动过快，坯体成型需要过长的时间，而在此期间孔壁料浆抗剪切应力过小容易导致气泡破裂，孔结构之间产生贯通、兼并，导致坯体发生倒缩，使得绝干密度呈现出上升的趋势。水胶比为 0.60 时获得的制品能同时满足制品强度 3.5MPa、绝干密度 600kg/m³ 要求。

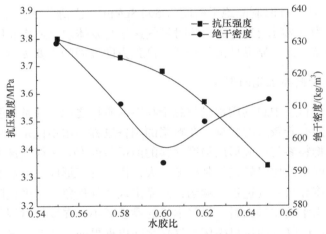

图 2.36　水胶比对制品性能的影响

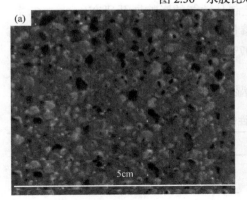
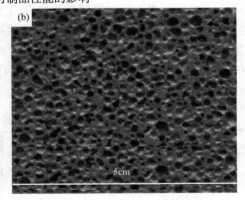

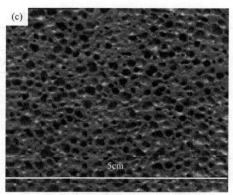

图 2.37　泡沫混凝土制品气孔结构图

(a) 0.55；(b) 0.60；(c) 0.65

2.5.3　钒尾矿泡沫混凝土的正交实验

在 2.5.2 节中，分别研究了各种原料掺量对泡沫混凝土制品性能的影响，但只是对单个因素对制品性能的影响情况进行了考察，所得到的结论都有一定的局限性。要想在原料种类不变的情况下得到最优的配合比，就必须同时对多个因素的影响进行考虑，因此本节内容将通过正交实验明确最优配合比参数，对制品的性能进行优化。

1. 钒尾矿泡沫混凝土正交实验的方案设计

设定生石灰、水泥熟料、脱硫石膏和水胶比作为影响因素，根据前期生石灰、水泥熟料、脱硫石膏和水胶比的单因素实验的结果，选取了各个影响因素的配比范围，采用正交表 $L_9(3^4)$ 对以上单因素进行了综合实验考察(表 2.15)。实验选取抗压强度、绝干密度及比强度的结果进行比较分析。实验设计的 $L_9(3^4)$ 正交方案需要进行 9 次配比实验，每组实验成型 6 个泡沫混凝土制品。

表 2.15　钒尾矿泡沫混凝土正交实验因素和水平

水平	A(生石灰/%)	B(水泥熟料/%)	C(脱硫石膏/%)	D(水胶比)
1	4	11	8	0.58
2	5	12	9	0.60
3	6	13	10	0.62

根据正交实验因数与水平，设计的 $L_9(3^4)$ 正交实验方案如表 2.16 所示。

表 2.16　钒尾矿泡沫混凝土正交实验方案

编号	水平组合	实验条件			
		A(生石灰/%)	B(水泥熟料/%)	C(脱硫石膏/%)	D(水胶比)
Z-1	$A_1B_1C_1D_1$	1(4)	1(11)	1(8)	1(0.58)
Z-2	$A_1B_2C_2D_2$	1	2(12)	2(9)	2(0.60)
Z-3	$A_1B_3C_3D_3$	1	3(13)	3(10)	3(0.62)
Z-4	$A_2B_1C_2D_3$	2(5)	1	2	3
Z-5	$A_2B_2C_3D_1$	2	2	3	1
Z-6	$A_2B_3C_1D_2$	2	3	1	2
Z-7	$A_3B_1C_3D_2$	3(6)	1	3	2
Z-8	$A_3B_2C_1D_3$	3	2	1	3
Z-9	$A_3B_3C_2D_1$	3	3	2	1

2. 钒尾矿泡沫混凝土正交实验结果与分析

按照表 2.17 中的 $L_9(3^4)$ 实验方案进行钒尾矿泡沫混凝土实验,并测得各组试件抗压强度及绝干密度,计算得到比强度。

表 2.17　钒尾矿泡沫混凝土正交实验结果

试件编号	实验结果		
	绝干密度/(kg/m³)	抗压强度/MPa	比强度/10^{-3}
Z-1	624.3	3.51	5.62
Z-2	596.6	3.48	5.83
Z-3	610.2	3.43	5.62
Z-4	613.7	3.54	5.77
Z-5	602.3	3.74	6.21
Z-6	592.5	3.70	6.24
Z-7	605.1	3.66	6.05
Z-8	612.4	3.52	5.74
Z-9	605.8	3.70	6.11

注:比强度为材料的抗压强度/绝干密度。

对表 2.17 中数据进行直观分析可知,Z-6 组配料方案(P)$A_2B_3C_1D_2$ 的性能结果最佳,抗压强度达 3.70MPa,绝干密度为 592.5kg/m³,分别满足《泡沫混凝土》(JG/T 266—2011)规范中 A06、C3.5 的要求。

由表 2.17 中的实验结果计算出比强度,再由比强度计算出各因素对应的极差,计算结果见表 2.18。由表中极差 R 的数据可以看出，对于比强度而言，生石灰的极差最大，为 0.367，其次为水胶比，为 0.330，表明各因素对泡沫混凝土比强度的影响中生石灰＞水胶比＞水泥熟料＞脱硫石膏。结合表 2.17 中的比强度结果，认为优化后的最佳配料方案为$(Q)A_2B_3C_3D_2$：生石灰 5%、水泥熟料 13%、脱硫石膏 10%、水胶比(水与胶凝材料的质量比)0.60。

表 2.18　钒尾矿泡沫混凝土制品比强度的极差

因素	A	B	C	D
极差 R	0.367	0.21	0.077	0.330

3. 正交分析结果验证实验

以上分别从直接观察制品性能的角度和比强度的角度分析，得到了两个最优配合比。而比强度的最优配合比并没有在 $L_9(3^4)$ 正交实验中出现。因此，对以上两个最优配合比进行验证性实验。实验次数为两组，每组成型 6 个试件，分别测其绝干密度及抗压强度，取均值。

按实验配料方案 P(表 2.19)制备出的泡沫混凝土制品的力学性能优于 Q (表 2.20)。因此，本实验得出制备钒尾矿泡沫混凝土的最佳实验方案为 P。

表 2.19　优化后的钒尾矿泡沫混凝土配合比

编号	钒尾矿/%	矿渣/%	生石灰/%	水泥熟料/%	脱硫石膏/%	水胶比
P	40	34	5	13	8	0.60
Q	40	32	5	13	10	0.60

表 2.20　优化后的钒尾矿泡沫混凝土性能指标

编号	绝干密度/(kg/m^3)	抗压强度/MPa	比强度/10^{-3}
P	592.5	3.70	6.24
Q	598.5	3.64	6.08

2.5.4　钒尾矿泡沫混凝土水化反应机理

钒尾矿泡沫混凝土从原始物料的加入搅拌到蒸养成型，再到后期标准养护期间必然发生了一系列的化学反应，才会有后期制品物理力学性能的形成。在此过程中必然包括一些原料的消耗以及新矿物物相的形成。因此将通过 XRD、SEM 对其过程产物进行分析鉴定，以此对其水化反应机理进行研究，分析制品物理力学性能的来源。

1. 钒尾矿泡沫混凝土的 XRD 分析

图 2.38 给出了钒尾矿泡沫混凝土经不同养护时间所得制品的 XRD 谱图。其中 FW-1 为料浆经 3h 蒸养的 XRD 谱图，FW-2、FW-3、FW-4 为泡沫混凝土胚体分别经 1d、3d、28d 标准养护后的 XRD 谱图。对比 4 种不同养护程度的图谱能看出有明显的特征衍射峰变化，这说明随着养护时间的增加、水化反应的进行，钒尾矿泡沫混凝土的矿物组成发生了明显的变化。FW-1 在 12°、24°左右都明显存在着硬石膏的衍射峰，但随着养护时间的增加，硬石膏晶体的衍射峰逐渐消失，同时在 FW-2、FW-3、FW-4 衍射峰中逐渐有钙矾石晶体的衍射峰出现，且峰值随着养护时间的增加而增强。这说明在养护过程中，脱硫石膏在不断地被溶解和消耗，其溶解所释放出的 Ca^{2+}、SO_4^{2-} 离子与料浆中的 OH^-、AlO_2^- 发生反应生成硫铝酸盐(钙矾石)，钙矾石在制品的养护前期开始逐渐形成，伴随整个养护过程，为制品的前期提供强度支撑，并随着数量的增多而提升了后期强度。而且在四个谱图中，$CaCO_3$ 的衍射峰在几个阶段都有，这是因为水泥熟料在水化过程中生成大量的 $Ca(OH)_2$，养护过程中，没有参与反应的发生重结晶残留在制品中。

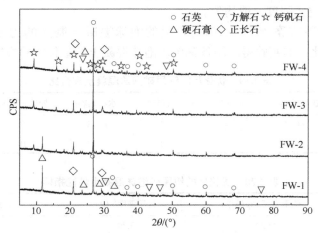

图 2.38　不同养护龄期的钒尾矿泡沫混凝土的 XRD 谱图

2. 钒尾矿泡沫混凝土的 SEM 分析

图 2.39 为钒尾矿泡沫混凝土孔壁不同龄期的 SEM 图。图 2.39(a1)、(a2)为制品养护 1d 后气孔孔壁的 SEM 图，图 2.39(b1)、(b2)为制品养护 3d 后气孔孔壁的 SEM 图，图 2.39(c1)、(c2)为制品养护 28d 后气孔孔壁的 SEM 图。其中图 2.39(a1)、(b1)、(c1)为制品孔壁外表面放大 3000 倍的 SEM 图，图 2.39(a2)、(b2)、(c2)分别为制品孔壁外表面对应 A、B、C 区域放大 10000 倍的 SEM 图。从图中可以看出，泡沫混凝土制品的孔壁外表面有足够晶体生长的空间，因此随着养护时间的增长，

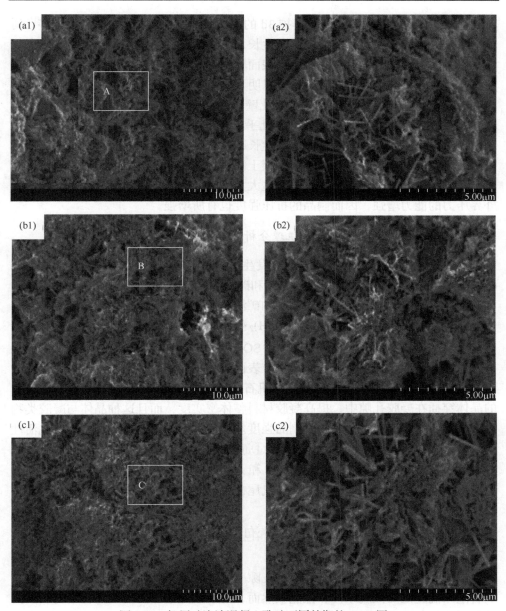

图 2.39　钒尾矿泡沫混凝土孔壁不同龄期的 SEM 图
(a1)、(a2) 1d；(b1)、(b2) 3d；(c1)、(c2) 28d

生长的晶体越来越多，晶体形貌越来越规整。其中，在放大 3000 倍的 SEM 图中可以看出不同养护时间制品的孔壁外表面大体的形貌特征,养护 1d 的制品表面离散地分布着絮团状集合体，推测为胶凝状 C-S-H 和杆棒状晶体钙矾石聚集生长(分析结果与 XRD 分析结果一致)。养护 3d 的制品中,这种絮团集合体逐渐增多,到养护 28d 时,杆棒状的晶体沿着截面生长,长度增长,穿插在絮团状聚合体中,集中生长的杆棒状晶体基本将孔壁外表面覆盖,形成晶体连生体,增强孔壁的强度。在放大 10000 倍的 SEM 图中可以明显看出这种聚合体的形貌变化,在养护 1d 的制品中,聚合体是分散地存在于孔壁表面,杆棒状晶体附着于凝胶表面;在养护 3d 的制品中,这种聚合体增多,几乎覆盖整个孔壁外表面;在养护 28d 的制品中,聚合体中的杆棒状晶体沿纵向生长,凝胶类物质逐渐变少,杆棒状晶体越突出,呈穿插结构。分析认为泡沫混凝土制品的孔壁内部断面由于晶体生长空间不足,大部分晶体向毛细孔隙生长,这大大提高了孔壁结构的密实度,孔壁承受外界压力的能力增强,因而制品的抗压强度也有所增强。

3. 钒尾矿泡沫混凝土的水化机理分析

实验所用生石灰在实验过程中发生消解,消解过程中释放热量,生成 $Ca(OH)_2$,为铝粉发气提供一定的温度和碱度。水泥熟料的水化速率大于钒尾矿和矿渣的水化速率,因此先于钒尾矿和矿渣而发生水化反应,生成 C-S-H 凝胶,使坯体成型,水化过程中会伴有 $Ca(OH)_2$ 生成。脱硫石膏作为一种调整剂,起到调节水泥的凝结时间的作用,并能提供 SO_4^{2-}。随着反应的进行,在碱激发和硫酸盐激发共同作用下,矿渣和钒尾矿颗粒表面的硅氧四面体和铝氧四面体发生键的断裂和重组,会生成 C-S-H 凝胶和钙矾石。由制品的 SEM 图可以看出,针棒状的晶体穿插在凝胶孔隙中,提高凝胶材料整体密实度,而且这种晶体与凝胶类物质交叉共生能提高咬合力,提升制品强度。从上述结论来看,钒尾矿的水化活性的激发要快于矿渣,分析原因可能是:①原状钒尾矿较易磨,其比表面比矿渣大,参与反应的接触面大,容易发生 Si—O 和 Al—O 键的断裂,而溶于溶液中发生水化反应。②在碱性环境中,偏酸性的钒尾矿比碱性矿渣更容易溶解。

2.6　孔结构对钒尾矿泡沫混凝土性能的影响

泡沫混凝土是一种典型的多孔、孔隙率较高的材料,其孔结构的特征直接影响着泡沫混凝土的微观结构和性能。然而,对于该类泡沫混凝土的孔结构,国内外的研究相对较少。泡沫混凝土中的孔由宏观孔和微观孔组成,宏观孔是由发气剂发气后大量气体溢出所形成,微观孔则存在于宏观孔孔壁中。

前面在原材料、制备工艺、配合比优化等方面对制品的性能进行了较为系统的研究。然而,绝干密度为 600kg/m³ 左右的泡沫混凝土内部孔隙率通常可以达到 70% 以上,说明该材料很大一部分是由气相组成,在对原料与制品性能相关性进行研究的同时却忽视了内在气孔结构特征对制品性能的影响规律。本节将采取较为近似的方法对制品内部孔结构的特征进行表征，在此基础上对内部气孔结构与制品性能的相关性展开研究。

2.6.1　孔结构特征表征

气孔结构特征主要通过孔隙率、孔径分布状况、开壁孔率等来表示。根据孔径大小的不同可将孔结构分为宏观孔和微观孔。但对于宏观孔、微观孔的分类一直没有明确的界定。通常认为宏观孔对于制品的性能影响较大，微观孔对制品性能的影响则相对较小。

在本节实验中可认为宏观孔是由铝粉发气而形成的较大气孔，因此本节实验中定义孔径在 0.5mm 以上的为宏观孔，并对其大小、分布状况展开研究。相对于宏观孔而言，微观孔由于对制品物理性能影响相对较小，可忽略不计。本节实验对于宏观孔的孔结构特征主要采用孔隙率、平均孔径、孔结构的分布情况进行表征。对于这三个参数的描述具体如下。

(1) 孔隙率计算公式如式(2.11)所示：

$$P = (1 - \rho_0/\rho) \times 100\% \tag{2.11}$$

式中，ρ_0 为表观密度；ρ 为材料真密度；P 为孔隙率。

(2) 对样品孔结构分布情况的描述以及平均孔径的计算参照表 2.21 执行。

表 2.21　孔结构分布情况

孔径范围	0.5~1mm	1~1.5mm	1.5~2mm	2~2.5mm	2.5~3mm	>3mm
孔隙占比/%	R_1	R_2	R_3	R_4	R_5	R_6

平均孔径通过加权平均的方法计算获得，计算公式如式(2.12)所示：

$$R = 0.75 \times R_1 + 1.25 \times R_2 + 1.75 \times R_3 + 2.25 \times R_4 + 2.75 \times R_5 + 3 \times R_6 \tag{2.12}$$

1. 常用的孔结构测试方法

若要对泡沫混凝土的孔进行描述，首先要对孔的特征进行表征。目前材料孔结构的表征方法有以下三种。

(1) 光学法。对于多孔材料来说，扫描电子显微镜是一种确定孔结构和孔径的精确方法。扫描电子显微镜图不仅能定性评价孔结构特征，同时也能给出泡沫混凝土水化后产物的微观形貌。另外，也可采用特殊光学系统的相机拍摄泡沫混凝土的结构形貌图片。无论采用哪种方法，在获得孔结构相片后，可采用专业图像处理技术对图像进行处理、分析。

(2) 压汞法。这种方法是测定材料孔径分布、比孔容积和比表面积技术中最基本也是应用最广泛的方法。压汞法通常需在压强不过高的情况下进行，因而在一定程度上限制了孔径的测量范围，且不能表征孔径较大的宏观孔。

(3) 气体渗透法。孔的类型、大小及分布与渗透性密切相关，因此通过测试气体的渗透性能直接反映泡沫混凝土的孔结构。气体渗透法只适合允许气体通过的连通孔。考察不同制作方法下孔结构的差异可采用此方法。

由于泡沫混凝土中大量的孔是宏观孔，而上述常用于表征材料孔特征的现代测试方法除光学法外均不太适合测试宏观大孔，因此本节将采用高清数码相机对气孔结构图像进行采集，并通过专业图形分析软件(Image-Pro Plus)对孔结构的分布状况进行分析。

2. Image-Pro Plus 软件及图形处理

由于泡沫混凝土是一种多组分的建筑材料，加上在成型过程中可能因外界因素影响而导致的偏差，内部孔结构可能会出现局部的偏差。为使获取的图像样本具有代表性，实验选取泡沫混凝土内部气孔较完整、均匀的中间段取得影像图片，图像范围内样品实际尺寸为 50mm × 50mm，如图 2.40(a)所示。将图片进行边界化处理，获得断面内气孔图像，如图 2.40(b)所示。再由 Image-Pro Plus 软件自动统计各尺寸区间气孔所占的比例。

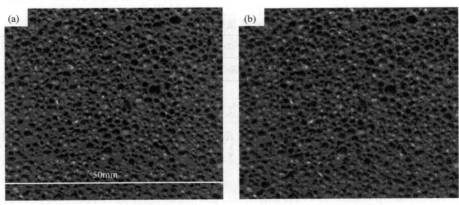

图 2.40　图像选取及处理

(a) 泡沫混凝土断面图像；(b) Image-Pro Plus 软件对气孔描绘后的图像

2.6.2　孔结构特征与制品性能相关性研究

在配合比基本相同的条件下，调整泡沫混凝土制备时的搅拌时间分别获得 6 组不同性能的泡沫混凝土试件。取样获得 50mm×50mm 的断面图像(图 2.40)。再由 Image-Pro Plus 软件自动统计各尺寸区间气孔所占的比例(表 2.22)。

表 2.22　泡沫混凝土孔结构分布情况

编号	孔隙占比/%					
	0.5~1mm	1~1.5mm	1.5~2mm	2~2.5mm	2.5~3mm	>3mm
K-1	5.5	17.1	22.1	19.5	15.8	10
K-2	5.2	15.3	16.7	28.6	25.3	8.9
K-3	6.1	13.2	18.8	24.1	26.2	11.6
K-4	6.6	11.5	25.5	33.7	16.9	5.8
K-5	6.8	14.4	20.4	23.9	21.2	13.3
K-6	4.3	7.8	31.2	35.7	16.9	4.1

根据表 2.22 中泡沫混凝土孔结构的分布情况，计算得各组样品的平均孔径和孔结构均匀系数，如表 2.23 所示。同时还计算出各组样品的孔隙率，测得样品抗压强度、绝干密度及导热系数实际值。

表 2.23　泡沫混凝土孔结构特征参数及制品性能

编号	孔结构特征参数		物理性能		
	孔隙率/%	平均孔径/mm	绝干密度/(kg/m³)	抗压强度/MPa	导热系数/[W/(m·K)]
K-1	76.0	1.81	597	3.64	0.139
K-2	77.1	2.12	593	3.61	0.137
K-3	77.5	2.15	594	3.56	0.137
K-4	78.2	2.03	590	3.69	0.136
K-5	79.3	2.11	586	3.67	0.134
K-6	78.2	2.06	591	3.72	0.135

1. 孔结构特征与制品绝干密度相关性

孔隙率的计算公式为 $P=(1-\rho_0/\rho)\times100\%$，经变形可表达为绝干密度 $\rho_0=(1-P)\times\rho$，由该公式可知，制品的绝干密度主要取决于孔隙率 P 和真密度 ρ 的大小，当制品原料组分基本一致时，制品的水化产物所具有的真密度 ρ 也基本一致，因此推测制品中孔隙的含量直接决定着制品的绝干密度性能，它们之间存在线性变化关系。

图 2.41 给出的是几组泡沫混凝土制品孔隙率及绝干密度所对应的点，通过线性拟合得到拟合曲线，该曲线所对应方程为式(2.13)：

$$Y=843.8157-3.242X \tag{2.13}$$

由式(2.13)可以看出绝干密度 Y 与孔隙率 X 存在着线性关系，制品绝干密度随着孔隙率的增加而线性降低。由此可得出结论，制品构成骨架的材料成分基本一致时，绝干密度与孔隙率呈线性变化关系。

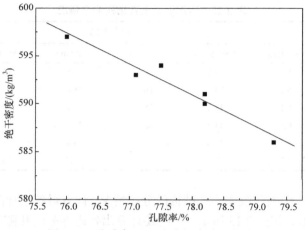

图 2.41　孔隙率-绝干密度拟合关系曲线

2. 孔结构特征与制品抗压强度相关性

试件尺寸和形状、孔的形成方式、加载方向、龄期、含水率、原材料特征及养护方式均影响泡沫混凝土的强度。绝干密度也是影响强度的重要因素，密度减小，强度明显下降，绝干密度与抗压强度呈线性相关。其中气孔结构和孔壁自身的物理力学特征对抗压强度的影响明显。例如，法国学者 Fert 早在 1896 年就提出了混凝土的强度与孔隙率的关系式：

$$R = K[C/(W + C + a)]^2 \tag{2.14}$$

式中，R 为混凝土的强度；C、W、a 分别为水泥、水和空气的绝对体积；K 为实验常数。但上述公式的局限性也比较明显，只考虑了孔结构中的孔隙率对混凝土强度的影响，没有考虑孔级配、孔的形貌等其他特征对混凝土强度的影响。因此，不少学者开始研究孔径分布、孔的形貌对强度的影响。本节对 6 组绝干密度较为接近的制品强度进行影响因素研究，分别考察孔隙率、平均孔径、孔隙分布状况对制品性能的影响。

图 2.42 反映的是本节实验中孔结构特征与制品抗压强度的对应关系。其中图 2.42(a)反映的是制品孔隙率与抗压强度的对应关系，可以看出对应的点分布较为离散，无法找到线性关系进行拟合，制品抗压强度随着孔隙率的升高无明显变化规律。图 2.42(b)反映的是平均孔径与制品抗压强度的对应关系，可以看出分布较为离散的点之间无明显的线性变化规律，表明当孔隙率、平均孔径变化范围较小时，其大小变化对制品抗压强度不会产生较为明显的影响。图 2.42(c)反映的是不同强度制品孔的分布状况，可以看出 K-6 对应的曲线最为接近正态分布，此时制品的抗压强度达到了最高，为 3.72MPa。通过对不同制品的孔结构分布曲线进

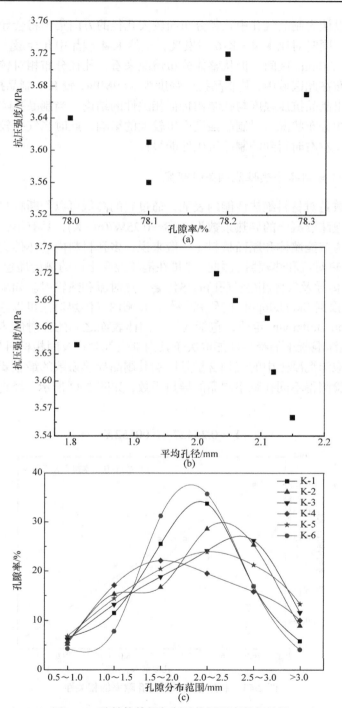

图 2.42　孔结构特征与制品抗压强度的相关性

行分析，可以认为制品气孔中孔径分布向较大孔径的方向集中将会导致制品抗压强度的损失。同时对比 K-4、K-6 时发现，虽然 K-4 制品中孔径最多分布在孔径较小的 1.5~2.0mm 区间，但从整体分布情况来看，孔径分布相对较为平均，并不是集中分布在此区域中，其制品抗压强度为 3.69MPa，较 K-6 制品抗压强度低。由此可以得出制品抗压强度与孔结构特征相关性的结论：当制品孔隙率含量相当时，气孔结构分布状况将对制品强度产生较大的影响，此时当气孔较为集中地分布在平均孔径左右时得到的制品抗压性能最佳。

3. 孔结构与制品导热性能相关性研究

导热系数是对材料绝热性能的表征，通过它的高低可以判断材料绝热性能的好坏。通常泡沫混凝土的导热系数为 0.08~0.25W/(m·K)，具有不错的保温隔热效果，可作为节能墙体和屋面材料。一般来说，多孔材料内的热传递包括三种方式，热传导、热对流和热辐射。因此，热量在泡沫混凝土内的热传递包括固体相(水泥基体)的热传导及气体相(空气孔)的热传导、热对流和热辐射。如果孔洞的尺寸小于 4mm，根据 Skochdopole 的研究[76, 77]，孔洞内气体热对流可以忽略不计。同时根据 Stefan-Boltzman 定律，包括气体与固体表面之间的辐射传热可以忽略不计。因此，泡沫混凝土的绝热性能取决于其内部空气含量及固相材料的绝热性质。总的来说，泡沫混凝土中的气相含量是影响其制品导热系数的最主要因素。

本节实验测得不同孔隙率制品的导热系数，如图 2.43 所示，经直线拟合得线性方程式：

$$Y = 0.25427 - 0.00152X \tag{2.15}$$

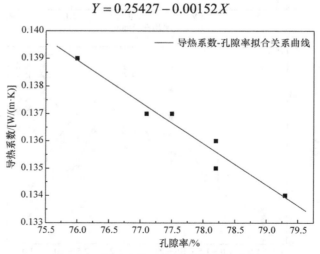

图 2.43　制品导热系数与孔隙率的相关性

可以看出，制品的导热性能随孔隙率的上升而下降，表明对于泡沫混凝土而言，其气相引入的多少直接影响着泡沫混凝土材料的保温性能。

2.6.3　孔结构的控制技术

对于采用化学发泡方式的制备方法而言，对于孔结构的控制可以从以下几个方面实现：①控制铝粉的掺量及细度。Just 和 Middendorf[78]通过控制铝粉的加入量和改变铝粉的粒径来控制混凝土的孔隙率和孔径分布。同时也证明，当泡沫混凝土的水胶比减小时，由于稠度减小，产生的小泡沫结合成大泡沫的量减少，能够减小孔径。②加入纤维材料。研究表明[79]，加入纤维可以在砂浆内部起到类似于晶核的作用，在纤维表面形成水化硅酸盐的晶核中心，促进 C-S-H 凝胶的生成，从而细化孔隙。③掺入适量的矿物掺合料。通过加入粉煤灰在一定程度上控制水泥浆的孔径，由于粉煤灰的微集料效应和火山灰反应，粉煤灰可以与水泥浆中的 $Ca(OH)_2$ 反应生成 C-S-H 凝胶，使得水泥浆的毛细孔细化。④调节料浆搅拌时间。

2.7　本　章　小　结

本章研究以综合利用陕西山阳钒尾矿为出发点，从钒尾矿泡沫混凝土的基本配合比着手对其制品性能进行优化。同时对制备过程中的水化反应机理进行研究，分析制品强度来源。另外，对于制品的孔结构特征与制品性能的相关性展开了研究。得出如下结论。

(1) 陕西山阳钒尾矿(酸浸提钒尾渣)化学组成中存在较高 SiO_2 含量，达 64.2wt%，主要以石英的形式存在，同时钒尾矿中还伴有少量的硬石膏、正长石、黄铁矿等矿物。可作为较佳的硅质材料用于建筑材料生产中。但原状钒尾矿的粒度粗细程度不能满足水泥工业中矿物掺合料的要求。

(2) 对于钒尾矿的活化处理,机械粉磨+化学激发复合活化(85.1%)＞高温煅烧+机械粉磨复合活化(80.6%)＞机械粉磨活化(70.7%)。添加碱性激发剂的活化方式对于钒尾矿活性的激发效果最为显著，活性指数达 85.1%。经此方式处理的钒尾矿可作为较理想的矿物掺合料使用。

(3) 高温煅烧能够除去钒尾矿中少量的碳质成分，使得钒尾矿的活性得到一定程度的提高。但过高温度的煅烧(温度≥1050℃)时部分无定形的 SiO_2、Al_2O_3 发生结晶，生成基本无活性的莫来石晶体及方石英，尾矿活性呈下降趋势。

(4) 通过单因素实验、正交实验，综合考虑钒尾矿的利用率及泡沫混凝土制品性能，得出了制备钒尾矿泡沫混凝土的优化配合比：钒尾矿 40%、矿渣 34%、生石灰 5%、水泥熟料 13%、脱硫石膏 8%，外加干料总量 0.07%的金属铝粉，水胶比为 0.6(工业固体废弃物总利用率达 82%)。此时制品抗压强度为 3.70MPa、绝干密度为 592.5kg/m³，满足《泡沫混凝土》(JG/T 266—2011)行业标准 A06、C3.5

级泡沫混凝土要求。

(5) 通过对泡沫混凝土水化反应机理的分析，认为经水化反应料浆中溶解的 SiO_2 与 $Ca(OH)_2$ 反应将生成 C-S-H 凝胶，以及 Ca^{2+}、SO_4^{2-} 与料浆中的 OH^-、AlO_2^- 发生反应生成硫铝酸盐(钙矾石)。针棒状的晶体穿插在 C-S-H 凝胶孔隙中共同作用，为制品提供强度。

(6) 使用专业图形分析软件 Image-Pro Plus 对钒尾矿泡沫混凝土断面孔的分布状况进行分析，研究孔结构的分布状况对制品性能的影响，为孔结构与制品的相关性研究提供一定的理论基础。结果表明当制品原料组分基本相同，且制品孔隙率大致相当时，气孔结构分布状况将对制品强度性能产生较大的影响，此时当气孔孔径较为集中地分布在平均孔径左右时得到的制品抗压性能最佳。当制品孔隙率为 75.9%～79.5%时，制品绝干密度随孔隙率的变化规律可通过拟合线性方程 $Y = 843.8157 - 3.242X$ 来表示，制品的导热性能随孔隙率的上升而下降，变化规律符合线性方程：$Y = 0.25427 - 0.00152X$ 。

参 考 文 献

[1] 杨国华, 郭建文, 王建华. 尾矿综合利用现状调查及其意义[J]. 矿业工程, 2010, 8(1): 55-57.

[2] 徐凤平, 周兴龙, 胡天喜. 国内尾矿资源综合利用的现状及建议[J]. 矿业快报, 2007(2): 4-6.

[3] 吴文盛, 陈静. 中国矿业结构优化和调整方向研究[J]. 石家庄经济学院学报, 2011, 34(1): 43-47.

[4] 栗鸿源. 我国尾矿资源规模利用亟待提速 [EB/OL]. (2015-12-17). http://www.mlr.gov. cn/xwdt/j-rxw/201512/t20151217_1391988.htm.

[5] 中华人民共和国国土资源部. 中国矿产资源报告[M]. 北京: 地质出版社, 2015.

[6] 雷力, 周兴龙, 李家毓, 等. 我国矿山尾矿资源综合利用现状及思考[J]. 矿业快报, 2008, 9(9): 5-8.

[7] 蒲含勇, 张应红. 论我国矿产资源的综合利用[J]. 矿产综合利用, 2001(4): 19-22.

[8] Frosch R A, Gallopoulos N E. Strategies for manufacturing[J]. Science, 1989, 261(3): 94-102.

[9] Erhun K. Economics of Natural Resources and the Environment[M]. London: Chapman and Hall, 1992.

[10] Prakash S, Das B, Mohanty J K, et al. The recovery of fine iron minerals from quartz and corundum mixtures using selective magnetic coating[J]. International Journal of Mineral Processing, 1999, 57(2): 87-103.

[11] Licskó I, Lois L, Szebényi G. Tailings as a source of environmental pollution[J]. Water Science and Technology, 1999, 39(10): 333-336.

[12] Gzogyan T N, Gubin S L, Gzogyan S R, et al. Iron losses in processing tailings[J]. Journal of Mining Science, 2005, 41(6): 583-587.

[13] Matschullat J, Borba R P, Deschamps E, et al. Human and environmental contamination in the Iron Quadrangle Brazil[J]. Applied Geochemistry, 2000, 15(2): 181-190.

[14] Kim K K, Kim K W, Kim J Y, et al. Characteristics of tailings from the closed metal mines as

potential contamination source in South Korea[J]. Environmental Geology, 2001, 41(2): 358-364.

[15] Ghose M K, Sen P K. Characteristics of iron ore tailing slime in India and its test for required pond size[J]. Environmental Monitoring and Assessment, 2011, 68(1): 51-61.

[16] 张剑, 欧阳国强, 刘琛, 等. 石煤提钒的现状与研究[J]. 河南化工, 2011, 27(5): 27-29.

[17] 陈文祥. 含钒炭质页岩提钒废渣资源化利用研究进展[J]. 湿法冶金, 2011, 30(4): 268-271.

[18] 戴文灿, 朱柒金, 孙水裕. 石煤废渣资源化利用的研究[J]. 再生资源研究, 2002(3): 36-37.

[19] 时亮, 魏昶, 樊刚, 等. 石煤提钒浸出渣制备建筑用砖的研究[J]. 矿产综合利用, 2009(6): 35-37.

[20] 唐宇, 吴强, 陈甲斌, 等. 提高我国尾矿资源综合利用效率的思考[J]. 金属材料与冶金工程, 2012, 40(3): 59-64.

[21] 张淑会, 薛向欣, 刘然, 等. 尾矿综合利用现状及其展望[J]. 矿冶工程, 2005, 25(3): 44-47.

[22] 程琳琳, 朱申红. 国内外尾矿综合利用浅析[J]. 中国资源综合利用, 2005(11): 30-32.

[23] Shi Z L, Zhou W Y. Use of residue from acid leaching with stone coal ash as cement admixtur [J]. Acta Scientiae Circum Stantiae, 2011, 31(2): 395-400.

[24] 谭明洋, 吕宪俊, 胡术刚. 硅质尾矿用作水泥混合材的可行性分析[J]. 现代矿业, 2014(9): 193-195.

[25] 朱燕, 贺慧琴, 邓方, 等. 钒渣中钒的浸出特性[J]. 环境科学与技术, 2006(12): 16-17.

[26] 鲁兆伶. 用酸法从石煤中提取五氧化二钒的试验研究与工业实践[J]. 湿法冶金, 2002(4): 175-183.

[27] 曹耀华, 杨绍文, 高照国, 等. 某钒矿酸法提钒新工艺试验研究[J]. 矿产综合利用, 2008(5): 3-6.

[28] 向小艳, 王明玉, 肖连生, 等. 石煤酸浸提钒工艺研究[J]. 稀有金属与硬质合金, 2007(3): 10-13.

[29] 李季. 石煤提钒工艺研究及关键设备设计[D]. 武汉: 华中农业大学, 2009.

[30] 宾智勇. 石煤提钒研究进展与五氧化二钒的市场状况[J]. 湖南有色金属, 2006(1): 16-20.

[31] 朱燕. 石煤提钒工业废渣浸出特性研究[D]. 武汉: 武汉工程大学, 2007.

[32] 戴文灿. 石煤资源清洁利用及固废资源化研究[D]. 广州: 广东工业大学, 2001.

[33] 张策. 煤矿固体废物治理与利用[M]. 北京: 煤炭工业出版社, 1998.

[34] 施正伦, 周宛谕, 方梦祥, 等. 石煤灰渣酸浸提钒后残渣作水泥混合材试验研究[J]. 环境科学学报, 2011, 31(2): 395-400.

[35] 焦向科, 张一敏, 陈铁军. 高硅钒尾矿作水泥混合材的试验研究[J]. 新型建筑材料, 2012(9): 4-6.

[36] 时亮. 石煤提钒浸出渣抽取陶粒和建筑用砖的工艺研究[D]. 昆明: 昆明理工大学, 2009.

[37] 吴道琼, 杨爱江, 高遇事, 等. 石煤钒渣页岩烧结砖的研究[J]. 新型建筑材料, 2012(2): 25-27.

[38] 杨爱江, 王其, 吴维, 等. 利用石煤提钒废渣制备 CAS 系微晶玻璃的研究[J]. 硅酸盐通报, 2013, 32(3): 528-532.

[39] 谢飞. 利用贵州息烽镍钼钒矿渣制备微晶玻璃的研究[D]. 贵阳: 贵州大学, 2008.

[40] 曹树梁. 钒钛黑色陶瓷及其制品的开发[J]. 新型建筑材料, 1993(1): 33-37.

[41] 许建华, 曹树梁. 钒钛黑瓷制作中空太阳板[J]. 山东陶瓷, 2005(4): 44-45.

[42] 修大鹏, 王启春, 杨玉国, 等. 钒钛黑瓷的制造工艺及其在现代工业中的应用[J]. 中国陶瓷, 2008, 44(4): 41-44.

[43] 陈佳, 陈铁军, 张一敏, 等. 利用石煤提钒尾矿制备免烧陶粒[J]. 金属矿山, 2013(4): 164-167.

[44] 习应祥, 朱梦良. 钒矿渣用作路面基层材料的研究[J]. 中南公路工程, 1995(2): 40-46.

[45] Davidovits J. Mineral polymers and methods of making them: US 4349386[P]. 1982.

[46] Davidovits J. Geopolymers and geopolymeric new materials[J]. Journal of Thermal Analysis, 1989, 35(2): 429-441.

[47] Komnitsas K, Zaharaki D. Geopolymerisation: a review and prospects for the minerals industry[J]. Minerals Engineering, 2007, 20: 1261-1277.

[48] Davidovits J. Geopolymers: inorganic polymeric new materials[J]. Journal of Thermal Analysis, 1991, 37(8): 1633-1656.

[49] Duxson P, Provis J L, Lukey G C, et al. The role of inorganic polymertechnology in the development of green concrete[J]. Cement and Concrete Research, 2007, 37: 1590-1597.

[50] Temuujin J, van Riessen A. Effect of fly ash preliminary calcination on the properties of geopolymer[J]. Journal of Hazardous Materials, 2009, 164: 634-639.

[51] 张书政, 龚克成. 地聚合物[J]. 材料科学与工程学报, 2003, 21(3): 430-436.

[52] 焦向科, 张一敏, 陈铁军. 利用低活性钒尾矿制备地聚合物的研究[J]. 非金属矿, 2011, 34(4): 1-4.

[53] Jiao X K, Zhang Y M, Chen T J. Thermal stability of a silica-rich vanadium tailing based geopolymer[J]. Construction Building Materials, 2013, 38: 43-47.

[54] 闫振甲, 何艳君. 高性能泡沫混凝土保温制品实用技术[M]. 北京: 中国建材工业出版社, 2015.

[55] 蒋冬青. 泡沫混凝土应用新进展[J]. 中国水泥, 2003(3): 45-47.

[56] 王明轩, 李应权, 迟碧川. 2015 泡沫混凝土行业发展报告[J]. 混凝土世界, 2016(82): 18-23.

[57] 邱军付, 罗淑湘, 鲁虹, 等. 大掺量粉煤灰泡沫混凝土保温板的试验研究[J]. 硅酸盐通报, 2013, 32(2): 364-367.

[58] 赵铁军, 高倩, 王兆利. 大掺量粉煤灰对泡沫混凝土抗压强度的影响[J]. 粉煤灰, 2002, 14(6): 7-10.

[59] 熊传胜, 王伟, 朱琦, 等. 以钢渣和粉煤灰为掺合料的水泥基泡沫混凝土的研制[J]. 江苏建材, 2009(3): 23-25.

[60] 汪新道, 文蓓蓓, 樊勇. 双掺技术在泡沫混凝土中的应用研究[J]. 新型建筑材料, 2015(5): 86-88.

[61] 盖广清, 张海波, 马小秋. 掺粉煤灰的陶粒泡沫混凝土承重保温砌块研究[J]. 建筑砌块与砌块建筑, 2007(1): 17-18.

[62] Jones M R, McCarthy A. Utilising unprocessed low-lime coal fly ash in foamed concrete[J]. Fuel, 2005, 84(11): 1398-1409.

[63] Nambiar E K, Ramamurthy K. Models relating mixture composition to the density and strength of foam concrete using response surface methodology[J]. Cement and Concrete Composites,

2006, 28(9): 752-760.

[64] 狄燕清, 崔孝炜, 李春, 等. 掺钼尾矿发泡水泥保温材料的制备[J]. 新型建筑材料, 2016(4): 10-13.

[65] 田雨泽, 张兴师, 胡君一, 等. 铁尾矿粉对碱矿渣泡沫混凝土力学性能的影响[J]. 北京工业大学学报, 2016, 42(5): 742-747.

[66] 贺彬, 黄海鲲, 杨江金. 轻质泡沫混凝土的吸水率研究[J]. 新型墙材, 2007(12): 24-28.

[67] 管文. 影响泡沫混凝土吸水率的因素及改善措施[J]. 建筑砌块与砌块建筑, 2011(2): 46-50.

[68] 桂苗苗, 彭芝军, 蔡振哲. 石灰消化性能及其对蒸压加气混凝土性能的影响[J]. 新型建筑材料, 2009(3): 27-30.

[69] 彭佳慧, 楼宗汉. 钙钒石形成机理的研究[J]. 硅酸盐学报, 2000, 28(6): 511-515.

[70] 沈威, 黄文熙, 闵盘荣. 水泥工艺学[M]. 武汉: 武汉工业大学出版社, 1998.

[71] 黄有丰, 汪澜, 王家安, 等. 水泥颗粒特性及粉磨工艺进展对水泥性能的影响[J]. 水泥技术, 1999(2): 8-11.

[72] 邵国有. 硅酸盐岩相学[M]. 武汉: 武汉工业大学出版社, 1996.

[73] 张浩. 海南昌江铁尾矿加气混凝土砌块的制备及加气砖在热带地区耐久性分析[D]. 海口: 海南大学, 2012.

[74] 钱嘉伟, 倪文, 许国东, 等. 天然石膏对铜尾矿加气混凝土强度的影响研究[J]. 硅酸盐通报, 2013, 32(1): 117-120.

[75] Hauser A, Eggenberger U, Mumenthaler T. Fly ash from cellulose industry as secondary raw material in autoclaved aerated concrete[J]. Cement and Concrete Research, 1999, 29(3): 297-302.

[76] 胡新萍, 李翔宇, 韩保清, 等. 泡沫混凝土的导热系数和强度研究[J]. 硅酸盐通报, 2014, 33(11): 2940-2945.

[77] 李翔宇, 赵霄龙, 郭向勇, 等. 泡沫混凝土导热系数模型研究[J]. 建筑科学, 2010, 26(9): 83-86.

[78] Just A, Middendorf B. Microstructure of high-strengthfoam concrete[J]. Materials Characterization, 2009, 60(7): 741.

[79] Laukaitis A, Keriene J, Mikulskis D. Influence of fibrous additives on properties of aerated autoclaved concrete forming mixtures and strength characteristics of products[J]. Construction and Building Materials, 2009, 23(9): 30-34.

第 3 章　硅藻土-钢渣基复合胶凝材料的制备及水化机理研究

3.1　概　述

3.1.1　硅藻土-钢渣基复合胶凝材料研究背景及意义

随着我国城镇化建设的迅速发展，我国混凝土行业进入转型升级、结构调整的关键时期。尽管政府出台了一系列针对水泥用量的政策法规，但在市场态势的复杂变化下，硅酸盐水泥的年均用量依然在不断上升，水泥行业的发展速度远高于其他建筑产业，其中用于混凝土行业的水泥总量超过 1/3[1]。与此同时，水泥熟料作为水泥的主要成分之一，其生产过程中不但消耗大量的资源和能量，而且对环境也造成了严重的污染。另外，建筑垃圾、炼钢废物及矿产资源等固体废弃物占用了大量的土地面积，如果不能进行合理处置，将造成巨大的资源浪费及一系列严重的环境问题[2, 3]。在此背景下，如何利用固体废弃物结合矿产资源制备出一种环保、节约、经济的新型无熟料环保胶凝材料成为当前研究的热点。

我国是一个硅藻土大国，硅藻土分布广泛，储量丰富，全国 10 个省份有硅藻土矿产出[4]。探明储量的矿区有 354 处，总储量 3.85 亿 t，仅次于美国，居世界第 2 位。在地区分布上，以吉林最多，占全国储量的 54.8%，云南、福建、河北等地次之[5]。但是随着硅藻土的开采，大量中低品位硅藻土被废弃，露天堆放，没有得到良好的利用，造成资源的极大浪费[6]。硅藻土是由古生物的硅藻遗骸堆积而形成，本质是无定形 SiO_2，非晶体结构[7]，其中存在着 SiO_4^{4-}、$Si_2O_6^{4-}$ 等离子团及聚合物。经机械力粉磨和高温煅烧，硅藻土原有的孔状结构被破坏，骨架断裂，产生了大量断裂的 Si—O 化学键，比表面积变大，表面能变强，可溶硅含量增多，具有很高的潜在胶凝活性[8, 9]。因此，可利用硅藻土本身的火山灰活性制作具有胶凝性的新型建筑材料，大大提高了硅藻土的综合利用。

钢渣是钢铁工业的主要固体废弃物之一，其排放量为粗钢产量的 8%~15%[10]。我国钢渣中 95% 以上为转炉炼钢的钢渣，因此大部分钢渣研究都是围绕转炉炼钢的钢渣[11-14]。大量钢渣的堆放、运输需占用大片土地，造成极大浪费，而且对环境保护造成危害。由于钢渣水化活性、膨胀性及耐磨性等原因，目前钢渣用于硅酸盐水泥生产的利用率还远低于矿渣、粉煤灰等在水泥生产中的利用率[15, 16]。水泥企业综合利用工业废渣(如钢渣)，不仅是经济可持续发展的要求，也是降低成本、改善水泥性能和赢得市场的需要[17]。目前，钢渣主要应用于道路工程[18]、钢铁原料[19]、微晶玻璃[20]、环保[21]等领域。如果能够对钢渣自身胶凝性能、活性评价方法以及钢渣复合胶凝材料水化机理等进行深入研究，将为钢渣在胶凝材料中的应用提供技术支撑。

本章研究基于协同理论。一方面，硅藻土分布广泛，是不可多得的天然资源；另一方面，钢渣等主要工业固体废弃矿物不仅排放量大，而且价格低廉，可将其作为矿物掺合料，替代硅酸盐水泥。这将为硅藻土和钢渣资源化利用以及矿产资源合理利用提供一条新的研究方向。

通过对硅藻土和钢渣的综合利用基础研究，初步探索硅藻土制备复合胶凝材料的可行性，实现对两者的高值利用。为解决提高我国工业固体废弃物综合利用率和附加值方面最亟待突破的技术瓶颈,促进矿业行业转变传统粗放型增长方式，节约土地、节约资源、减少环境污染，提高安全保证，为进一步在矿业集中地区构建循环经济产业链，为依托企业提供新的经济增长点，发展以工业固体废弃物资源和自然资源为依托的新兴产业，有效缓解矿山企业由于固体废弃物堆存所带来的社会矛盾和环境、安全压力以及对自然资源的合理利用。

3.1.2 硅藻土-钢渣基复合胶凝材料国内外研究现状

1. 矿物掺合料国内外研究现状

矿物掺合料又称矿物外加剂，是混凝土的第六组分，具有较好的火山灰效应、形态效应、微集料效应和界面效应。掺合料可代替部分水泥，成本低廉，经济效益显著，成为国内外研究的热点。据最新相关统计，我国混凝土的产量超过 30 亿 m^3，如果以 $1m^3$ 混凝土平均需要 200kg 矿物掺合料来计算，每年需要 6 亿 t 矿物掺合料。这使我们在充分利用自然资源的条件下，更要加大矿物掺合料的生产量，以满足混凝土对其的需求[22]。目前，常用的矿物掺合料为粉煤灰、矿渣、硅灰等。

国外对矿物掺合料的研究、开发和利用比较早。美国早在 20 世纪 30 年代就已经研究了粉煤灰作为掺合料掺入到混凝土中的实验[23]；德国学者 Grun 在 1942 年较早地把矿渣协同水泥用作矿物掺合料掺入到混凝土中，德国还开发生产了石灰石粉掺量为 6%～20%的石灰石硅酸盐水泥[24]。在日本，从 20 世纪末开始，矿物掺合料已广泛应用于配制高性能喷射混凝土和高流动性混凝土[25]。

在国内，20 世纪 80 年底初，沈旦申等[26]提出了粉煤灰效应，研究了粉煤灰在混凝土中的行为、作用，包括形态效应、活性效应、微集料效应。经过近几十年的发展，矿物掺合料的几大效应趋于成熟完善，并得到了有效的解释。形态效应体现了减水剂的效果，使胶凝体系中的水泥石结构更加均匀致密无空隙。活性效应是指水泥在水化过程中有大约 25% Ca(OH)$_2$ 生成，而掺入通过活性激发的矿物掺合料，与水泥产生二次水化反应，它与水泥水化中产生的 f-CaO(游离氧化钙)发生反应，生成 C-S-H 凝胶，改善骨料与水泥石界面区的结构，从而提高混凝土的强度[27]。微集料效应指微细的集料填充于体系中，增强了浆体的密实性，从而提高了体系的力学性能。目前，矿物掺合料的研究多是复掺[28-31]。矿物细粉掺合料的研究、应用与发展是现代混凝土科学中最突出的成就之一。其重要意义远远超过了以前仅仅为节约水泥的经济意义和利用废弃资源的环保意义。它涉及全面提高混凝土的各项性能，使混凝土寿命提高到 500～1000 年成为可能。

2. 硅藻土国内外研究现状

硅藻土在建筑、农业、塑料等[32, 33]行业广泛应用，还有相当一部分硅藻土因品位和活性较低而不能得到及时的利用，造成大量的资源浪费。最近国内外学者对硅藻土特有的孔结构开始研究，并将其应用于环保材料方面。

硅藻土用于吸附环保材料的研究有很多成果。日本北见工业大学将硅藻土当作涂料用于房屋装修材料中，具有消除异味、改善居住环境及医疗功能。日本及欧洲广泛地将硅藻土涂料作为一种新兴的环保涂料，其具有净化空气、除湿散热、隔声防火等天然功能，受到许多业界人士的好评[34]。日本大和建筑公司研制成功了一种硅藻土板，这种材料是利用硅藻土的除湿功能，并结合其他具有黏结效应的材料当作骨料，不仅抑制了霉菌的生长，而且硅藻土板本身不会产生任何有害气体[35]。以硅藻土为主要原料研制的瓷砖，应用于厨房中可有效吸附油烟，从而净化了居室环境，同时硅藻土基环保材料还具有去除甲醛、甲苯和氨气的功能[36]。

另外，硅藻土还应用于活性改良、染料吸附、水的净化、污水处理、酒的过滤、液体果汁的澄清及各种油和化学品的分离。天然硅藻土原土和化学改性硅藻土净化二级污水废水，硅藻土可以作为吸附剂替代活性炭[37, 38]。通过高温、化学激发改性后的硅藻土对活性黑、甲基蓝等染料，含磷废水的吸附性能有极大的提高，明显好于未改性的硅藻土[39-41]。根据以煅烧硅藻土和 α-Fe$_2$O$_3$ 为原料的研究可知，机械力化学作用促使煅烧硅藻土与 α-Fe$_2$O$_3$ 颗粒表面进一步羟基化，从而促进两者间发生反应以新的结合键 Si—O—Fe 形式存在，提升了硅藻土的吸附性能[42]。硅藻土具有高孔隙率特性，可以作为制备多孔陶瓷基体，也可以当作填料替代矿粉，应用于道路沥青行业和保温行业，说明硅藻土是一种理想的活性混合材[43-45]。

总体来看，在日本以及欧洲等地区，硅藻土的应用型成果已经非常成熟，我国主要用于涂料和过滤污水方面，而且主要从国外引进技术生产或者直接进口，而直接从国外引进的产品价格昂贵且单一。另外，以硅藻土为材料制成的产品没有形成一定的市场规模，阻碍了硅藻土的发展。因此，研发一种实用性、推广性强的产品便具有了非常重大的创新意义。

3. 钢渣作为矿物掺合料国内外研究现状

近些年我国年排放钢渣 7000 万～8000 万 t，但其利用率不足 40%。根据炼钢工艺的不同，所产生的钢渣有转炉钢渣、精炼渣、铸余渣、电炉钢渣、预处理渣等，我国钢渣中 95%以上为转炉炼钢的钢渣，因此大部分的钢渣研究围绕转炉炼钢的钢渣。国内外有关钢渣的研究表明：钢渣中主要矿物相有硅酸二钙(C_2S)、硅酸三钙(C_3S)及 RO 相等，此外还存在少量的 f-CaO、f-MgO、$Ca(OH)_2$、铁铝酸钙(C_4AF)、$CaCO_3$、铁酸钙(C_2F)、金属铁、橄榄石、镁蔷薇辉石等[46, 47]。钢渣的化学成分主要有 CaO、SiO_2、Fe_2O_3、MgO，此外还有少量 Al_2O_3、MnO_2、P_2O_5 等，可见钢渣矿物化学组成与水泥相似。钢渣能与水发生反应，生成 $Ca(OH)_2$、C-A-H 晶体和 C-S-A-H 凝胶及 C-S-H 凝胶等。

国内外学者对钢渣用于矿物掺合料的研究有很多成果。在国外，Arivoli 等[47]、Maslehuddin 等[48]和 Schiller[49]对钢渣用作矿物掺合料掺入混凝土中的力学性能及理化性质进行了研究。结果表明：混凝土力学性能和体积密度随着钢渣掺量的不断增加而显著增加。Perviz 等[50]、Hisham 等[51]、Marco 等[52]研究将钢渣掺入到沥青应用于道路工程中，结果表明：各力学性能都能满足工程要求，并且电导率有很大的提高。此外，钢渣的掺入还能改善混凝土的耐久性能[53, 54]。

在国内，李永鑫[55]、朱航[56]、王强等[57]通过掺入不同量的钢渣，对混凝土的力学性能进行研究。结果表明：掺量 20%以内的钢渣可提高混凝土各龄期的力学性能，掺量超过 20%后，混凝土力学性能随着钢渣掺量的不断增加而逐渐下降。王长龙等[58]、倪文等[59]、吴辉等[60]对钢渣掺入混凝土体系中的早期水化性能进行了研究。结果表明：钢渣的掺入在一定程度上提高了体系的流动度，且在水化诱导期起抑制作用，抑制了混凝土自收缩，放慢了混凝土早期水化速度，从而降低了水化放热量。陈苗苗等[61]、廖洪强等[62]、张忠哲等[63]研究了钢渣复掺对混凝土力学性能及抗氯离子渗透性能的影响。其结果表明：钢渣复掺不仅可以提高混凝土抗氯离子渗透性能，还可以提高混凝土的力学性能；大掺量掺合料可以提高混凝土抗氯离子渗透性能。

综上所述，钢渣作为矿物掺合料掺入混凝土中，可提高混凝土的力学性能、耐久性能及抗氯离子渗透性能等。本章基于这些研究，利用钢渣复合硅藻土作为矿物掺合料取代部分水泥，既节约了水泥的用量又提高了体系中的力学性能。

4. 矿物掺合料的水化动力学研究

国内外很多学者从不同角度对水化动力学进行了研究。国外对矿物掺合料水化模型的研究较早，学者们在过去几十年里研究了很多掺加矿物掺合料的动力学水化模型，来模拟水泥在水化过程中的一系列反应，并取得了一定的成果。Maekawa 等[64]对不同温度下矿渣的水化动力学进行了研究，分析了掺加矿物料的水泥水化初期由扩散控制的反应过程。Jenning 等[65]、Bentz 等[66]、Garboczi 等[67]、Narmluk 等[68]假设水泥为粒径单一的颗粒，研究了水泥水化的动力学模型，得出其反应速率与水化度、时间呈一定函数关系，体系的水化产物随着水泥的不断水化越来越多。Florian 等[69]、Wang 等[70]、Merzouki 等[71]对掺入粉煤灰的水化动力学模型进行研究，得出：掺加一定量粉煤灰矿物掺合料的复合胶凝材料水化总放热量及放热速率和纯水泥水化总放热量及放热速率大致相同，但当粉煤灰掺量过多时，体系中水化过程明显放缓了很多。Le 等[72]、Pane 等[73]基于水化动力学模型对不同温度及不同水胶比下掺加粉煤灰的水泥水化动力学过程进行了研究，得出了粉煤灰温度越高对水泥的水化过程影响就越大。

近年来，国内学者对矿物掺合料胶凝体系的水化动力学开展了研究。王宇纬[74]、吴浪等[75]基于 Tomosawa 的水化模型，在掺入粉煤灰的水泥体系的研究中，考虑了反应温度和水泥粒度等的影响。结果表明：增大水胶比、升高温度及增大水泥颗粒的比表面积均能够不同程度地加速体系的水化进程。韩光晖等[76]、崔云鹏[77]、吴雷等[78]基于 Krstulovic-Dabic 水化放热模型，研究了不同粉煤灰单掺或复掺反应速率和过程转变点的影响，采用等温量热法测定了粉煤灰复掺其他矿物料的水化放热速率和放热量。结果表明：粉煤灰复掺动力学模型能较好地表征复合胶凝材料的真实水化过程。张登祥等[79]通过分析粉煤灰对水泥水化动力学影响的机理，提出了粉煤灰影响系数的概念，并根据实验结果得出影响系数的计算公式，建立了粉煤灰-水泥体系水化动力学模型，从而验证了 Dais 提出的水化模型在密封及饱水条件下的适用性问题。

综上所述，现阶段矿物掺合料水化动力学研究只考虑物料用量或温度等外部因素，不能完全真实反映体系水化过程中颗粒接触组合情况，基于此，本章深入研究水化体系中掺合料颗粒的接触情况，进一步探究综合水泥颗粒和硅藻土、钢渣等颗粒的水化动力学模型。

3.1.3　工作内容和科技创新

1. 硅藻土-钢渣基复合胶凝材料工作内容

采用硅藻土、钢渣为主要原料，通过物理化学方式激发其活性，制备一种硅藻土-钢渣无熟料环保胶凝材料，用作矿物掺合料替代部分水泥，应用于建筑材料领域，有利于资源的合理利用和环境的有效保护。具体工作内容如下。

（1）原材料矿物学特性分析。通过化学全分析、XRD、FT-IR、TG-DSC 等测试手段，对硅藻土的化学组成、内部结构、化学性质、物理性质和矿物组成等进行分析；通过机械粉磨、煅烧等活化手段，确定硅藻土的最优活化方式。

（2）硅藻土-钢渣基复合胶凝材料的胶凝性研究。采用单因素实验、正交实验确定复合胶凝材料最佳物料配比，同时研究复合激发剂原料种类及组成。

（3）硅藻土-钢渣基复合胶凝材料用作矿物掺合料的研究。采用复合胶凝材料等量取代水泥，测定其力学性能，通过对比不同龄期纯水泥胶砂强度来确定复合胶凝材料最佳取代量。

（4）硅藻土-钢渣基复合胶凝材料水化动力学研究。制备纯水泥与掺复合胶凝材料胶砂试件，建立水化动力学模型，通过模型分析二者的水化热。

（5）硅藻土-钢渣基复合胶凝材料的水化机理研究。通过 XRD、SEM 分析硅藻土-钢渣基复合胶凝材料的水化产物，进而探索复合胶凝材料的水化反应机理。

2. 硅藻土-钢渣基复合胶凝材料研究主要科技创新

（1）采用机械粉磨及高温煅烧(粉磨时间分别为 5min、10min、15min、20min、25min，煅烧温度分别为 300℃、350℃、400℃、450℃、500℃)，高活性硅藻土与粉磨后钢渣以 2∶8 的比例复配，并加入适量化学激发剂。制得胶砂试件 28d 抗折强度和抗压强度分别达到 7.91MPa 和 23.54MPa；20%复合胶凝材料的水泥胶砂实验测得，28d 抗折强度和抗压强度分别达到 8.9MPa 和 53.1MPa，符合普通硅酸盐水泥 42.5 强度等级的条件要求。

（2）当水化进行 96h 时，复合胶凝材料(等量取得 20%水泥)比纯水泥的水化总放热量降低了 17.65%，达到硅酸盐水泥放热的要求，可以用纯水泥的水化过程分析硅藻土-钢渣基复合胶凝材料的水化反应微观和宏观过程。

（3）针对硅藻土-钢渣基复合胶凝材料在不同水化龄期的水化产物，用 XRD、SEM 等手段进行表征分析，体系水化后的产物为水化硅酸钙(C-S-H)、钙矾石(AFt)、$Ca(OH)_2$ 以及水化反应后原料体系的残余物。硅藻土-钢渣基复合胶凝体系在整个水化过程中大体上可划分为三个阶段：硅藻土和钢渣的分离、水化产物的生成以及未发生水化的胶结、凝聚及硬化。在整个水化过程中，体系中存在着互相协同的作用。

3.2　硅藻土-钢渣基复合胶凝材料研究的工作思路和技术路线

3.2.1　硅藻土-钢渣基复合胶凝材料的研究思路

本章选用吉林长白山地区的优质硅藻土，根据硅藻土已有的发展方向，探索开发硅藻土新的应用途径，基于硅藻土特有的多孔结构，再协同钢渣的综合利用，探索利用硅藻土基复合钢渣制备一种新型无熟料胶凝材料。具体研究思路如下。

1. 深入探究硅藻土的本质特征

硅藻土是多孔结构，具有很强的吸附性能，内部富含多种活性矿物，尤其 SiO_2 含量达 80%以上。只有深入了解硅藻土颗粒特征及以蛋白石为主要矿物的特征，深入研究硅藻土颗粒的表面与内部缺陷、化学组成、矿物成分、内部结构以及机械粉磨中颗粒级配的变化规律，才能充分发挥利用硅藻土自有特性。本章采用比表面积测试仪、FT-IR 分析、光学显微镜分析等测试手段分析确定原料的矿物组成。

2. 硅藻土活性的激发

本章首先将硅藻土进行不同时间的机械粉磨，加入钢渣、矿渣进行混合粉磨，以达到混合料中不同粒级、不同活性矿物的协同优化，确定在某一时间其最佳活性，钢渣粉磨后作为备用料，然后再把粉磨后的硅藻土放入马弗炉中进行不同温度的高温煅烧，改变其内部结构，优化活性物质，激活硅藻土中的主要成分蛋白石矿物。本章采用先提高硅藻土的表面活化能，再提高硅藻土内部构造，不断优化活性矿物，使其具有较高的水化活性，增大硅藻土掺量。采用 FT-IR 分析、XRD 分析、SEM 分析等表征手段研究分析不同活化方式下硅藻土的活性变化状况。

3. 探索以硅藻土、钢渣为主要原料的胶凝材料制备技术的研究

钢渣的粒级组成较粗，其活性很难激发，本章首先对钢渣进行预处理，在最大程度利用硅藻土和钢渣的基础上，添加适量的脱硫石膏、生石灰及碱性激发剂等，优化胶凝材料各项性能。主要内容：硅藻土与钢渣不同比例对试件性能的影响；硅藻土与钢渣总掺量对试件性能的影响；脱硫石膏掺量对试件性能的影响；生石灰掺量对试件性能的影响；碱性激发剂掺量对试件性能的影响。

4. 探究胶凝材料水化热及水化机理的研究

通过等温量热法对掺入 20%的硅藻土-钢渣基复合胶凝材料和纯水泥的水化放热速率和总放热量进行了测定。对比纯水泥的放热量和放热速率。用动力学模型对硅藻土-钢渣基复合胶凝材料的水化过程进行模拟分析；用 XRD、SEM 等手段表征硅藻土-钢渣基复合胶凝材料在不同水化龄期的水化产物。

3.2.2　硅藻土-钢渣基复合胶凝材料研究的技术路线

本章基于研究思路及方法绘制了技术路线，如图 3.1 所示。首先探究硅藻土

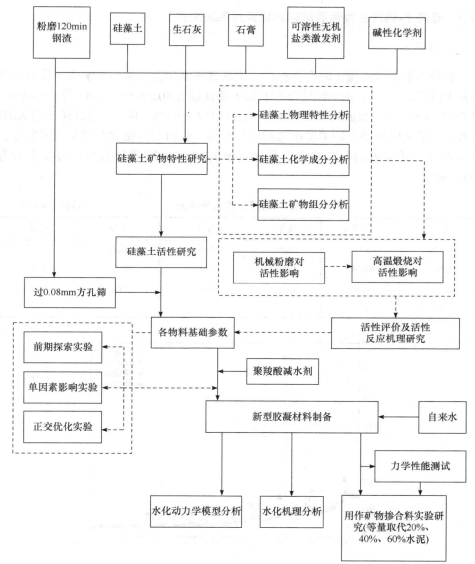

图 3.1　硅藻土-钢渣基复合胶凝材料研究的技术路线图

的矿物学特性，然后将硅藻土和钢渣进行不同时间粉磨，再对硅藻土进行不同温度高温煅烧；采用粒度分析、XRD、SEM、FT-IR 等表征手段来研究高活性硅藻土的矿物组成、粒度分布、形貌特征等。通过研究分析硅藻土的胶凝活性激发方式，进而探索硅藻土和钢渣复配比以及用作矿物掺合料胶砂单因素实验得出各基料最优配合比参数；再用正交实验优化确定胶凝材料各组分对其性能的影响程度，最终确定出优化的实验室配合比。

3.2.3　硅藻土-钢渣基复合胶凝材料研究用实验原料

1. 硅藻土

实验所采用的硅藻土取自吉林白山矿区硅藻原矿土，主要化学成分分析结果如表 3.1 所示，吉林白山矿区硅藻土中 SiO_2 的含量为 80.99wt%，CaO 为 5.10wt%，Al_2O_3 为 4.31wt%，MgO 为 2.35wt%，Fe_2O_3 为 1.69wt%。图 3.2 为硅藻土的 XRD 谱图，结果表明硅藻土的主要矿物组成为石英、蛋白石，还含有少量的蒙脱石、伊利石等。其中蛋白石在结构上是无定形的 SiO_2，即非晶态的，可以表示为 $SiO_2 \cdot nH_2O$。

表 3.1　硅藻土的化学成分　　　　　　　　　　(单位：wt%)

成分	含量	成分	含量	成分	含量
CaO	5.10	MgO	2.35	Na_2O	2.18
SiO_2	80.99	TiO_2	0.10	其他	2.62
Fe_2O_3	1.69	K_2O	0.50	LOI	0.16
Al_2O_3	4.31				

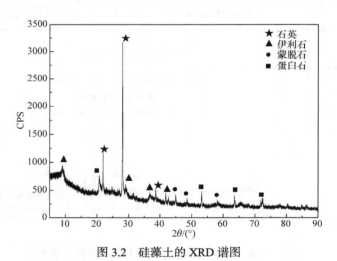

图 3.2　硅藻土的 XRD 谱图

2. 钢渣

实验所采用的钢渣取自天津某钢铁厂。根据冶金行业标准《钢渣化学分析方法》(YB/T 140—2009)，对钢渣主要化学成分进行分析，结果见表 3.2，钢渣中 CaO 含量最多，为 35.89wt%，其次为 SiO_2(11.11wt%)，Al_2O_3 为 4.89wt%，Fe_2O_3 为 23.58wt%，MgO 为 8.33wt%。图 3.3 为钢渣的 XRD 谱图。结果表明钢渣的主

要矿物相为 $CaCO_3$、$2CaO \cdot SiO_2(C_2S)$、$3CaO \cdot SiO_2(C_3S)$、RO 相，为低碱度钢渣，具有一定的水化活性。

表 3.2　钢渣的化学成分　　　　　　　（单位：wt%）

成分	含量	成分	含量	成分	含量	成分	含量
CaO	35.89	MnO	1.06	MgO	8.33	LOI	4.72
SiO_2	11.11	P_2O_3	1.74	TiO_2	0.66	其他	0.26
Fe_2O_3	23.58	Na_2O	0.48	K_2O	0.75		
Al_2O_3	4.89	V_2O_5	0.21	FeO	6.32		

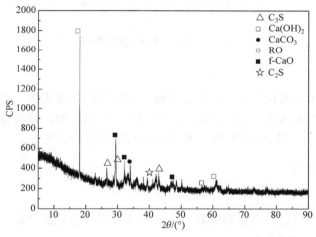

图 3.3　钢渣的 XRD 谱图

3. 脱硫石膏

实验采用涿州市新雪丰建材科技有限公司生产的二级脱硫石膏。其主要化学成分分析结果见表 3.3，图 3.4 为脱硫石膏的 XRD 谱图。从图 3.4 中可以看出脱硫石膏的主要相是 $CaSO_4 \cdot 2H_2O$，未见其他结晶相。从表 3.3 中可以看出脱硫石膏中的主要化学成分是 CaO、SO_3，两者的含量达到 92.57%，还存在少量的 SiO_2、Al_2O_3、Fe_2O_3 等。

表 3.3　脱硫石膏的化学成分　　　　　　（单位：wt%）

成分	含量	成分	含量	成分	含量	成分	含量
CaO	45.31	TiO_2	0.07	MgO	0.58	SrO	0.03
SiO_2	3.14	F	0.67	Cl	0.27	LOI	0.21
Fe_2O_3	0.71	SO_3	47.26	P_2O_5	0.03		
Al_2O_3	1.48	K_2O	0.35	Na_2O	0.10		

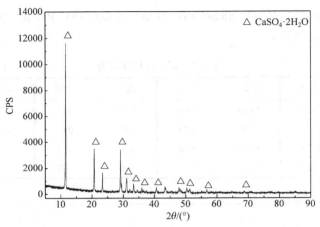

图 3.4　脱硫石膏的 XRD 谱图

4. 水泥

实验所用水泥有两种：一种是专门做对照实验的基准水泥，型号为 P·I 42.5 硅酸盐水泥，由沧州中亚试验仪器有限公司生产；另一种是普通硅酸盐水泥，型号为 P·O 42.5，由陕西商洛商山(集团)水泥有限责任公司生产。

5. 化学激发剂

1) 生石灰

实验所用生石灰呈白色粉末状，生产商为石家庄驰霖矿产品有限公司。生石灰的 XRD 谱图如图 3.5 所示。

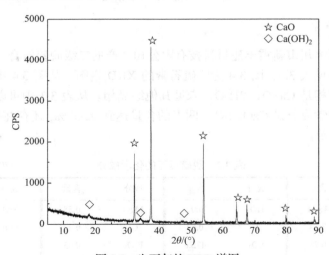

图 3.5　生石灰的 XRD 谱图

2) 氢氧化钠

实验所用纯度为 97%、呈固态片状的氢氧化钠，生产商为天津东大化工集团有限公司。

3) 硅酸钠

实验所用硅酸钠(又称水玻璃或泡花碱)为白色块状物，溶于水和碱溶液，不溶于醇和酸，AR 级，分子式为 $Na_2SiO_3 \cdot 9H_2O$，生产商为天津市北联精细化学品开发有限公司。

4) 无水乙醇

实验所用无水乙醇为 AR 级，分子式为 CH_3CH_2OH，生产商为北京化工厂有限责任公司。

6. 其他原料

1) 水

实验用水为陕西省尾矿资源综合利用重点实验室提供的自来水。

2) 减水剂

实验采用浅白色粉末状聚羧酸系(PC)高效减水剂，这是一种高分子表面活性剂，减水率达 20%以上，生产商为青岛明远新材料有限公司。

3.2.4　硅藻土-钢渣基复合胶凝材料研究的实验条件

1. 硅藻土-钢渣基复合胶凝材料研究用实验设备

研究所用实验设备均由商洛学院和陕西省尾矿资源综合利用重点实验室提供，如表 3.4 所示。

表 3.4　硅藻土-钢渣基复合胶凝材料研究用实验设备

仪器名称	型号	生产厂家
电子天平	QUINTIX1102-1CN	赛多利斯科学仪器(北京)有限公司
电热恒温鼓风干燥箱	DHG-9920A	上海一恒科学仪器有限公司
小型球磨机	SMΦ500×500	献县亚星公路建筑仪器厂
全自动真密度分析仪	3H-2000TD2	贝士德仪器科技(北京)有限公司
水泥净浆搅拌机	NJ-160B	河北科析仪器设备有限公司
水泥胶砂搅拌机	JJ-5	献县宏达仪器厂
水泥胶砂振实台	ZS-15	献县亚星公路建筑仪器厂
水泥胶砂流动测定仪	NLD-3	上海爵根贸易有限公司
标准恒温恒湿养护箱	YH-40B	沧州昊宇仪器设备有限公司

仪器名称	型号	生产厂家
微机控制电液伺服压力实验机	YAW-3000	上海三思纵横机械制造有限公司
快速升温节能箱式电炉	SXL-20-16S	龙口市电炉制造厂
旋转黏度计	NDJ-5S	上海昌吉地质仪器有限公司
制样粉碎机	GJ-100-1	江西省恒诚选矿设备有限公司
模具	30mm × 30mm × 50mm(净浆模具)；40mm × 40mm × 160mm(胶砂试件模具)	—
三目偏光显微镜	BM-320AP 型	上海光学仪器六厂
激光粒度分析仪	Ms 2000	英国马尔文仪器公司
差示扫描量热仪	DSC-100	南京大展机电技术研究所
傅里叶变换红外光谱仪	IR-960	天津瑞岸科技有限公司
热重分析仪	Q500 TA	上海莱睿科学仪器有限公司
X 射线衍射仪	X'Pert Powder	荷兰帕纳科公司
扫描电子显微镜	SUPRA55	卡尔蔡司（上海）管理有限公司

2. 硅藻土-钢渣基复合胶凝材料制备及性能测试方法

1) 钢渣粉磨处理

首先用破碎机把钢渣破碎，然后称取 5kg 至马弗炉干燥 2h，再放入球磨机中粉磨 120min，过 0.08mm 方孔筛，取筛下部分即可。

2) 胶凝材料的制备

首先，将处理过的钢渣和硅藻土按比例计量混合至均匀，放入水泥砂浆搅拌机中，然后添加少量的激发剂，制备硅藻土-钢渣基复合胶凝材料。然后，在水泥砂浆搅拌机中再加入 1350g 标准砂(胶砂比 1∶3)，以标准稠度需水量加水，按标准程序搅拌；当停止搅拌后，将水泥浆体放入标准试模(40mm × 40mm × 160mm)中，通过振动台将胶砂试件振实；将成型的试件在恒温恒湿养护箱中养护 24h，拆模，再次放入养护箱中养护至龄期。最后，对养护到龄期的试件做抗折强度、抗压强度测试。

3) 净浆试件的制备

根据国家标准《通用硅酸盐水泥》(GB 175—2007)及《水泥标准稠度用水量、凝结时间、安定性检验方法》(GB/T 1346—2011)制备净浆试件。首先用搅拌机把加水的复合胶凝材料与水泥的混合溶液搅拌均匀,然后加入适量聚羧酸系减水剂，再均匀搅拌，最后浇注到 30mm × 30mm × 50mm 标准试模进行振动，将成型的试件在标准条件下进行养护。

4) 掺硅藻土-钢渣基复合胶凝材料水泥的胶砂试件制备

依据标准《水泥胶砂强度检验方法(ISO 法)》(GB/T 17671—1999)将制备好的胶凝材料与水泥混合溶液放入搅拌机中拌和均匀，然后浇注到 40mm × 40mm × 160mm 标准试模中，振动成型，置于标准条件下养护。

5) 密度测定

向李氏密度瓶(≤1mL)中注入无水煤油，同时盖上瓶塞置于恒温水槽内恒温 0.5h，使刻度完全浸入水平面以下，此时记下读数 V_1；从水槽中取出李氏密度瓶，并用滤纸清洗李氏密度瓶中无煤油的部分；硅藻土应预先通过 0.9mm 方孔筛，在温度设置为 105℃的干燥箱中干燥 1h 后冷却至室温。称取 M=60g 的硅藻土，然后用小勺取一点点硅藻土样品到李氏密度瓶中并不断摇动，到无气泡出现，再次将李氏密度瓶静置于恒温水槽中恒温 0.5h，记下读数 V_2；最后利用密度计算公式 $\rho = M/(V_1 - V_2)$ 得出结果。

3. 硅藻土-钢渣基复合胶凝材料的分析与测试

1) 比表面积测定

采用勃氏法(QBE-9 型全自动比表面积测定仪)测定磨细硅藻土、钢渣、脱硫石膏的比表面积。

2) 粒度分布测定

实验采用英国马尔文仪器公司生产的 Ms 2000 激光粒度分析仪，量程为 0.02～2000μm，主要用来测定硅藻土的粒度分布。

3) 热重分析

实验采用南京大展机电技术研究所生产的 DSC-100 型差示扫描量热仪，主要研究分析原材料的矿物成分。

4) 红外光谱分析

实验采用天津瑞岸科技有限公司生产的 IR-960 型傅里叶变换红外光谱仪，主要用于分析原材料的化学成分。

5) X 射线衍射分析

实验采用荷兰帕纳科公司生产的帕纳科 X'Pert Powder 型 X 射线衍射仪，主要探究原材料及样品试件的水化产物及矿物结晶度。

6) 扫描电子显微镜分析

实验采用卡尔蔡司(上海)管理有限公司生产的型号为 SUPRA55 的扫描电子显微镜，主要用来观察分析胶凝材料体系中水化产物的微观外貌特征，从而确定水化产物的主要成分。

3.3　硅藻土的特性研究

3.3.1　硅藻土的组成及结构

1. 硅藻土的产出及应用

硅藻土是世界上分布广、储量大的自然资源。据美国地质调查局估计，全球有 122 个国家及地区都探测有硅藻土的存在，其总储量约 9.2 亿 t。美国是硅藻土的主要产出国，约占世界总产量的 35%，中国是第二产出国，约占 18%，德国占 10%，印度占 6%[80, 81]。

中国作为硅藻土第二产出国，已探明储量达 4.0 亿 t，远景储量超过 20 亿 t。我国硅藻土主要分布在吉林、云南、浙江、山东、四川、内蒙古、广东、河北、海南、黑龙江等多个省份，其中吉林的远景储量超过 9 亿 t，约占全国总储量的 1/2，尤其在吉林长白山地区就已经探明有 0.61 亿 t 硅藻土储量，其远景储量超过 6 亿 t。云南、浙江分别探明硅藻土储量为 0.84 亿 t、0.45 亿 t，远景储量分别为 7 亿 t、9 亿 t，约占全国探明储量的 30%。另外，在吉林长白山地区、云南盈江、广东雷州等地区发现有一级优质硅藻土存在。在硅藻土应用中，吉林生产的硅藻土主要应用于助滤剂、污水处理方面，浙江生产的硅藻土主要用于制备建筑环保材料，而云南生产的硅藻土常用于涂料、净化剂及填料等方面[82, 83]。图 3.6 为 2015～2019 年我国硅藻土产量。

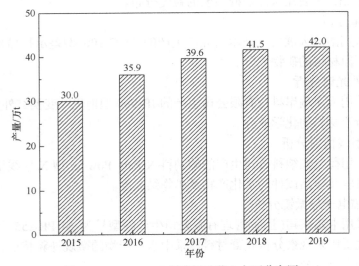

图 3.6　2015～2019 年我国硅藻土主要分布图

2. 硅藻土的物理特性

根据《水泥密度测定方法》(GB/T 208—2014)测定硅藻土密度为 1.96g/cm³。对硅藻土的比表面积、孔体积及孔径进行测定,结果见表 3.5。由表可以看出,硅藻土原土的比表面积为 46m²/g,微孔体积为 0.7cm³/g。另外,硅藻土吸水率一般为自身质量的 3~4 倍。硅藻土的物理特性决定着其具有一定的吸附性能。

表 3.5　硅藻土的物理性能

样品	比表面积/(m²/kg)	平均孔径/nm	微孔体积/(cm³/kg)	密度/(kg/m³)
硅藻土原土	46	200	0.7	1.96

3. 硅藻土的化学成分分析

硅藻土的化学成分见表 3.6。从表中的化学组成成分可知,硅藻土的主要化学成分为 SiO_2,其含量高达 80.99wt%,属于高硅型(SiO_2>65%)矿物材料,可为胶凝体系提供充足的硅质材料。另外,还含有少量的 CaO、Al_2O_3、MgO、Fe_2O_3 等组分。

表 3.6　硅藻土的化学成分　　　　　　　(单位:wt%)

成分	含量	成分	含量	成分	含量
CaO	5.10	MgO	2.35	其他	2.78
SiO_2	80.99	TiO_2	0.10	LOI	0.16
Fe_2O_3	1.69	K_2O	0.50		
Al_2O_3	4.31	Na_2O	2.18		

由于硅藻土主要以无定形的 SiO_2 形式存在,所以其化学稳定性较好,但有大量硅羟基覆盖其表面,并存在一些氢键在上面,这些羟基基团和氢键使硅藻土具有表面吸附性、胶凝活性。硅藻土的化学结构如图 3.7 所示。

4. 硅藻土的矿物相组成

1) XRD 分析

从图 3.2 中可以看出,硅藻土的主要矿物组成为石英、蛋白石,还含有少量的蒙脱石、伊利石等。其中蛋白石在结构上是无定形的 SiO_2,即非晶态的,可以表示为 $SiO_2 \cdot nH_2O$。

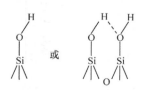

图 3.7　硅藻土的化学结构

2) SEM 分析

实验所用硅藻土呈青灰色，通过显微镜观察到其内部具有大量微孔，呈现圆筛状，在扫描电子显微镜下观察到硅藻土的微观多孔结构，如图 3.8 所示。

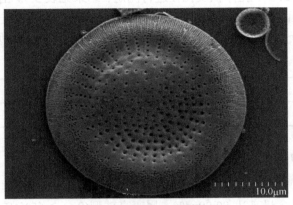

图 3.8　硅藻土的多孔结构图

3) TG-DSC 分析

硅藻土的热分析曲线如图 3.9 所示。

从图 3.9 中可以看出，随着温度的升高硅藻土的 TG 曲线呈现递减趋势，说明硅藻土加热过程是连续失重的，其起始失重温度 250℃至终止脱水温度 600℃范围较宽且一直延续到 600℃以上。250℃之前主要是失去游离水和吸附水，以及黏土矿物伊利石和蒙脱石在 100～200℃吸热伴失重，脱去结晶水共导致失重 1.06%。由图 3.9 的 DSC 曲线可知，加热过程在 375℃出现一个明显的低温吸热峰，应为游离水和吸附水脱出所引起的。在 250～600℃温度区间内出现强烈的放热效应，随温

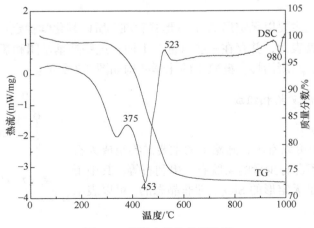

图 3.9　硅藻土的热分析曲线

度上升明显失重，累计失重达 25.21%，区间内 453℃处的放热谷可能是硅藻土中有机质集中燃烧引起的。523℃处的吸热峰为伊利石大部分羟基逸出，晶格被破坏，石英发生吸热效应由 α-石英转变为 β-石英。600～1000℃温度区间发生轻微的质量损失，共失重 0.99%；其中在 850～950℃蛋白石发生吸热反应，生成无定形的 SiO_2。

3.3.2　硅藻土的活化研究

通过前面对硅藻土的化学成分、矿物组成等特性分析，了解到硅藻土具有 C_2S、C_3S 和铝硅玻璃体等活性矿物，说明硅藻土是具有潜在胶凝活性的，但硅藻土是由硅氧四面体通过桥氧搭接而成的向三维空间发展的无规则网络结构，所以需要采取一系列的激发方式进行活性激发。目前，有很多种改善胶凝材料活性的方法，主要方法有机械力活化、高温活化、碱激发等活化方法。

1. 机械力活化

机械力活化是指采用物理磨细的方法提高材料的细度。机械力活化在钢渣、矿渣、粉煤灰等固体废弃物中有广泛应用，并取得较好的效果。机械力活化对固体的改变可总结为以下几点：

(1) 物理变化：颗粒化、晶体化；产生裂痕；密度发生变化，比表面积增大。

(2) 化学变化：含羟基物脱水；体系的活化能变低，形成新化合物的晶核或细晶；形成合金或固溶体；化学键发生断裂，体系发生化学变化。

(3) 结晶状态：晶格发生缺陷；出现晶格畸变；降低了结晶程度，甚至变成无定形状态。

温金保等[84]、朴春爱等[85]、陈益民[86]、张永娟等[87]的研究表明：单矿物经过机械粉磨后的颗粒大小及晶体结构都发生了明显的改变，由晶态转变为无定形态；其比表面积随着粉磨时间的增加，先增后减，在粉磨的某一时刻，其力学性能达到最大。史永林等[88]、许军军等[89]的研究表明：多种矿物复合粉磨能进一步改善各矿物活性，提高粉磨效率。

经过机械力粉磨后的矿物颗粒变得更小，一方面，填充到体系各空隙中起密实作用，增加力学性能，另一方面，增加了材料的原比表面积，同时增加了氧化铝和氧化硅的无定形程度以及颗粒表面能，从而提高了活性，与水泥混合后能快速地与石膏和氢氧化钙发生化学反应生成更多的水化产物，以提高体系中的力学性能。本节实验采用机械力粉磨的方式来激发硅藻土的胶凝活性。

2. 高温活化

高温活化是指通过控制不同煅烧时间段使原料中的化学键断裂，再重新结合的一种激发方式。硅藻土中的二氧化硅含量很高，经过煅烧后，其活性大大提高。

于澎[90]认为随煅烧温度的不断增加，硅藻土内部一些杂质会被分解，比表面积提高，其活性被激发。煅烧时发生的反应如式(3.1)~式(3.3)所示：

$$H_4Al_2Si_2O_9 \longrightarrow Al_2O_3 \cdot 2SiO_2 + 2H_2O \tag{3.1}$$

$$FeCO_3 \longrightarrow FeO + CO_2 \tag{3.2}$$

$$4FeO + O_2 \longrightarrow 2Fe_2O_3 \tag{3.3}$$

周忠义[91]、Yılmaz 等[92]将煅烧硅藻土掺入到高性能再生混凝土中，其再生混凝土的抗压强度显著提高。王浩林等[93]、王世儒[94]研究不同煅烧温度对硅藻土胶凝活性的影响。研究表明：硅藻土在煅烧 300℃ 以内时多孔结构基本没有被破坏，当煅烧温度升至 450℃ 时，硅藻土的胶凝活性最佳，但当煅烧温度升至 500℃ 时会发生羟基水脱离现象，如果继续升高温度会造成硅藻土内部层状结构的破坏，从而使胶凝活性降低。

在煅烧时，硅藻土的形态也影响其活性。当硅藻土机械粉磨之后煅烧，材料的比表面积增大，使硅藻土颗粒内部能充分与氧接触，使其中的各成分被激活，从而使硅藻土用作胶凝材料时能相互充分结合，利于强度的提高。当硅藻土成块状时，较大的硅藻土原料烧不透，导致制作的胶凝材料力学性能比较差。因此在煅烧之前，为了更容易激发硅藻土的胶凝活性，一般用硅藻土的物料形态作为煅烧试件。另外，煅烧时间的长短也影响硅藻土的活性。煅烧时间太短，不会完全分解硅藻土内的各矿物组分，达不到激发的效果；但当煅烧时间过长时，会使硅藻土发生过烧现象，使本来已产生的活性 SiO_2、Al_2O_3 遭到分解而失去活性。

3. 化学活化

化学活化胶凝材料并对水化、硬化的过程进行研究是一个涉及多学科的(包括原材料的物理特征，水化产物的结构、组成、形貌等机理，水化热模型等)新型研究方向。近年来，国内外学者虽然对化学活化胶凝材料的研究取得了一些进展，但在应用方面还未达到成熟的地步。化学活化是指通过添加适量的化学试剂，使其参与并加速胶凝材料的水化。因此，化学活化的机理是通过引入化学组分，创造一个能使硅藻土中稳定的晶体结构充分解聚并水化的碱性环境。常用的激发剂有 NaOH、Na_2SiO_3、Na_4SiO_4、Na_2CO_3 等碱金属盐以及石膏等。史才军[95]将不同量化学激发剂加入矿渣水泥中，分析其水化放热曲线与硅酸盐水泥水化放热曲线的不同，研究表明：加入化学激发剂的矿渣水泥水化过程也能划分为五个反应阶段：诱导前期、诱导期、加速期、减缓期和扩散期；不同的是各反应阶段的放热量与过渡时间会有一些差别，而且不同化学激发剂在矿渣水泥相同的情况下，其水化放热过程也会有不同的影响。何永佳等[96]用 ^{29}Si NMR 对碱矿渣水泥在水化前后的变化进行了研究；结果表明：水化反应前矿渣中的 SiO_4^{4-} 结合水以 Q^1 状态为主，此时谱图上会存在两个峰，这两个峰会随着碱激发水化的进行而发生峰位移动，同时峰形会变窄。化学活化胶凝材料的过程可总结为以下几点。

(1) 胶凝材料水化是一个先发生化学反应后发生物理变化的过程。首先是原料铝硅酸盐类组分在 OH^- 的碱性环境下，其内部结构共价键发生断裂，然后解离出 SiO_4^{4-} 和 AlO_5^{5-} 等离子团，这些离子团会进入到溶液中去。

(2) 解离出的 SiO_4^{4-}、AlO_5^{5-} 等离子团进入到溶液以后，能和溶液中的 Ca^{2+} 和 Na^+ 相结合，其具体反应是 Na^+ 会马上与 Si—O 键形成一种过渡性物质≡Si—O—Na···OH，然后 Ca^{2+} 会取代它，这时 Na^+ 起催化作用。

(3) 水化过程中的 SiO_4^{4-} 和 AlO_4^{5-} 会在一定的 pH 环境下发生聚合反应，进而形成新的物质，同时自由水被解离出来，最终在内部和外部条件下 SiO_4^{4-} 聚合态与 Ca^{2+} 相结合形成 C-S-H 凝胶或铝硅酸钠水化物。

综合研究得知，化学活化主要是破坏比较稳定的 Si—O 网络结构，通常情况下都要结合高温活化。

3.3.3　硅藻土的粉磨特性研究

本节主要运用机械粉磨、高温煅烧复合的活化方式对硅藻土进行预处理。通过机械粉磨破坏硅藻土内部的网状结构，使其内部各部分之间产生相互作用的内力。硅藻土的活化方式如图 3.10 所示。

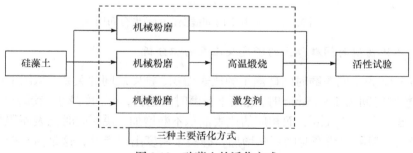

图 3.10　硅藻土的活化方式

首先将原状硅藻土放入 100℃恒温箱保温 2h 后，称取 5kg 放入球磨机中进行机械粉磨，分别粉磨 5min、10min、15min、20min、25min，用 T1、T2、T3、T4、T5 表示。然后使用 0.08mm 方孔筛对粉磨后的硅藻土进行筛分，利用比表面积测试仪分析、X 射线衍射分析和红外光谱分析机械力活化对硅藻土活性的影响，并进行水泥胶砂试件 28d 抗压强度实验，对活化后的硅藻土进行活性评价，确定最佳粉磨时间。

1. 不同粉磨时间硅藻土的粒度分析

图 3.11 为不同粉磨时间硅藻土的粒度分布曲线。由图 3.11 可以看出，硅藻土原土的平均粒径为 143.902μm，存在两个分布区间，主要分布区间为 10～100μm，次要分布区间为 120～1000μm。这种粒径分布的相对不集中，可能是由硅藻土原土伴生有较高比例的黏土矿物，或是硅藻土的碎裂程度高等原因引起。随着粉磨时间的增加，在粉磨 15min 时，硅藻土的粒径逐渐呈正态分布，硅藻土的平均粒径已经缩小到 23.804μm，此时硅藻土粉磨较细。但粉磨至 25min 时，在 1μm 左右处又出现微小峰，这很有可能是出现了"团聚"现象。

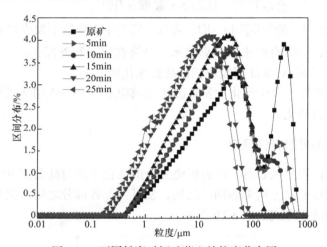

图 3.11　不同粉磨时间硅藻土的粒度分布图

2. 不同粉磨时间硅藻土的密度及比表面积分析

图 3.12 为不同粉磨时间硅藻土的比表面积、密度之间的关系。从图中可以看出，当粉磨时间为 1～15min 时，硅藻土粉磨时间越长，其密度越小，粉磨至 15min 达到最低，为 1.75g/cm³，而相应的比表面积不断增加，说明此时比表面积与密度呈负相关。但随着粉磨时间不断增加，硅藻土密度出现上升，这是由于硅藻土在粉磨早期内部结构稳定、致密，机械力作用的不断加大破坏了硅藻土原有的稳定性，使其内部结构遭到破坏，从而使密度不断下降；但当粉磨时间超过 15min 后，硅藻土颗粒发生强烈的机械碰撞、研磨作用，使硅藻土内部的空隙被压得很密实，从而使硅藻土的密度表现出变大的现象。另外，随着粉磨时间的增加，比表面积先变大后减小，当粉磨时间为 15min 时达到最大值(531m²/kg)。

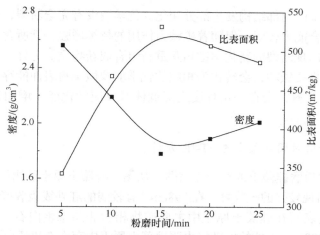

图 3.12　不同粉磨时间硅藻土密度及比表面积关系图

3. 不同粉磨时间硅藻土的 XRD 分析

图 3.13 是将硅藻土进行机械粉磨后及未粉磨硅藻土的 XRD 谱图。从图中看到经过一定时间的粉磨，硅藻土所含各矿物成分基本没有发生变化，主要成分依然是蛋白石；但随着粉磨时间的不断增长，颗粒逐渐被细化，硅藻土的各矿物成分衍射峰值发生了显著变化，矿物衍射峰值均降低，这说明硅藻土在机械力作用下发生晶格畸变，硅藻土中矿物的结晶度发生了变化，原子之间的距离也发生了变化，导致硅藻土内有序结构被大量破坏，硅藻土内部矿物的无定形状态变强，其相应的 X 射线衍射峰强度也随之降低。机械粉磨时间较短时，由于硅藻土粉磨

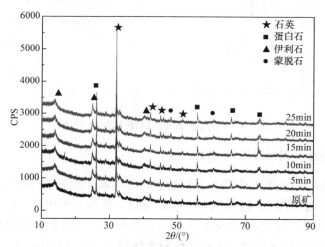

图 3.13　不同粉磨时间硅藻土的 XRD 谱图

不均匀，矿物中的内部结构发生部分变化，化学键没有完全断裂，此时新化学键之间的重新组合能力较弱，但随着机械力作用的持续增强，其所含羟基物脱水或结晶水，从而出现断裂的新化学键相互重新组合成新物质。另外，机械力对粉磨的硅藻土粉状物质做功，会转化为相应的化学能及微集料表面能存储起来；若将其作为矿物掺合料，会在一定程度上降低体系反应活化能，增加体系的反应化学能。

4. 不同粉磨时间硅藻土的 FT-IR 分析

图 3.14 为粉磨硅藻土的红外光谱图。从图中硅藻土原土的谱线中可以看出，在 $1098cm^{-1}$ 出现较强的吸收峰，在 $798cm^{-1}$ 有较弱的红外线吸收峰，属于蛋白石的振动峰。这表明在硅藻土原土中主要矿物相为非晶态蛋白石。图 3.14 中在 $2452cm^{-1}$ 和 $2925cm^{-1}$ 处的振动峰表明硅藻土原土中存在有机质[97]。经过不同时间的机械粉磨，硅藻土的红外光谱发生了显著变化，有机质的特征峰在机械力的作用下逐渐变小。在粉磨 15min 以后，硅藻土的红外光谱中 $2452cm^{-1}$ 和 $2925cm^{-1}$ 处的振动峰变弱，这表明烷基的长链结构遭到分解，硅藻土中的有机质被破坏。

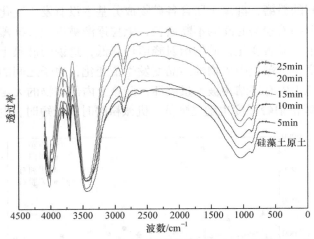

图 3.14　不同粉磨时间硅藻土的 FT-IR 图

5. 不同粉磨时间硅藻土的 SEM 分析

图 3.15 是硅藻土原土粒级和不同粉磨时间硅藻土粉的 SEM 图。图 3.15(a)是原始硅藻土粒级的颗粒，其颗粒大小比较规整，颗粒表面比较平滑，且部分颗粒呈片状，较小颗粒及微粉在大颗粒周围大量散落着，用作矿物掺合料时能增加体系的黏稠度，降低其流动度，从而导致需水量较大。图 3.15(b)～(e)为–0.16mm 粒级硅藻土粉磨 5min、10min、15min、20min 的 SEM 图，从图中可以看到随着机

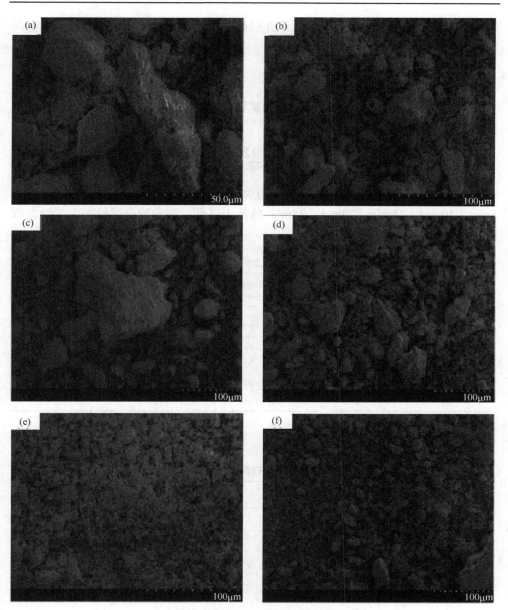

图 3.15　不同粉磨时间硅藻土的 SEM 图
(a) 原硅藻土；(b) 5min；(c) 10min；(d) 15min；(e) 20min；(f) 25min

械力粉磨时间的不断增加，硅藻土颗粒粒径发生明显变化，大颗粒被逐渐粉磨成小颗粒，颗粒形状呈现明显的球状化，大量的亚微米级硅藻土和纳米级硅藻土颗粒出现。图 3.15(f)为粉磨 25min 的 SEM 图，可以看到此时硅藻土颗粒圆且光滑，颗粒中各棱角也基本消失，颗粒大小此时趋于均匀化，大大小小的硅藻土微粉颗粒相互侵入。

6. 不同粉磨时间硅藻土的活性研究

本实验用活性指数来判定硅藻土的矿物活性。活性指数越大则掺合料活性越高，如式(3.4)所示：

$$活性指数 = \frac{掺合料置换20\%水泥28d力学强度}{基准水泥28d力学强度} \tag{3.4}$$

实验配料方案见表 3.7，表中，A 为对比水泥试件，A0～A4 分别为掺入粉磨 5min、10min、15min、20min、25min 硅藻土试件，测定胶砂试件的力学性能以分析不同粉磨时间硅藻土的活性。

表 3.7　机械力活化硅藻土的活性测试用配合比方案

试件编号	水泥掺配比/%	硅藻土掺配比/%	脱硫石膏掺配比/%	水胶比
A	100	—	—	0.5
A0	67.5	30	2.5	0.5
A1	67.5	30	2.5	0.5
A2	67.5	30	2.5	0.5
A3	67.5	30	2.5	0.5
A4	67.5	30	2.5	0.5

实验测试结果如表 3.8 所示。

表 3.8　机械力活化硅藻土的活性测试结果

试件编号	抗折强度/MPa		抗压强度/MPa		K_{28}/%
	7d	28d	7d	28d	
A	5.39	7.82	38.22	49.63	—
A0	3.21	5.10	11.96	24.33	49.02
A1	3.91	5.47	17.31	30.14	60.73
A2	4.79	6.08	25.87	34.56	69.64
A3	3.85	5.25	18.93	28.73	57.89
A4	2.67	4.98	12.15	25.49	49.35

由表 3.8 的实验结果可得，随着粉磨时间的增加，样品的强度不断增强，7d、

28d 抗折与抗压强度发展规律为先增长后降低，粉磨 15min 的硅藻土强度最高，活性最好，但随着粉磨时间的增加出现团聚现象，强度降低，因此选择 15min 为最佳粉磨时间。

3.3.4　硅藻土的煅烧特性研究

从前面研究中得知，机械力活化能够激发硅藻土的活性，但粉磨 15min 的硅藻土活性依然不高，为了更进一步激发硅藻土的活性，在此基础上对硅藻土进行高温活化，其煅烧温度为 300℃、350℃、400℃、450℃、500℃，分别用 B0～B4 表示。

1. 不同煅烧温度硅藻土的物理特征分析

图 3.16 为硅藻土经过不同高温煅烧之后的形貌图。从图可以看出，随着煅烧温度的不断升高，硅藻土的颜色变得越来越深。硅藻土经过煅烧破坏了其内部的孔状结构，并产生了大量断开的 Si—O 化学键，从而增大了硅藻土的比表面积和可溶硅的含量，同时也增强了表面能，使其具有更强的胶凝性能。在体系水化过程中发生二次水化反应生成更多的水化产物，增强了体系中的水化速率及水化强度。另外，硅藻土本身特有的孔状结构，可显著提高混凝土的流动性，而且硅藻土掺入混凝土中可改善其抗渗性、抗化学侵蚀性、抗冻性等耐久性指标。

图 3.16　不同温度煅烧后的硅藻土
(a) 未煅烧；(b) 300℃；(c) 350℃；(d) 400℃；(e) 450℃；(f) 500℃

2. 不同煅烧温度硅藻土的 XRD 分析

图 3.17 为不同煅烧温度硅藻土的 XRD 谱图。由图 3.17 可以看出，随着温度的升高，蛋白石衍射峰无明显变化；黏土矿物组分伊利石在 400℃时结构被破坏，衍射强度逐渐变弱至消失；450℃时蒙脱石的衍射峰减弱(60℃左右)。该现象表明煅烧温度低于 450℃时，硅藻土中非晶体二氧化硅结构不会显著被破坏，500℃以后硅藻土内部的 α-石英结晶相及非晶体的蛋白石矿物才开始逐步转变为方石英结晶相，在从非晶态二氧化硅转向方石英结晶相的过程中，O/Si 比容易在缺氧的条件下有所降低，从而对石英有序结构的形成造成一定影响[98]。另外，随着煅烧温度的升高，纳米氧化锆 m-ZrO$_2$ 物相转为 t-ZrO$_2$ 物相，这种相变发生的体积变化使 ZrO$_2$ 的增韧效果变强。

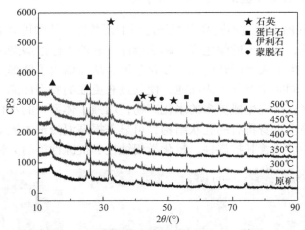

图 3.17　不同煅烧温度硅藻土的 XRD 谱图

3. 不同煅烧温度硅藻土的 SEM 分析

图 3.18 为硅藻土在不同温度煅烧处理后的 SEM 图。由图 3.18 可以看出，当

图 3.18　不同煅烧温度硅藻土的 SEM 图
(a) 原状硅藻土；(b) 300℃；(c) 350℃；(d) 400℃；(e) 450℃；(f) 500℃

煅烧温度分别在 300℃和 350℃条件下，硅藻土圆盘状壳体形貌比较完整。当温度升高至 400℃时，马弗炉中煅烧的硅藻土样品壳已经发生了变形，硅藻土内部的孔结构在 450℃消失，但是硅藻土的圆盘状壳体轮廓大致不变，说明在煅烧过程中，硅藻土中的无定形碳被相应的有机物转化并附存在硅藻土壳的表面上，同时保证了硅藻土壳的热稳定性，这与前面 XRD 表征的硅藻土石英结构的转变以及非晶态二氧化硅晶体生成方石英的分析结果正好吻合。

4. 不同煅烧温度硅藻土的活性研究

从前面的研究中得知，机械力活化能够激发硅藻土的活性，但粉磨 15min 的硅藻土活性依然不高，为了更进一步激发硅藻土的活性，对其进行高温活化，煅烧温度为 300℃、350℃、400℃、450℃、500℃，分别用 B0～B4 表示，B 为对比水泥试件。高温活化对硅藻土的力学性能影响的结果如表 3.9 所示。

表 3.9 高温活化硅藻土的活性测试结果

试件编号	抗折强度/MPa		抗压强度/MPa		K_{28}/%
	7d	28d	7d	28d	
B	5.39	7.82	38.22	49.63	—
B0	4.01	5.98	26.01	35.50	71.53
B1	4.23	6.04	26.94	36.14	72.82
B2	5.11	7.03	28.13	37.96	76.49
B3	4.41	6.33	31.05	39.44	79.47
B4	3.16	6.27	31.12	40.07	80.74

由表 3.9 的实验结果可知，随着煅烧温度的提高，硅藻土胶砂试件抗压强度也不断提高，当煅烧温度为 450～500℃时，胶砂试件抗压强度增加不明显，因此选择 450℃为最佳煅烧温度。

经过前面对硅藻土的活性研究，对硅藻土原料进行机械粉磨 15min 后再高温煅烧(450℃)处理得到高活性硅藻土，将处理过的高活性硅藻土用于接下来的实验研究中。

3.4 硅藻土-钢渣基复合胶凝材料胶凝性能的研究

在 3.3 节的研究中已制备出具有较高活性的硅藻土，本节在此基础上，一方面，通过单因素实验、正交实验及结果验证实验等一系列实验进行探索分析，同时采用化学激发的方式制备一种较低碱度的无熟料的硅藻土-钢渣基复合胶凝材料，同时开发一种特有的高效复合激发剂。另一方面，探索对制备的新型胶凝材料用作矿物掺合料的胶凝特性研究。硅藻土-钢渣基复合胶凝材料用作矿物掺合料替代水泥加入混凝土中，当矿物掺合料不断增加至一定量时会导致混凝土的强度，尤其是早期强度大大降低，凝结时间变得过长，这对固体废弃物应用于高性能建筑材料中起了阻碍作用。基于此，研究硅藻土-钢渣基胶凝材料的胶凝性能，将其替代部分水泥作为矿物掺合材料，为直接用于配制高性能混凝土、建筑砂浆等应用提供理论依据。

3.4.1 原料组分对硅藻土-钢渣基复合胶凝材料胶凝性能的影响

1. 硅藻土-钢渣基复合胶凝材料工作性能测试

1) 复合胶凝材料的配合比设计

《水泥胶砂强度检验方法(ISO 法)》(GB/T 17671—1999)中水胶比为 0.5，依据该规范，采用基准水泥制备水泥胶砂作为对照组。硅藻土、钢渣按 2∶8 比例混合作为胶凝材料，加入适量生石灰、脱硫石膏以及固态的 NaOH、Na_2SiO_3 作为复合激发剂。由于硅藻土内部特有的多孔结构，相同流动度用水量较水泥胶砂实验用水量要多一些，而钢渣内的玻璃体表面光滑，相同流动度用水量比水泥胶砂要少一些，因此应该适当增加水胶比。本节实验设置三组，其中 A0 为水泥胶砂实验，作为对照组，A1、A2 为实验组，其水胶比分别为 0.48、0.52，具体配合比见表 3.10。

表 3.10　复合胶凝材料的配合比方案

试件编号	基准水泥/g	硅藻土/g	钢渣/g	生石灰/g	胶硫石膏/g	NaOH/g	Na_2SiO_3/g	水胶比
A0	450	—	—	—	—	—	—	0.50
A1	—	69.75	279	54	36	6.75	4.5	0.48
A2	—	69.75	279	54	36	6.75	4.5	0.52

2) 复合胶凝材料工作性能测定方法

胶砂实验按 GB/T 17671—1999 有关规定进行。胶砂试件制备中的流动度实验按照标准《水泥胶砂流动度测定方法》(GB/T 2419—2005)进行，具体步骤如下：

(1) 混合砂浆以两层快速进入实验模式，第一层装置的截锥形模具的高度约为三分之二。使用刀在彼此垂直的两个方向中的每个方向上绘制 5 次，并使用撬棍将边缘从边缘均匀地按压到中心 15 次。随后，安装第二层橡胶砂，将其放在截锥形模具上方 20mm 的高度，用刀子画 10 次，然后用撬棍将边缘从边缘均匀地压到中心 10 次。氮气压力应足以用截锥形模具填充砂砾。轧制深度，第一层是砂浆高度的一半，第二层不超过底层表面。装载沙子和滚动时，用手握住试件，不要移动。

(2) 轧制完成后，取下模具套筒，用刀从中间到边缘刮削和平滑比截锥模具高的橡胶砂。擦去落在桌面上的胶砂。轻轻向上抬起截锥形模具。立即开始跳动桌面，大约在 30s 内完成 30 次节拍。

(3) 在打浆完成后，用卡尺测量砂浆底面的最大扩散直径和与其垂直的直径，并计算平均值，即为该水量的水泥胶砂流动度。

3) 实验测定结果及分析

根据以上操作，实验结果如图 3.19、表 3.11 所示。

表 3.11　复合胶凝材料工作性能测试结果

试件编号	基准水泥	硅藻土	钢渣	水胶比	流动度/mm	
					实验值	平均值
A0	450	—	—	0.5	210　　215	213
A1	—	69.75	279	0.48	200　　205	203
A2	—	69.75	279	0.52	235　　229	232

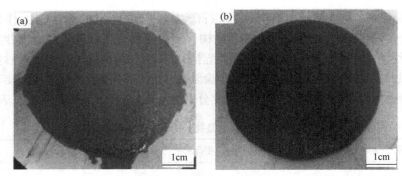

图 3.19　水泥(a)、硅藻土-钢渣基复合胶凝材料(b) 流动度测试图

从表 3.11 中可以看出，基准水泥的流动度约为 213mm，而相应的另两组硅藻土-钢渣试件的流动度分别为 203mm 和 232mm，说明当复合胶凝材料胶砂试件的水胶比为 0.48 时，其流动度较基准水泥偏低，不能满足体系中的需水量。因此确定体系中的最优水胶比为 0.52。

2. 硅藻土掺量对复合胶凝材料性能的影响

本节实验采用单因素控制变量法对粉磨 120min 的钢渣配以活化处理过的硅藻土，通过实验来确定硅藻土和钢渣在体系中的最佳配合比。体系中各基料配比为：硅藻土、钢渣总掺量为 80%，生石灰掺量为 10%，脱硫石膏掺量为 8%，NaOH 掺量为 1%，Na_2SiO_3 掺量为 1%。实验结果如图 3.20 所示。

由图 3.20 可以看到，硅藻土与钢渣的配合比明显影响着体系的力学性能。体系的力学性能随着硅藻土掺量的增加而逐渐下降，表明硅藻土的胶凝活性弱于钢渣的胶凝活性。当硅藻土/钢渣的配合比为 2∶8 时，体系的强度值下降较慢，此

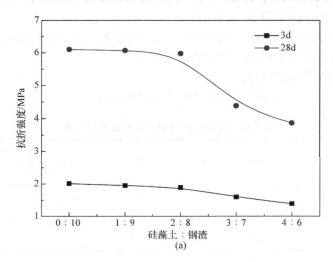

(a)

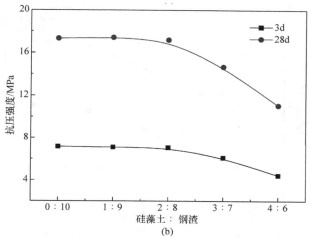

图 3.20　硅藻土/钢渣配合比对复合胶凝材料强度的影响

(a) 抗折强度；(b) 抗压强度

后不断增加硅藻土的掺量，体系的 3d、28d 力学强度都出现了快速下降的现象。因此，体系中选取硅藻土/钢渣最佳配合比为 2∶8。此时，硅藻土、钢渣之间的协同作用发挥到最大。

3. 脱硫石膏对复合胶凝材料性能的影响

脱硫石膏的主要成分是无水 $CaSO_4$，它在弱碱性环境条件下能与硅藻土、钢渣中含有的活性 Al_2O_3 发生化学反应生成钙矾石(AFt)等水化产物，这说明硫酸盐类激发剂可以与碱性激发剂协同合作增强样品的力学性能。另外，脱硫石膏还能对体系的凝结时间起到抑制作用，掺入适量的脱硫石膏可以较好地控制复合胶凝体系的凝结时间。本节实验用经过高温煅烧(800℃)的脱硫石膏研究不同掺量对体系性能的影响，硅藻土、钢渣掺量比为 2∶8；生石灰掺量为 10%；NaOH 掺量为 1%；Na_2SiO_3 掺量为 1%。实验结果如图 3.21 所示。

由图 3.21 可以看出，在脱硫石膏掺量一定范围内，随着脱硫石膏掺量的增加，试件水化 3d 和 28d 后的力学强度也不断增强，在 4%～10%内增长较快，掺量为 10%～12%时虽然强度也在持续变大，但增长速度变得很慢，这是因为在体系水化的早期还没有发生反应的脱硫石膏、硅藻土、钢渣颗粒的表面被水化生成的水化硅酸钙凝胶所覆盖，抑制了体系中水化的继续进行，此时即使不断增加脱硫石膏的用量，对其前期强度影响也不大。总之，随着脱硫石膏掺量的增加，其参与了体系的水化反应并使体系早期的水化强度始终不断增加。因此，综合考虑经济成本和体系的水化性能，可取脱硫石膏掺量为 10%时最佳。

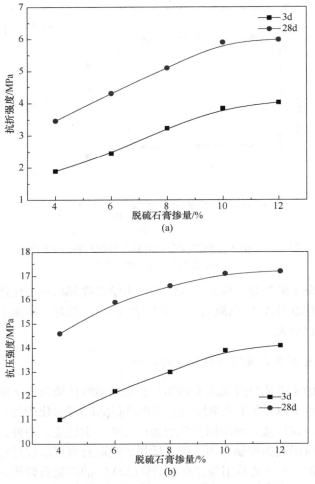

图 3.21　脱硫石膏掺量对复合胶凝材料强度的影响
(a) 抗折强度；(b) 抗压强度

4. 碱性激发剂对复合胶凝材料性能的影响

硅藻土属于多孔结构，内有很多的孔隙，且在硅藻土、钢渣内存在大量的活性阳离子，而碱性激发剂中含有的阴离子能与之发生化学作用，比与水更容易使体系内部结构快速溶解和分离。另外，在一定的碱性环境下，溶液中 Ca^{2+} 的不断出现又可以促进硅藻土、钢渣中的活性矿物与水发生水化反应。

本节实验选取生石灰和强碱性化学激发剂两类不同的激发剂，分别研究碱性激发剂和生石灰不同掺量对体系的水化早期强度的影响。

1) 强碱性激发剂掺量对复合胶凝材料性能的影响

碱性激发剂在掺量较少的情况下都可以使体系中发生猛烈的化学反应，因此碱性激发剂的掺量应控制在≤2%，以确保体系处于一个安全的环境中。本节实验选取了 NaOH、Na_2CO_3 和 Na_2SiO_3 三种不同碱度的碱性助剂，考察它们对体系早期强度的影响。硅藻土与钢渣配合比为 2∶8，生石灰掺量为 10%；脱硫石膏掺量为 10%，Na_2SiO_3 掺量为 1%。实验结果如图 3.22 所示。

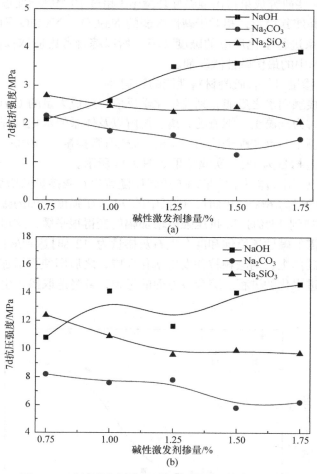

图 3.22　碱性激发剂掺量对复合胶凝材料强度的影响
(a) 抗折强度；(b) 抗压强度

从图 3.22 看出，在一定范围内，NaOH 的不同掺量对体系早期水化强度的影响最大，在掺量为 1.75%时 7d 抗折强度与抗压强度达到最高，分别为 3.9MPa 和 14.6MPa，这是由于水分在进入硅藻土、钢渣颗粒表面后会形成一层致密且呈酸性状态的保护膜,从而抑制水分的继续渗透及内部离子的结晶析出。当 NaOH 与水接触之后形成 NaOH 溶液,NaOH 溶液的强碱性可以迅速破坏酸性保护膜以及体系中存在的不规则结构,同时,经过粉磨的硅藻土、钢渣内的玻璃体结构逐步丧失结合能力,使体系中的活性离子不断变多,且在 NaOH 溶液碱性环境下能结合活性 SiO_2 和活性 Al_2O_3 生成水化铝酸钙和水化硅酸钙等水化产物,因此在宏观方面的表现就是增强了体系中水化早期的力学性能,这正是化学激发和机械激发复合的作用。一些研究成果得出强碱性环境(pH 超过 10.4)更能促进水化过程产生更多水化产物并使其稳定,相对于碱性较弱的 Na_2CO_3、Na_2SiO_3 而言,NaOH 提供了更适合体系进行水化反应的碱度环境。所以综合考虑应取掺量为 1.75% 的 NaOH 作为体系中的最优碱性激发剂。

2) 生石灰掺量对复合胶凝材料性能的影响

生石灰在接触到水之后能立刻发生化学反应,生成大量的 $Ca(OH)_2$ 且产生大量的热量,同时为硅藻土、钢渣的分离、溶解以及体系的水化过程提供了一定的碱性环境。硅藻土与钢渣配合比为 2:8;脱硫石膏掺量为 10%;NaOH 掺量为 1.75%;Na_2SiO_3 掺量为 1%。实验结果如图 3.23 所示。

从图中可以看出,体系中的早期抗压强度随着生石灰掺量的增加而不断升高,当掺入生石灰的量为 6%~10% 时,体系中的 7d 抗压强度增加的幅度比较大,当掺量从 12% 增加到 14% 时 7d 抗压强度增加幅度变得很平缓,这可能是由于体系的早期水化所需的碱性环境饱和度在生石灰掺量为 12% 时达到最佳,此环境更有利于快速溶解硅藻土、钢渣颗粒并发生水化反应,之后即使再增加生石灰的掺入量也难以再促进水化的进程。综合各方面的考虑,最终选取掺入生石灰 12% 为最优掺量。

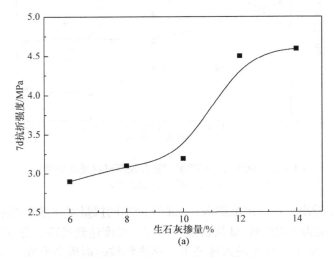

(a)

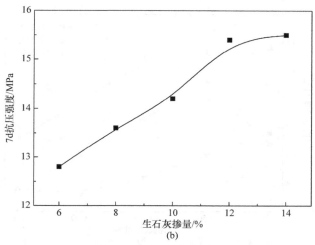

图 3.23　生石灰掺量对复合胶凝材料强度的影响

(a) 抗折强度；(b) 抗压强度

5. 可溶性无机盐类激发剂对复合胶凝材料性能的影响

由于硅藻土、钢渣在体系中参与水化反应的活性矿物需要通过溶解的方式将其完全分离出来才能进行反应，因此体系早期水化强度的反应速率由其活性矿物溶解的速度决定。本节实验体系中矿物的溶解是通过提高溶液中的溶解度来实现的，所以选取了 Na_2CO_3、Na_2SO_4 和速溶 Na_2SiO_3 这三种溶解度相差很大的可溶性无机盐，进而研究三种不同的可溶性无机盐对体系早期水化力学性能的影响。硅藻土与钢渣配合比为 2：8，生石灰掺量为 12%，NaOH 掺量为 1.75%，800℃改性脱硫石膏掺量为 10%。实验结果如图 3.24 所示。

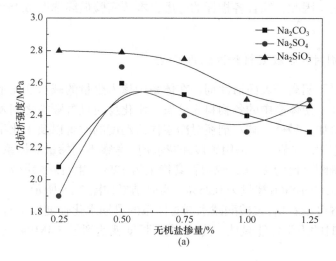

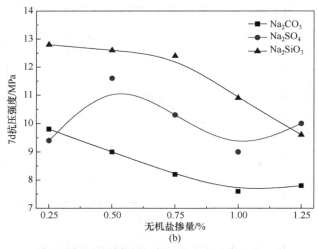

图 3.24 无机盐类激发剂掺量对复合胶凝材料强度的影响
(a) 抗折强度；(b) 抗压强度

由图 3.24 可以看出，Na₂SiO₃ 的不同掺量对体系早期水化强度的影响最大，在这三种可溶性无机盐类激发剂中 Na₂SiO₃ 在水中的溶解度最大，而且为了促进体系的水化，实验选用的是速溶 Na₂SiO₃。除此之外，研究分析发现，速溶 Na₂SiO₃ 大比表面积超细微粉影响着复合胶凝材料的标准稠度的需水量，这有利于存在 OH^- 和 Na^+ 的溶液表现为强碱性环境，该环境也促进了硅藻土和钢渣玻璃体结构中不断解离出 Ca^{2+} 和 Al^{3+}，这是可溶性无机盐类激发剂与碱性激发剂共同作用的结果。此外，Na₂SiO₃ 还能快速分离硅藻土、钢渣中富钙相，从而使硅藻土、钢渣快速从溶液中分解出来。从图中看到 Na₂SiO₃ 掺量为 0.25%时，体系早期 7d 的抗压强度最强。因此，综合各指标的考虑，本节实验最终选取 0.25% Na₂SiO₃ 为最优掺量。

6. 减水剂对复合胶凝材料性能的影响

减水剂属于阴离子表面活性剂，在体系中掺入少量的减水剂让水分均匀地分布于颗粒表面，使体系中的各物料充分发生水化反应且各颗粒之间发生水化反应的概率大大增加。另外，减水剂还对净浆体流动度的改善以及水化早期强度的提高起到控制作用。本节实验采用聚羧酸减水剂，考察不同掺量对体系性能的影响，硅藻土与钢渣配合比为 2∶8，脱硫石膏掺量为 12%，生石灰掺量为 10%，NaOH 掺量为 1.75%，Na₂SiO₃ 掺量为 0.25%。实验结果如图 3.25 所示。

由图 3.25 可以看出，聚羧酸减水剂对体系的早期水化强度确实有一定的提高，掺量为 0.5%时的力学性能最佳，其 7d 抗折强度就达到了 5.4MPa，抗压强度约为

20.2MPa，对比没有掺加减水剂的样品，抗折强度增强了 1.2MPa，抗压强度增加了 2.4MPa。因此，最终选取 0.5%掺量的聚羧酸减水剂作为该体系最适宜的减水剂。

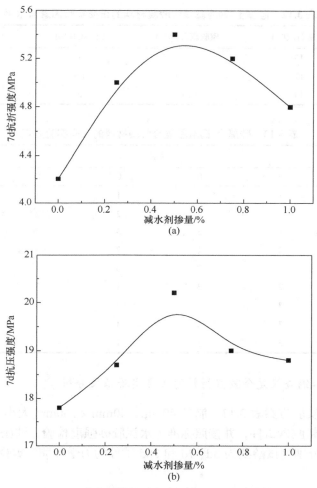

图 3.25　减水剂掺量对复合胶凝材料强度的影响
(a) 抗折强度；(b) 抗压强度

3.4.2　硅藻土-钢渣基复合胶凝材料的正交实验

1. 硅藻土-钢渣基复合胶凝材料的正交实验方案设计

本节实验是以测定力学性能为研究目标，基于 3.4.1 节的实验数据确定了生石灰、脱硫石膏、NaOH 和 Na_2SiO_3 四种激发剂的掺量为体系主要的影响因素，对

四个因素都选取了三个不同水平,列出四因素三水平,见表 3.12。实验根据正交
实验因素水平表排列了 9 组实验,得出正交实验方案表 $L_9(3^4)$,见表 3.13。实验
中将硅藻土与钢渣的配合比均固定为 2∶8,聚羧酸减水剂掺量均固定为 0.5%。

表 3.12　硅藻土-钢渣基复合胶凝材料的正交实验因素与水平

水平	A(生石灰/%)	B(脱硫石膏/%)	C(NaOH/%)	D(Na₂SiO₃/%)
1	10	6	1	0.75
2	12	8	1.5	1
3	14	10	2	1.25

表 3.13　硅藻土-钢渣基复合胶凝材料的正交实验方案

试件编号	因素				实验方案
	A	B	C	D	
1	1	1	1	1	$A_1B_1C_1D_1$
2	1	2	2	2	$A_1B_2C_2D_2$
3	1	3	3	3	$A_1B_3C_3D_3$
4	2	1	2	3	$A_2B_1C_2D_3$
5	2	2	3	1	$A_2B_2C_3D_1$
6	2	3	1	2	$A_2B_3C_1D_2$
7	3	1	3	2	$A_3B_1C_3D_2$
8	3	2	1	3	$A_3B_2C_1D_3$
9	3	3	2	1	$A_3B_3C_2D_1$

2. 硅藻土-钢渣基复合胶凝材料的正交实验结果分析

根据正交实验方案表 3.13,制备 40mm × 40mm × 160mm 大小的硅藻土-钢渣
基复合胶凝材料胶砂试件,并按照标准《水泥胶砂强度检验方法(ISO 法)》(GB/T
17671—1999)分别测试龄期为 3d、7d 和 28d 试件的力学性能,实验结果如表 3.14
所示。

表 3.14　硅藻土-钢渣基复合胶凝材料的正交实验结果

试件编号	抗折强度/MPa			抗压强度/MPa			实验方案
	3d	7d	28d	3d	7d	28d	
1	0.9	3.2	5.2	3.6	8.5	12.9	$A_1B_1C_1D_1$
2	0.7	2.5	3.9	2.1	6.0	9.4	$A_1B_2C_2D_2$
3	1.3	3.1	5.0	2.8	6.9	10.2	$A_1B_3C_3D_3$
4	1.5	4.8	6.4	4.3	13.1	18.9	$A_2B_1C_2D_3$

续表

试件编号	抗折强度/MPa			抗压强度/MPa			实验方案
	3d	7d	28d	3d	7d	28d	
5	2.3	5.9	8.2	6.4	17.9	23.1	$A_2B_2C_3D_1$
6	0.4	2.4	3.7	1.6	5.8	8.3	$A_2B_3C_1D_2$
7	1.8	5.1	7.6	5.0	14.3	19.7	$A_3B_1C_3D_2$
8	1.2	3.9	5.4	4.3	9.9	12.3	$A_3B_2C_1D_3$
9	0.5	2.1	3.5	1.1	4.9	7.6	$A_3B_3C_2D_1$

从表中可以看出，实验组合 $A_2B_2C_3D_1$ 试件在龄期为 3d、7d 及 28d 的抗折强度和抗压强度都是最好的方案。下面分析影响体系抗折强度、抗压强度等力学性能的主要因素，以及根据正交实验得出的结果，用极差分析法和方差分析法两种方法对不同龄期的复合胶凝材料胶砂试件的抗压强度进行探究。

1) 硅藻土-钢渣基复合胶凝材料正交实验抗压强度的极差分析

极差分析法是最简单、应用最广泛的正交实验分析方法之一。该方法是通过对比正交实验表中各列平均值大小(各因素 m 在不同水平 j 下所对应的实验指标平均值)来选择最优配合比，正交实验极差分析如表 3.15 所示。

表 3.15　硅藻土-钢渣基复合胶凝材料正交实验抗压强度的极差分析结果

	因素	A (生石灰)	B (脱硫石膏)	C (NaOH)	D (Na$_2$SiO$_3$)
3d	K1	2.833	4.300	3.167	3.700
	K2	4.100	4.267	2.500	3.133
	K3	4.533	1.833	4.733	3.800
	R	1.700	2.467	2.233	0.667
7d	K1	7.133	11.967	8.067	10.433
	K2	12.267	11.267	8.000	8.700
	K3	9.700	5.867	13.033	9.967
	R	5.134	6.100	5.033	1.733
28d	K1	10.833	17.167	11.167	14.533
	K2	16.767	14.933	11.967	12.467
	K3	13.200	8.700	17.667	13.800
	R	5.934	8.467	6.500	2.066

从极差分析表中可以看出，硅藻土-钢渣基复合胶凝材料的胶砂试件在养护龄

期为 3d 的抗压强度影响因素依次为：脱硫石膏＞NaOH＞生石灰＞Na_2SiO_3；龄期为 3d 的最佳优化组合方案为 $A_3B_1C_3D_3$。胶砂试件在养护龄期为 7d 的抗压强度影响因素依次为：脱硫石膏＞生石灰＞NaOH＞Na_2SiO_3；龄期为 7d 的最佳优化组合方案为 $A_2B_1C_3D_1$。胶砂试件在养护龄期为 28d 的抗压强度影响因素依次为：脱硫石膏＞NaOH＞生石灰＞Na_2SiO_3；龄期为 28d 的最佳优化组合方案为 $A_2B_1C_3D_1$，即生石灰为 12%，脱硫石膏为 6%，NaOH 为 2%，Na_2SiO_3 为 0.25%。

　　图 3.26 为每个因素对样品水化龄期至 28d 后抗压强度随不同水平变化的趋势图，通过正交实验中的极差分析法可以很直观地得出最佳组合配比。从图中可以看出，体系水化至 28d 的抗压强度随生石灰掺量呈先增大后减小，这主要与生石灰与复合胶凝材料活性的变化有关；随脱硫石膏掺量的减小而减小；随 NaOH 掺量的增大而增大；随 Na_2SiO_3 掺量的增加先减小后增大。

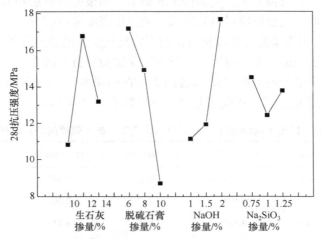

图 3.26　正交实验各因素对胶砂试件 28d 抗压强度的影响趋势图

2) 硅藻土-钢渣基复合胶凝材料正交实验抗压强度的方差分析

　　通过上述研究得知极差分析法很容易理解且有效，但极差分析法也存在不足，即无法估计出实验中不可避免的误差，基于此本节采用另一种正交实验分析方法——方差分析法来弥补这一不足。方差分析法是根据每组数据的均值与该组中的每一数值的差值平方进行求和再平均的方法，其值的大小可以用来观察随机变量波动情况，方差越大代表随机变量的波动越大，其偏离均值的程度就越大，从而对体系力学性能的影响就越显著。通过查阅相关文献得知实验得出的数据出现波动的原因大概有两种：一种是不确定因素造成的，不可控，属于外部因素；另一种是人为的原因造成的，可控，属于内部因素。硅藻土-钢渣基复合胶凝材料的胶砂试件在养护龄期为 28d 的抗压强度方差分析表见 3.16。

表 3.16　硅藻土-钢渣基复合胶凝材料正交实验抗压强度的方差分析结果

因素	偏差平方和	自由度	检验统计量	F 临界值	显著性
A	5.949	2	0.198		不显著
B	12.837	2	0.372		不显著
C	8.384	2	0.224	3.46	不显著
D	0.731	2	0.012		不显著
误差	1702.8	8			

从表 3.16 可以看出，生石灰、脱硫石膏、NaOH、Na_2SiO_3 的偏差平方和分别为 5.949、12.837、8.384、0.731，因而各因素对试件 28d 抗压强度的影响主次依次为脱硫石膏＞NaOH＞生石灰＞Na_2SiO_3。从表 3.16 可以看到各因素的检验统计量均比 F 临界值要小，因此各因素在可控范围内，对样品 28d 抗压强度有一定的影响。

通过极差分析法得出的优化配合比方案以及方差分析法得出各因素的显著性，最终选取优化配合比方案 $A_2B_1C_3D_1$，即生石灰 12%，脱硫石膏 6%，NaOH 为 2%，Na_2SiO_3 为 0.25%。

3. 硅藻土-钢渣基复合胶凝材料的平行实验

现以样品水化龄期至 28d 的抗压强度作为对比指标，通过研究正交实验得出的数据，选取优化配比组合(2)与正交实验中得出的最佳配比组合(1)进行平行实验，其最终实验方案及实验结果见表 3.17。

表 3.17　硅藻土-钢渣基复合胶凝材料优化配合比方案平行实验结果

试件编号	掺量/%				28d 强度/MPa	
	生石灰	脱硫石膏	NaOH	Na_2SiO_3	抗折强度	抗压强度
1	12	8	2	0.75	8.2	23.1
2	12	6	2	0.75	8.3	24.3

由表 3.17 可以看到，两组实验方案的 28d 抗压强度大致相同，优化配比组合仅比最佳配比组合高 1.2MPa，这虽然与正交实验得出的结果存在一些误差，但基本能达到本章所满足的对误差允许范围内的要求；因此综合考虑各经济成本及环保等各方面因素，选用正交实验得出的最佳配比作为最终的实验结果。

3.4.3　复合胶凝材料作为矿物掺合料的研究

当前混凝土制备技术日趋完善和不断进步，由最早期的水泥、砂子、石子及水四种成分，发展成外加减水剂、掺合料等多种成分，其中的矿物掺合料和外加剂早已是商品混凝土必不可少的重要组成部分。目前常常将多种矿物掺合料和水泥掺和在一起共同成为体系中的胶凝材料，复合矿物掺合料取代一部分水泥后，在体系整个水化过程中都参加水化反应，其水化产物形成的水泥石结构使体系变得致密，在水化反应早期可抑制水化速率且减少水化热的生成，对商品混凝土前期的水化性能起到了控制作用。另外，复合矿物掺合料在水化后期发生二次水化反应生成更多的水化产物，加强了混凝土的耐久性能和力学性能。

在 3.1 节中已经探讨过矿物掺合料的发展现状，本节主要探讨硅藻土-钢渣基复合胶凝材料的活性以及探索研究将其用作矿物掺合料的胶凝性能。

1. 复合胶凝材料用作矿物掺合料的活性测试

根据上节优化配合比得到的复合胶凝材料，通过试验测定不同掺量（20%，40%，60%）的硅藻土-钢渣复合胶凝材料对水泥力学性能的影响，探究硅藻土-钢渣作为复合胶凝材料替代部分水泥应用于混凝土中的力学性能。实验配料方案见表 3.18。表 3.18 中，A-0 为对比水泥试件(实验用的水泥为普通硅酸盐水泥)，A-1、A-2、A-3 分别为掺入 60%、40%、20%的硅藻土-钢渣基复合胶凝材料水泥，水胶比为 0.52。依据标准《水泥胶砂强度检验方法(ISO 法)》(GB/T 17671—1999)制备胶砂试件，并测量胶砂试件的力学强度，检测不同掺量硅藻土-钢渣基复合胶凝材料的活性。

表 3.18 复合胶凝材料矿物掺合料活性实验的配合比设计方案

试件编号	水泥掺量/wt%	胶凝材料掺量/wt%	脱硫石膏掺配比/wt%	水胶比
A-0	100	—		0.50
A-1	34.47	60	5	0.52
A-2	54.47	40	5	0.52
A-3	74.47	20	5	0.52

基于上述实验方案，对养护至不同龄期胶砂试件的抗压强度进行测量，得出强度贡献率，如图 3.27 所示。

从图 3.27 可以看到，掺入不同量硅藻土-钢渣基复合胶凝材料水泥的混凝土强度贡献率的变化情况。A-1 为掺入 60%硅藻土-钢渣基复合胶凝材料混凝土养护不同龄期的强度贡献率，相较于基准对照组(即 A-0 组)，其各龄期强度贡献率均低于 1；A-2 为掺入 40%硅藻土-钢渣基复合胶凝材料混凝土养护不同龄期的强度贡献率，发现虽然 A-2 各龄期的强度贡献率都低于 1，但对比掺入 60%的量与对照组的差距变小了很多，其 28d 的强度贡献率达到了 0.81；A-3 为掺入 20%硅藻土-钢渣基复合胶凝材料混凝土养护不同龄期的强度贡献率，水化至 3d、7d 时的强度贡献率分别为 0.51、0.81，稍低于对照组，当水化至 28d 时的强度贡献率为 1.2，已经超过了基准对照组。因此，选取掺入 20%硅藻土-钢渣基复合胶凝材料取代等量的水泥更能提高体系的力学性能。

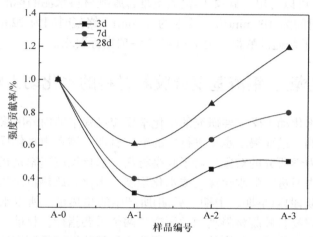

图 3.27　复合胶凝材料矿物掺合料活性对强度贡献率趋势图

2. 复合胶凝材料用作矿物掺合料的力学性能测试

本节在前面对硅藻土-钢渣基复合胶凝材料活性研究的实验基础上，将掺入 20%硅藻土-钢渣基复合胶凝材料水泥整体当作胶凝材料，进一步探索研制的新型复合胶凝材料的胶凝性能。依据标准《水泥标准稠度用水量、凝结时间、安定性检验方法》(GB/T 1346—2011)测量复合胶凝材料的凝结时间及标准稠度用水量。同时参照标准《水泥胶砂强度检验方法(ISO 法)》(GB/T 17671—1999)制备复合胶凝材料试件并测量抗折强度、抗压强度，其中 C-0 是基准对照实验(实验用的水泥为普通硅酸盐水泥——P·I 42.5 硅酸盐水泥)。实验具体配料方案见表 3.19。

表 3.19　复合胶凝材料矿物掺合料力学性能实验的配合比方案

试件编号	水泥掺配比/%	胶凝材料掺配比/%	脱硫石膏掺配比/%	水胶比
C-0	100	—		0.50
C-1	77.5	20	2.5	0.52

复合胶凝材料矿物掺合料的凝结时间、标准稠度需水量及安定性等物理性能见表 3.20。

表 3.20　复合胶凝材料矿物掺合料性能测试结果

标准稠度需水量 (标准法)/mL	初凝时间/min	终凝时间/min	安定性(试饼法)	3d 抗折/抗压 强度/MPa	28d 抗折/抗压 强度/MPa
148	109	223	合格	6.2/24.1	8.9/53.1

从表 3.20 可以看出，硅藻土-钢渣基复合胶凝材料水泥的标准稠度需水量为
148mL，初凝时间为 109min(大于要求的 45min)，终凝时间为 223min (小于标准
360min)，满足了普通硅酸盐水泥 P·I 42.5 各项指标要求。

3.5　硅藻土-钢渣基复合胶凝材料的水化动力学研究

化学反应水化动力学主要研究的是化学反应过程中的内外因素对反应方向和
反应速率的影响，进而揭示水化进行中的反应机理。体系中水化反应速率和总放
热量是水化动力学研究的对象。对于胶凝材料，水化反应速率是指胶凝材料在体
系中单位时间内所进行的水化深度或水化程度；水化总放热量是指胶凝材料在水
化过程中某一阶段内(早期、中期、后期)所产生的总热量。所以水化反应速率和
总放热量是研究复合胶凝材料动力学研究的两个重要指标。目前，研究胶凝材料
水化的方法根据水化反应程度的不同，可分为氢氧化钙定量测定法、化学结合水
量法、热分析法(差热分析、差示扫描量热分析、热重分析、等温量热法)及其他
方法(电化学方法、超声波方法、核磁共振方法)。

本节研究基于化学结合水量法测定掺量 20%硅藻土-钢渣基复合胶凝材料的
水化放热速率和放热量，并结合 Krustulovic-Dabic 水化动力学模型获得相应的动
力学参数，对体系反应过程的水化动力学进行研究，为下一节研究复合胶凝材料
的水化机理提供理论基础。

3.5.1　水泥的水化动力学模型研究

1. 水泥的水化动力学原理

根据 Taylor 等的观点，硅酸盐水泥的水化伴随着水化速率的大小可划分为五
个阶段，如表 3.21 所示。

表 3.21　硅酸盐水泥的水化过程

时期	反应阶段	水化过程	反应行为
早期	诱导前期	水化反应初始阶段，产生少量离子	反应很快，主要发生化学反应
	诱导期	水化反应继续进行，出现水化硅酸钙	反应较慢，反应行为主要是核化或扩散

时期	反应阶段	水化过程	反应行为
中期	加速期	水化硅酸钙黏结并逐渐长大	反应很快，反应行为为化学反应
	减速期	水化硅酸钙继续长大	反应速率适中，化学反应和扩散过程同时进行
后期	扩散期	水化产物交错生长，浆体结构越来越密实	反应较慢，反应行为属于扩散过程

可以看出水泥的水化分三个时期(早期、中期、后期)、五个阶段(诱导前期、诱导期、加速期、减速期、扩散期)(图 3.28)。

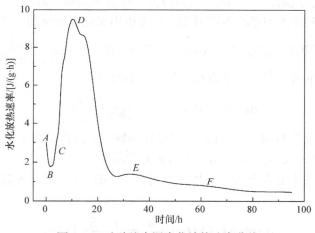

图 3.28　硅酸盐水泥水化放热速率曲线

(1) 诱导前期(AB 段)：水泥加水之后会立即发生水化反应，此时产生第一个放热峰，这一阶段为水化反应的初始阶段，水化反应速率主要受化学反应的影响，此时水泥粒子表面开始被水化产物附着。

(2) 诱导期(BC 段)：水化产物附在水泥粒子周围形成一层包裹层，导致水化反应速率变得比较缓慢，当包裹层被破坏时，初凝形成，水化反应速率加快，此时反应行为主要是核化或扩散。

(3) 加速期(CD 段)：这一阶段的反应速率曲线像一条抛物线，水化加速使水化产物的数量也不断增加，当水化产物累积一定数量时，反过来又会抑制水泥颗粒的水化进行。当抑制作用与加速作用大致相同时，达到最大水化放热量，代表曲线的第二个高峰的峰值，此时终凝已经完成，水化硅酸钙黏结硬化，这一阶段反应很快，反应行为为化学反应，主要受水化速率和晶体成核的控制。

(4) 减速期(DE 段)：此阶段曲线类似于一条双曲线，反应速率适中，化学反应和扩散过程同时进行。放热速率曲线的第二个放热峰是由加速期和减速期这两个阶段构成的。

(5) 扩散期(EF 段)：最后这一阶段反应缓慢，反应基本趋于稳定，反应行为属于扩散过程。

水化反应速率常数与温度之间的关系表达式如式(3.5)所示：

$$k = A \cdot \exp\left(-\frac{E_a}{RT}\right) \tag{3.5}$$

胶凝材料是非均相体系，在非均相体系中的等温动力学方程如式(3.6)所示：

$$dc/dt = k(T)f(c) \tag{3.6}$$

式中，T 为热力学温度；c 为浓度，$f(c)$ 为反应机理函数，$k(T)$ 为反应速率常数。浓度 c 在非均相体系中基本不再适用，应考虑用水化程度 α(即生成水化产物的过程)来代替。反应速率常数可用 Arrhenius 公式 $k(T) = A \cdot \exp\left(-\frac{E_a}{RT}\right)$ 确定，从而得到非均相体系中的等温动力学方程，如式(3.7)所示：

$$d\alpha/dt = k(T)f(\alpha) = A \cdot \exp\left(-\frac{E_a}{RT}\right) \tag{3.7}$$

式中，$k(T)$ 为反应时间；$f(\alpha)$ 为反应机理函数；A 为指前因子；E_a 为表观活化能，kJ/mol；R 为 Avogadro 常数；T 为热力学温度。

在温度上升速度符合线性条件下，可令 $\beta = dT/dt$，其非等温动力学方程如式(3.8)所示：

$$d\alpha/dt = k(T)f(\alpha) = \frac{A}{\beta} \cdot \exp\left(-\frac{E_a}{RT}\right)f(\alpha) \tag{3.8}$$

本节实验研究的目的就是基于以上一系列水化动力学方程式解得相应的动力学参数，用其模拟硅藻土-钢渣基复合胶凝体系中的水化反应过程，进一步研究水化反应机理。

2. 水泥的水化动力学模型

一般认为硅酸盐水泥的水化反应过程可用以下化学方程式表示[式(3.9)~式 (3.17)]。

$$C_3S + 5.3H \longrightarrow CSH + 1.3CH \tag{3.9}$$

$$C_2S + 4.3H \longrightarrow CSH + 0.3CH \tag{3.10}$$

$$C_3A + 3C\overline{S}H_2 + 26H \longrightarrow C_6A\overline{S}_3H_{32} \tag{3.11}$$

$$C_4AF + 3C\overline{S}H_2 + 30H \longrightarrow C_6A\overline{S}_4H_{32} + CH + FH_3 \tag{3.12}$$

$$2C_3A + C_6A\overline{S}_3H_{32} + 4H \longrightarrow 3C_4A\overline{S}H_{12} \tag{3.13}$$

$$2C_4AF + 3C\overline{S}H_2 + 12H \longrightarrow 3C_4A\overline{S}H_{12} + 2CH + 2FH_3 \tag{3.14}$$

$$C_3A + 6H \longrightarrow C_3(A,F)H_6 \tag{3.15}$$

$$C_4AF + 10H \longrightarrow 3C_3(A,F)H_6 + CH + FH_3 \tag{3.16}$$

式中，C_2S、C_3S、C_3A、C_4AF 是水泥的主要成分，因此其水化程度也可用式(3.17)表示。

$$\alpha(t) = \alpha_{C_3S}m_{C_3S} + \alpha_{C_2S}m_{C_2S} + \alpha_{C_3A}m_{C_3A} + \alpha_{C_4AF}m_{C_4AF} \tag{3.17}$$

式中，m_{C_3S}、m_{C_2S}、m_{C_3A} 和 m_{C_4AF} 分别为单位质量的硅酸盐水泥中参与反应的 C_3S、C_2S、C_3A 和 C_4AF 的水化程度。

本节是基于 Krustulovic-Dabic 水化动力学模型，探究硅藻土-钢渣复合胶凝材料水泥的水化动力学模型。该模型把水化过程分为三个基本过程，即结晶成核与晶体生长过程(NG)、相边界反应过程(I)和扩散过程(D)。三个反应可能同时进行，但水化过程取决于最慢的一个。由 NG、I 和 D 控制水化反应过程的方程及微分方程分别见式(3.18)~式(3.23)。

结晶成核与晶体生长(NG)：

$$[-\ln(1-\alpha)]^{1/n} = K_1(t-t_0) = K_1'(t-t_0) \tag{3.18}$$

相边界反应(I)：

$$[1-(1-\alpha)^{1/3}] = K_2 r^{-1}(t-t_0) = K_2'(t-t_0) \tag{3.19}$$

扩散(D)：

$$[1-(1-\alpha)^{1/3}]^2 = K_3 r^{-2}(t-t_0) = K_3'(t-t_0) \tag{3.20}$$

NG 过程的微分式：

$$d\alpha/dt = F_1(\alpha) = K_1'n(1-\alpha)[-\ln(1-\alpha)]^{n-1/n} \tag{3.21}$$

I 过程的微分式：

$$d\alpha/dt = F_2(\alpha) = K_2' \cdot 3(1-\alpha)^{2/3} \tag{3.22}$$

D 过程的微分式：

$$d\alpha/dt = F_3(\alpha) = K_3' \cdot 3(1-\alpha)^{2/3}/[2-2(1-\alpha)^{1/3}] \tag{3.23}$$

式中，α 为水化程度；n 为几何晶体生长指数；t 为水化时间；t_0 为诱导期结束时间；r 为反应颗粒半径；K_i 为反应速率常数；K_i' 为表观反应速率常数；$F_i(\alpha)$ 为反应机理函数。

为了解得水化程度 α 和水化速率 $d\alpha/dt$，利用 Knudson 提出的水化动力学公式，将水化热数据代入式(3.24)：

$$\frac{1}{Q(t)} = \frac{1}{Q_{max}} + \frac{t_{50}}{Q_{max}(t-t_0)} \qquad (3.24)$$

式中，$Q(t)$ 为从加速期开始计算 t 时刻所放出的热量；Q_{max} 为复合胶凝材料终止水化时所释放出的总放热量；t_{50} 为复合胶凝材料水化放热量达总放热量 50%所需的水化反应时间(半衰期)；$(t-t_0)$ 为从加速期开始时计算的水化时间，由此得出式(3.25)、式(3.26)：

$$\alpha(t) = \frac{Q(t)}{Q_{max}} \qquad (3.25)$$

$$\frac{d\alpha}{dt} = \frac{dQ}{dt} \cdot \frac{1}{Q_{max}} \qquad (3.26)$$

在不同水化温度 T_1 和 T_2 测定复合胶凝材料的水化放热曲线，不同温度下 t_{50} 与 K 成反比，如式(3.27)所示：

$$K_1/K_2 = t_{502}/t_{501} = \exp[E_a(T_1-T_2)RT] \qquad (3.27)$$

式中，t_{501}、t_{502} 分别为水化温度 T_1、T_2 时水化放热量达到总放热量 50%的时间。由该式可求出体系的表观活化能。

通过线性拟合将水化热数据代入式(3.24)，求得放热量 Q_{max} 和半衰期 t_{50}[图 3.29(a)]，将 Q_{max} 代入式(3.24)和式(3.25)，可求得水化程度 α 和实际水化速率 $d\alpha/dt$。将 α 代入式(3.25)～式(3.27)，通过线性拟合可得到 n、K_1'、K_2'、K_3'[图 3.29(b)～(d)]，分别得到表征 NG、I 和 D 过程的反应速率 $F_1(\alpha)$、$F_2(\alpha)$ 和 $F_3(\alpha)$ 与水化程度 α 之间的关系，将 $F_1(\alpha)$、$F_2(\alpha)$、$F_3(\alpha)$、$d\alpha/dt$ 与 α 的关系作图，分析复合胶凝材料水化机理，如图 3.29 所示。

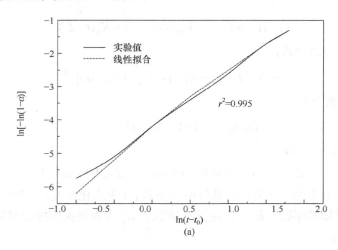

(a)

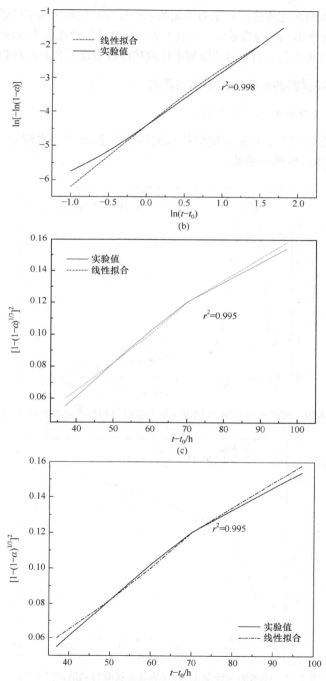

图 3.29　线性拟合求解水化动力学参数

(a) Q_{max}；(b) NG 阶段；(c) I 阶段；(d) D 阶段

实验中体系的水化放热曲线是由水泥的水化反应与硅藻土-钢渣基复合胶凝体系的水化反应结合所得到的混合效应,两者形成一个整体呈现在水化放热曲线上。本节研究也是基于这种思想,用动力学模型水化放热曲线表现复合胶凝材料的水化过程。

3.5.2 复合胶凝材料的水化动力学模型研究

1. 复合胶凝材料的水化放热特性

图 3.30 和图 3.31 分别是纯硅酸盐水泥和硅藻土-钢渣及水泥复合胶凝材料的水化放热速率和总放热量曲线。

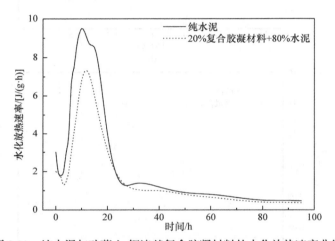

图 3.30 纯水泥与硅藻土-钢渣基复合胶凝材料的水化放热速率曲线

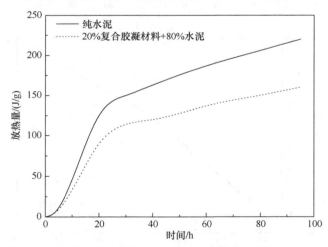

图 3.31 纯水泥与硅藻土-钢渣基复合胶凝材料的放热量曲线

上一节已经探讨了水泥水化过程，从图 3.30 中可以看出掺加硅藻土-钢渣的水泥材料与纯硅酸盐水泥的水化放热曲线大概相似，说明可以将水泥的水化过程复制到硅藻土-钢渣基复合胶凝材料的体系中。在硅酸盐水泥的胶凝活性物质中，水化速率按照快慢依次为 C_3A、C_3S、C_4AF、C_2S，C_3A 在初期产生的水化产物与体系中的脱硫石膏发生化学反应，生成水化产物钙矾石，从而产生第一放热高峰。

对于硅藻土-钢渣基复合胶凝材料来说，C_3A 的含量相对比较少，但在硅藻土-钢渣基复合胶凝材料的表面存在着一些特殊的能量，这些特殊的能量在与水发生接触后会马上得到释放，从而能快速地形成放热峰，这一过程对应于水泥水化过程中的第一阶段——诱导前期。从图 3.30 可以看出，随着水化的进行，硅藻土-钢渣基复合胶凝材料相较于纯水泥，体系中水化放热速率稍有下降，诱导期往后延长，第二放热高峰向右发生偏移，这是由于硅藻土、钢渣在诱导期反应速率变慢，并且在钢渣中只含有少量的 C_3S 矿物质，此时溶液未能达到饱和状态，Ca^{2+} 无法结晶出来，导致体系中生成水化产物的时间延长了，从而也延长了诱导期时间。随着体系中水化不断进行，当水化进入稳定期后受成核和扩散反应的影响，反应的快慢程度由水泥表面颗粒周围保护层(C-S-H)厚度所决定。水泥在水化早期，其颗粒表面被水化生成的大量 $Ca(OH)_2$ 和 C-S-H 所包裹，使水分很难进入还没有参加水化的颗粒表面，从而导致水泥在水化后期反应很慢，而在水化后期硅藻土、钢渣周围保护层相对较薄弱，水分易冲破还没有水化的物料表面并与之发生化学反应，这是硅藻土-钢渣基复合胶凝材料体系在后期较纯水泥水化速率更快的原因。

掺加 20%的复合胶凝材料使体系的放热量和放热速率都稍稍变小。当水化进行 96h 时，复合胶凝材料的浆体放热量相对于纯水泥来说降低了 17.65%。总而言之，从图 3.30 和图 3.31 的实验对比结果得出：可以用纯水泥的水化过程去分析掺硅藻土-钢渣基复合胶凝材料水泥的水化过程的微观反应和宏观激励。

2. 复合胶凝材料水化动力学模型的建立

根据前两节的研究，将实验得到的水化热数据直接代入前面公式求得各参数，如表 3.22 所示。

表 3.22　硅藻土-钢渣基复合胶凝材料水化过程的动力学参数

样品	n	K_1'	K_2'	K_3'	水化机理	α_1	α_2
纯水泥	1.9654	0.05463	0.0141	0.0016	NG-I-D	0.142	0.41
20%硅藻土-钢渣基复合 胶凝材料+80%水泥	2.0302	0.05011	0.0120	0.0021	NG-I-D	0.13	0.38

表 3.22 是纯水泥和硅藻土-钢渣基复合胶凝材料在水化过程中各阶段所代表的水化动力学参数，从表中可以看出掺加硅藻土-钢渣基复合胶凝材料水泥的水化中结晶成核与晶体生长(NG)过程水化速率常数 K_1' 大约是相边界反应(I)过程水化速率常数 K_2' 的 4 倍多，而相边界反应过程水化速率常数 K_2' 是扩散反应过程(D)水化速率常数 K_3' 的 5 倍多，这说明掺加硅藻土-钢渣基复合胶凝材料水泥的水化中结晶成核与晶体生长过程的水化反应速率远大于相边界反应过程和扩散反应过程的水化反应速率。通过掺加硅藻土-钢渣基复合胶凝材料对比纯水泥中水化过程的水化速率常数 K_1'、K_2'、K_3'，可以看出，掺加硅藻土-钢渣基复合胶凝材料水泥的 K_1' 和 K_2' 相较于纯水泥都大约降低 0.002 个单位，而 K_3' 相比于纯水泥要增加 0.0005 个单位，但三个水化速率常数相差不大。

图 3.32 是在 298K 时，掺加硅藻土-钢渣基复合胶凝材料水泥的水化反应速率曲线以及模拟出来的三段水化速率曲线。本节实验分析是从加速期开始模拟反应的水化速率曲线。由图 3.32 可以看出，相对于纯水泥来说，$F_1(\alpha)$、$F_2(\alpha)$、$F_3(\alpha)$ 都能很好地模拟水泥的实际水化反应过程，这证明水泥的水化反应包含了不同阶段的机制复杂的反应过程，当水化度 $\alpha_1 =0.142$ 时，水泥的水化反应从结晶成核与晶体生长过程转变为相边界反应过程，随着水化不断往下进行，当水化度 $\alpha_2 =0.41$ 时，相边界反应过程结束，进入扩散反应过程。从图 3.32 可以看出，掺加 20%硅藻土-钢渣基复合胶凝材料的水泥，由水泥基材料动力学模型模拟出的结果与实际水化速率相吻合，模拟的三条曲线都分别与实际水化速率曲线中的某段相对应，当水化度 $\alpha_1 =0.13$ 时，水化机理由结晶成核与晶体生长过程转变为相边界反应过程，当 $\alpha_2 =0.38$ 时，相边界反应过程结束，其水化反应过程相较于纯水泥提前进入扩散阶段。这主要是硅藻土、钢渣内含有少量的类似于 C_3S、C_2S 等的活性物

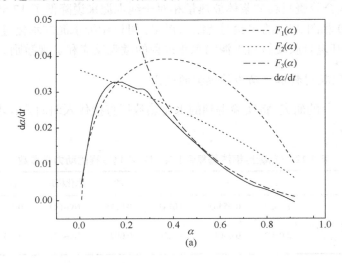

(a)

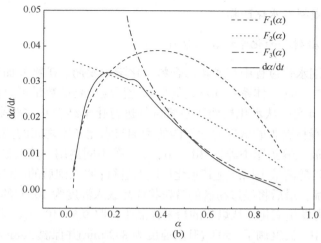

图 3.32　纯水泥及掺硅藻土-钢渣基复合胶凝材料的水泥在 298K 时水化反应速率曲线
(a) 纯水泥；(b) 20%硅藻土-钢渣基复合胶凝材料+80%水泥

质，其活性在水化反应前期都比较低且水化产物量也不多，硅藻土、钢渣颗粒表面会有层薄弱的保护层(由 C-S-H 凝胶形成的)，水分很容易进入并参与水化反应，这也是其扩散速率快于纯水泥的原因。

通过以上分析，用动力学模型对硅藻土-钢渣基复合胶凝材料的水化过程进行模拟分析，为硅藻土-钢渣基复合胶凝材料水化机理的研究提供理论依据。

3.6　硅藻土-钢渣基复合胶凝材料水化机理研究

在硅藻土-钢渣基复合胶凝材料水化体系中，硅藻土、钢渣、脱硫石膏、生石灰等原料主要参与水化反应。胶砂试件各项性能能持续发展的主要原因是体系中水化生成的硅酸三钙(C_3S)、硅酸二钙(C_2S)、铝酸钙(C_3A)、钙矾石(AFt)等矿物成分，因此探究硅藻土-钢渣基复合胶凝材料水化反应机理是非常有必要的。

在 3.4 节已经通过单因素实验以及正交优化实验得到了新型复合胶凝材料的基准配合比，在 3.5 节也通过建立水化动力学模型分析了胶凝材料的水化过程。本节内容是在 3.4 节、3.5 节的基础上继续探究硅藻土-钢渣基复合胶凝材料水化反应的具体过程，以此揭示复合胶凝材料的水化反应规律，为利用硅藻土-钢渣基复合新型胶凝材料提供理论支持。具体内容是先通过测量体系中结合水量随时间的变化关系来分析复合胶凝材料净浆水化产物，再利用 X 射线衍射仪(XRD)和扫描电子显微镜(SEM)等表征手段来分析水化产物的种类、结构和微观形貌，得出硅藻土-钢渣基复合胶凝材料水化过程的基本规律，同时研究其水化产物形成过程中的物理、化学变化，从而提出该体系水化反应的水化机理。

3.6.1 复合胶凝材料水化产物

1. 复合胶凝材料的化学结合水分析

试件在早期水化过程中与矿物掺合料、化学激发剂、矿物外加剂等相关水化反应紧密联系在一起，体系不同龄期的各水化反应产物的数量可以由化学结合水体现出来。本节实验从水化层面用净浆试件进行化学结合水实验来探究硅藻土-钢渣基复合胶凝材料胶砂试件力学性能的增加与水化产物之间的关系。首先将制备的净浆试件放入养护箱中养护 3d、7d、28d 等不同龄期，然后破碎至 5mm 后再浸泡在无水乙醇溶液中以终止其水化反应的进行；将浸泡后的试件取出进行粉磨并通过 80μm 筛，最后将经过粉磨的微粉状样品放入温度为 105℃的干燥箱中烘干 12h 至质量不再发生变化。从烘干的粉末样品中称取 9.5～10.5g(记为 m_1)置于坩埚后放入电熔炉中，温度调至 950℃(升温速度为 8℃/min)并保温 30min，等冷却后再取出样品进行称量(记为 m_2)。本节实验以灼烧后的样品为基准计算化学结合水量，通过查阅文献可知，复合胶凝材料的化学结合水量可按式(3.28)、式(3.29)计算：

$$W_{nel} = \frac{m_1 - m_2}{m_2} - \frac{R_{fc}}{1 - R_{fc}} \tag{3.28}$$

$$R_{fc} = P_f R_f + P_c R_c \tag{3.29}$$

式中，W_{nel} 为单位质量胶凝材料化学结合水的含量，%；m_1 为灼烧前样品的质量，g；m_2 为灼烧后样品的质量，g；P_f、P_c 分别为各矿物掺合料、水泥熟料占胶凝材料的质量分数，%；R_f、R_c 分别为各矿物掺合料、水泥熟料的烧失量，%。

对制备的硅藻土-钢渣基复合胶凝材料净浆试件的化学结合水量进行测试，结果如图 3.33 所示。

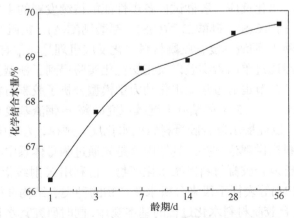

图 3.33　胶凝材料化学结合水量随时间变化趋势图

从图中可以看出,硅藻土-钢渣基复合胶凝材料净浆试件的化学结合水量随水化龄期的增加而不断上升,在水化早期化学结合水量的增长速率比较明显,水化至 7d 后水化速率变得放缓了很多;因此可把体系的水化过程分为两个不同的变化阶段进行研究分析。

(1) 第一阶段是在样品从开始养护至 7d 这一过程,从图中看到复合胶凝材料的化学结合水量达到 69%左右,此时硅藻土-钢渣基复合胶凝材料净浆试件在水化早期的产物主要是水化硅酸钙(C-S-H 凝胶)和钙矾石(AFt),这是由于脱硫石膏中 SO_4^{2-} 与硅藻土、钢渣中的组分反应生成的,此阶段正是钙矾石的快速增长期。另外,还有少许的 $Ca(OH)_2$ 和脱硫石膏发生水化反应,但大部分脱硫石膏还未发生反应,从而使化学结合水量迅速增长。这也是硅藻土-钢渣基复合胶凝材料胶砂试件在水化早期强度快速增长,水化反应较充分的阶段。

(2) 当样品的水化龄期至 28 d 时,从图中看到试件的化学结合水量增速比较迅速,表明增加了许多水化产物,这时硅藻土、钢渣进行了第二阶段的水化反应,生成的主要水化产物为钙矾石和凝胶类物质(C-S-H),且钙矾石周围被大量的酸性凝胶包围着。但当样品的水化龄期超过 28d 后,从图中可看到试件的化学结合水量已基本不再增加,趋于稳定,这说明体系中的水化产物达到饱和状态。

2. 复合胶凝材料的 XRD 分析

通过 XRD 对硅藻土-钢渣基复合胶凝材料净浆试件(放在无水乙醇溶液中以终止水化反应)3d、7d 及 28d 龄期水化产物进行表征分析,得出水化产物不同组成,如图 3.34 所示。

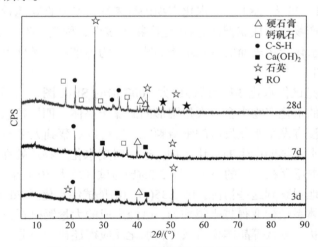

图 3.34　不同龄期胶凝材料水化 XRD 谱图

　　从图 3.34 中可以观察到体系中含有较多的晶体类物质,且在不同龄期的 XRD 谱图中均能看到水化产物中大量石英的衍射峰,这主要是由硅藻土本身含有的大多数的惰性 SiO_2 未发生水化反应所引起的。在 3d 时,从谱图中看到水化产物主要是水化硅酸钙(C-S-H 凝胶),另外还有少许的 $Ca(OH)_2$ 和硬石膏,还可以看到少许的钙矾石衍射峰出现,其中硬石膏物为脱硫石膏的残留。当水化进行到 7d 后钙矾石衍射峰明显增强了很多,这是由于脱硫石膏中 SO_4^{2-} 与硅藻土、钢渣内的组分发生水化反应生成的,这也是脱硫石膏被不断消耗的原因。此时体系中的主要水化产物是 C-S-H 凝胶和钙矾石,且峰值也有所增强,此阶段正是钙矾石的快速增长期。随着水化反应的不断进行,水化反应在进行到 28d 时,水化产生更多的 C-S-H 凝胶及大量的钙矾石,这是因为硅藻土、钢渣中的活性 SiO_2 和活性 Al_2O_3 与水化反应生成的碱性 $Ca(OH)_2$ 进行了二次水化反应。同时,随着养护时间的不断增加,水化产物有一小部分转变为更高强度的水化硫铝酸钙,使试件在后期更加密实。图中在 2θ 为 $20°\sim45°$ 的衍射峰下面存在的“凸包”也证实试件在水化过程中形成了大量的无定形结晶物,说明整个水化反应过程都比较充分,从而使力学性能变得更高,而脱硫石膏基本停止发生水化反应。总而言之,硅藻土-钢渣基复合胶凝材料在整个水化反应过程中,其水化反应产物 C-S-H 凝胶和钙矾石不断增加,脱硫石膏随着水化反应的不断进行呈现降低的趋势;$Ca(OH)_2$ 随着水化反应持续进行而不断被消耗,直到水化晚期以稳定状态存在于平衡溶液中。

　　3. 复合胶凝材料的 SEM 分析

　　通过 SEM 对硅藻土-钢渣基复合胶凝材料净浆试件(放在无水乙醇溶液中以终止水化反应)3d、7d 及 28d 龄期水化产物进行表征,可以直观地看到胶凝材料在不同龄期水化产物的生成状况(包括水化产物的多少、种类、外貌形态等),也能清晰地观察到水化产物表面的微观结构。图 3.35 为标准养护条件下不同龄期净浆试件的 SEM 图。

　　图 3.35(a)是试件水化 3d 后试件放大 1000 倍的 SEM 图,从图中可以看出试件在水化早期的水化产物中含有大量圆形的硅藻土晶体、四棱柱状的脱硫石膏晶体以及大量还没有发生水化反应的钢渣颗粒,还可以观察到大量的 C-S-H 凝胶及钙矾石,这是水化早期产生的水化产物,这一时期水化产物还处在刚刚生长的状态,体系结构中还存在一定的空隙。图 3.35(b)为试件放大 5000 倍的 SEM 图,从图中更能清晰地观察到这些情况。图 3.35(c)、(d)是试件水化至 7d 的 SEM 图,从图中看到整个体系结构变得越来越均匀,已经生成的大量钙矾石正在被 C-S-H 凝胶所包裹,圆状、棒状等晶体物质减少,水化反应得还比较充分。从图 3.35(d)中看到水化产生的 C-S-H 凝胶、钙矾石以及还没有反应的无定形 SiO_2 填充了净浆试

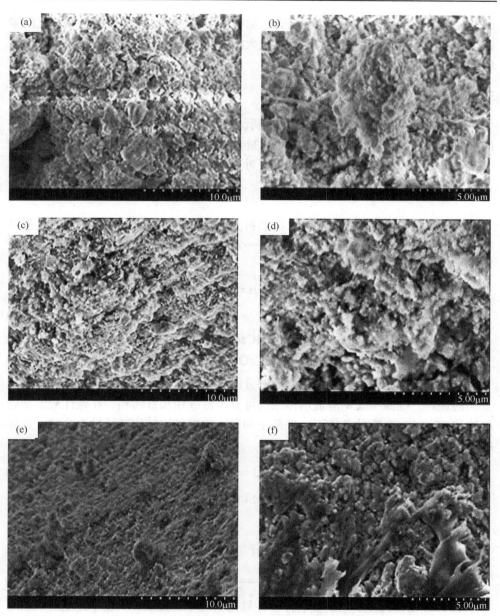

图 3.35　不同龄期复合胶凝材料胶砂试件的 SEM 图

(a) 3d；(b) 图(a)的局部放大；(c) 7d；(d) 图(c)的局部放大；(e) 28d；(f) 图(e)的局部放大

件的空隙，且体系在空间结构上已经形成了互相连接的趋势，其密实度变得更大。图 3.35(e)、(f)是试件水化 28d 的 SEM 图，从图中可以看到已经有大量的 C-S-H 凝胶生成，钙矾石被这些 C-S-H 凝胶填充并包裹着。XRD 谱图也验证了 SEM 图的表征结果,水化产物大多相互结合、黏结及填充,使水化生成的各颗粒之间紧密堆积且相互穿插在一起构成密实度很大的网络结构,在宏观上表现为力学性能的增加,此时水化反应已基本结束。

3.6.2　复合胶凝材料水化机理

通过 3.6.1 节 XRD 和 SEM 表征分析结果可知,硅藻土-钢渣基复合胶凝材料的水化过程大体上可划分为三个阶段:硅藻土、钢渣的分离,水化产物的生成和未发生水化的胶结、凝聚及硬化,下面对这三个阶段水化过程进行具体分析。

1. 硅藻土、钢渣的分离

由于钢渣内含有一定量的与水泥熟料(包含 C_2S、C_3S、C_3A 等)相似的胶凝性物质,且经过活化处理的硅藻土也具有一定的水化活性,因此在早期会有少量活性矿物发反应(3.30)~反应(3.32)。

$$2(2CaO \cdot SiO_2) + 4H_2O == Ca(OH)_2 + 3CaO \cdot 2SiO_2 \cdot 3H_2O(水化硅酸钙)$$

$$\tag{3.30}$$

$$2(3CaO \cdot SiO_2) + 6H_2O == 3Ca(OH)_2 + 3CaO \cdot 2SiO_2 \cdot 3H_2O \tag{3.31}$$

$$3CaO \cdot Al_2O_3 + 6H_2O == 3CaO \cdot Al_2O_3 \cdot 6H_2O(水化铝酸钙) \tag{3.32}$$

硅藻土的主要化学成分和钢渣的部分成分是处于介稳状态下的玻璃体,按照分相的观点,硅藻土及钢渣玻璃体结构可分为富硅相和富钙相,在碱性激发剂硅酸钠和 $Ca(OH)_2$ 存在的条件下,硅藻土和钢渣的玻璃体结构开始发生分解。具体的反应见反应(3.33)~反应(3.36)。

硅酸钠的水解:$Na_2O \cdot SiO_2 + 3H_2O == 2NaOH + Si(OH)_4 \tag{3.33}$

富钙相的解体:$\equiv Si—O—Ca—O—Si \equiv +2NaOH == 2\equiv Si—O—Na+Ca(OH)_2$

$$\tag{3.34}$$

富硅相的解体:$\equiv Si—O—Si \equiv + H \cdot OH == 2\equiv Si—OH \tag{3.35}$

$$\equiv Si—OH + NaOH == \equiv Si—O—Na + H_2O \tag{3.36}$$

表 3.23 是硅藻土、钢渣玻璃体中各氧化物的单键强度,从表中键能的数据可以看出,Si—O 键的键能是最大的,而 Ca—O 键的键能处于最低状态,因此反应(3.35)和反应(3.36)的反应活化能比反应(3.34)要高且反应难度大。在局部强碱的环境条件下,Ca—O 键首先发生断裂,使得硅藻土、钢渣表面的酸性保护膜被破坏,进而富硅相的 Si—O—Si 键被打破而断开。

表 3.23　硅藻土、钢渣内各种氧化物的单键强度

M_xO_y 中的 M	价键数	配位数	M—O 单键强度/(kJ/mol)
Si	4	4	25.36
Al	3	6	12.68~15.79
Mg	2	6	8.85
Ca	2	8	7.66

2. 水化产物的生成

随着硅藻土、钢渣的不断水化，其颗粒表面周围一层的 H_4SiO_4 最终在碱性条件下被大量分解成 $H_3SiO_4^-$，从而与体系中的 $Ca(OH)_2$ 发生化学反应生成水化硅酸钙(C-S-H 凝胶)：

$$H_3SiO_4^- + Ca^{2+} + OH^- \longrightarrow C\text{-}S\text{-}H \quad (水化硅酸钙) \tag{3.37}$$

最终结构中的 Al_2O_3 将被分离成 $H_3AlO_4^{2-}$ 和 $Al(OH)^{2+}$。在碱性环境下水化生成铝酸钙凝胶：

$$H_3AlO_4^{2-} + Ca^{2+} + OH^- \longrightarrow C\text{-}A\text{-}H \quad (水化铝酸钙) \tag{3.38}$$

上述两反应式促进了硅藻土和钢渣玻璃体中富钙相发生解体。反应(3.38)生成的水化铝酸钙在 $Ca(OH)_2$ 含量比较低的情况下以 C_3AH_6 形式存在，最终与溶液中的脱硫石膏发生化学反应生成钙矾石(AFt)：

$$3C_3AH_6 + 3CaSO_4 + 26H_2O = 3CaO \cdot Al_2O_3 \cdot 3CaSO_4 \cdot 32H_2O(钙矾石) \tag{3.39}$$

除了上述反应生成钙矾石外，体系中还有与 $Ca(OH)_2$ 发生的水化反应，以及少量的 $H_3SiO_4^-$ 可以与 $H_3AlO_4^{2-}$ 和 $Al(OH)^{2+}$、Ca^{2+}、Na^+ 发生化学反应生成类似沸石类的水化产物，见反应(3.40)~反应(3.43)：

$$H_3AlO_4^{2-} + H_3SiO_4^- + Ca^{2+} \longrightarrow kCaO \cdot lAl_2O_3 \cdot mSiO_2 \cdot nH_2O \tag{3.40}$$

$$H_3AlO_4^{2-} + H_3SiO_4^- + Ca^{2+} + Na^+ \longrightarrow pNa_2O \cdot kCaO \cdot lAl_2O_3 \cdot mSiO_2 \cdot nH_2O \tag{3.41}$$

$$Al(OH)^{2+} + H_3SiO_4^- + Ca^{2+} + OH^- \longrightarrow kCaO \cdot lAl_2O_3 \cdot mSiO_2 \cdot nH_2O \tag{3.42}$$

$$Al(OH)^{2+} + H_3SiO_4^- + Ca^{2+} + Na^+ + OH^- \longrightarrow pNa_2O \cdot kCaO \cdot lAl_2O_3 \cdot mSiO_2 \cdot nH_2O \tag{3.43}$$

3. 未发生水化的胶结、凝聚及硬化

随着硅藻土-钢渣基复合胶凝材料水化过程的不断进行,体系中主要以棒球状钙矾石为基本骨架,与无定形状态的 SiO_2 作为其胶凝性填充物,还没有发生反应的硅藻土和钢渣颗粒作为固态填充物,两者共同存在于体系中。钙矾石晶体互相穿插搭接在一起且与 C-S-H 联结在一起,共同构成了复合胶凝材料硬化体的基本结构。其中,试件的力学性能特征是由钙矾石所影响。无定形状态的凝胶类物质不断填充到体系的空隙中,使体系结构变得更加密实。随着水化产物硅酸钙(C-S-H)凝胶和钙矾石晶体之间互相填充黏结,水化产物能组合到还没有发生反应的硅藻土、钢渣中,使硅藻土-钢渣基复合胶凝材料形成了密实的硬化体结构,其力学性能就是在宏观上的优良表现。硅藻土在水化前期主要是通过微集料效应,促进钢渣中玻璃体的快速溶解,之后大量的硅藻土粉体则开始逐渐水化或部分水化在钢渣玻璃体中形成水化产物,并且还能起到填充体系中存在的空隙的作用。因此,硅藻土、钢渣在水化反应过程中具有较好的协同作用。在整个水化过程中,存在着的多种碱性激发剂也能起到相互协同组合的作用。复合碱性激发剂与水化体系中产生的 $Ca(OH)_2$ 一起提供了有利于钙矾石生长的碱性环境条件。而且碱性激发剂和 $Ca(OH)_2$ 还能共同促进硅藻土、钢渣玻璃体结构的溶解。此后 $Ca(OH)_2$ 又与脱硫石膏相互作用生成水化产物钙矾石,使体系趋于稳定状态。

3.7　本　章　小　结

本章结合我国硅藻土及钢渣等固体废弃物的研究利用现状及发展趋势,采用物理化学联合激发方法制备力学性能和耐久性优良的硅藻土-钢渣基复合胶凝材料。通过实验研究和理论分析,得出的主要结论如下。

(1) 通过化学全分析、XRD、FT-IR、TG-DSC 等测试手段,对硅藻土的矿物学特性分析可知:硅藻土中 SiO_2 含量约 81wt%;其主要矿物是石英、蛋白石,还含有少量的蒙脱石、伊利石等。

(2) 通过机械力、高温等活化方式,改变硅藻土的结晶状态与相组成,激发硅藻土的化学活性,并采用比表面积测试仪、XRD、FT-IR 等测试手段分析,硅藻土最优粉磨时间和最佳煅烧温度分别为 15min 和 450℃。

(3) 通过单因素探索实验及正交优化实验得出最佳实验配比为:硅藻土:钢渣=2:8,生石灰 12%,800℃改性脱硫石膏 6%,氢氧化钠 2%,硅酸钠 0.75%,聚羧酸减水剂 0.5%。制得的胶砂试件 28d 抗折强度和抗压强度分别达到 8.2MPa 和 24.3MPa。

(4) 通过等温量热法对复合胶凝材料(等量取代 20%水泥)和纯水泥的水化放

热速率和总放热量进行测定可知：当水化进行 96h 时，复合胶凝材料的浆体总放热量相对于纯水泥放热量降低了 17.65%，达到硅酸盐水泥放热的要求，可以用纯水泥的水化过程去分析硅藻土-钢渣基复合胶凝材料的水化反应微观和宏观过程。

(5) 基于 Krustulovic-Dabic 动力学模型对硅藻土-钢渣基复合胶凝材料的水化过程进行了模拟分析，掺加硅藻土-钢渣基复合胶凝材料水泥的 K_1' 和 K_2' 相较于纯水泥都大约降低 0.002 个单位，而 K_3' 相比于纯水泥要增加 0.0005 个单位，但三个水化速率常数相差不大。

(6) 针对硅藻土-钢渣基复合胶凝材料在不同水化龄期的水化产物，用 XRD、SEM 等手段进行了表征分析，得出胶凝体系中生成的主要水化产物有水化硅酸钙 (C-S-H)、钙矾石(AFt)及一些无定形物质等。同时得出复合胶凝体系中水化过程三个阶段：硅藻土、钢渣的分离，水化产物的生成和未发生水化的胶结、凝聚及硬化。

参 考 文 献

[1] 中国水泥网. 2018 年度泡沫混凝土行业发展[EB/OL]. http://www.ccement.com/news/content/9301030466781.html, 2018-12-27.
[2] 施惠生. 生态水泥与废弃物资源化利用技术[M]. 北京: 化学工业出版社, 2005.
[3] 朱江. 钢渣工业副产石膏复合胶凝材料制备与性能研究[D]. 济南: 济南大学, 2014.
[4] 陆浩. 硅藻土资源及开发利用概况[J]. 浙江地质, 2001, 17(1): 52-59.
[5] 尚尉. 硅藻土颗粒的复合化修饰及其在造纸中的应用研究[J]. 哈尔滨: 东北林业大学, 2018.
[6] 范宏. 西南地区硅藻土资源特征及开发利用的试验研究[J]. 西部探矿程, 2007(10): 158-161.
[7] 周开灿. 我国硅藻土矿地质特征[J]. 建材地质, 1988(2): 31-33.
[8] 陶维屏. 中国工业矿物和岩石(上册) [M]. 北京: 地质出版社, 1987: 51-52.
[9] 杨宇翔, 陈荣三. 硅藻土的结构特征及其应用[J]. 江苏化工, 1989(3): 11-13, 29.
[10] 耿磊. 钢渣的处理与综合应用研究[D]. 南京: 南京理工大学, 2010.
[11] 李灿华. 我国钢渣资源化利用趋势分析[J]. 武钢技术, 2011, 48(4): 51-54.
[12] 黄勇刚, 狄焕芬, 祝春水. 钢渣综合利用的途径[J]. 工业安全与环保, 2005, 31(1): 44-46.
[13] 肖来源, 冯东海. 钢渣的综合利用[J]. 钢铁, 1990, 25(3): 66-69.
[14] 宫晨琛, 余其俊, 韦江雄. 电炉还原渣对转炉钢渣的重构机理[J]. 硅酸盐学报, 2010, 38(11): 2193-2198.
[15] 唐卫军. 钢渣矿渣复合微粉对水泥和混凝土性能影响的试验研究[D]. 北京: 中国地质大学, 2009.
[16] 李颖. 邯钢冶金渣协同制备固废基胶凝材料及混凝土研究[D]. 北京: 北京科技大学, 2021.
[17] Wang Q, Yan P Y. A discussion on improving hydration activity of steel slag by altering its mineral compositions[J]. Journal of Hazardous Materials, 2011, 186: 1070-1075.
[18] Wang Q, Yan P Y. Hydration properties of basic oxygen furnace steel slag[J]. Construction and Building Materials, 2010, 24: 1134-1140.
[19] Das B, Prakash S, Reddy P S, et al. An overview of utilization of slag and sludge from steel

industries[J]. Resources, Conservation and Recycling, 2007, 50: 40-57.

[20] Shi P H, Wu Z Z, Chang H L. Characteristics of bricks made from waste steel slag[J]. Waste Management, 2004, 24(10): 1043-1047.

[21] 王聪. 碱激发胶凝材料的性能研究[D]. 哈尔滨: 哈尔滨工业大学, 2006.

[22] Davis R E, Carlson R W, Kelly J W, et al. Properties of cements and coneretes containing fly ash[J]. ACI Journal Proceeding, 1937, 33: 577-612.

[23] 王强. 钢渣的胶凝性能及在复合胶凝材料水化硬化过程中的作用[D]. 北京: 清华大学, 2010.

[24] 王长龙, 陈烈, 刘振宇, 等. 粉煤灰矿渣超细矿物掺合料制备及应用[J]. 煤炭技术, 2017, 36 (10): 267-269.

[25] 谭洪光, 唐祥正, 杜庆檐. 综述矿物活性掺和料在混凝土中的应用[J]. 建材发展导向, 2012, 10(6): 70-75.

[26] 沈旦申, 张萌济. 粉煤灰效应的探讨[J]. 硅酸盐学报, 1981, 9(1): 57-63.

[27] 张月星, 陆文雄, 王律, 等. 复合矿物掺合料在水泥中水化机理的试验研究[J]. 粉煤灰综合利用, 2006(3): 15-17.

[28] 田野. 复掺矿物掺合料混凝土性能及抗裂机理、微观特性研究[D]. 杭州: 浙江大学, 2007.

[29] 施惠生, 韩曦, 王琼, 等. 超细粉煤灰复合掺合料研究[J]. 粉煤灰, 2010, 22(6): 12-14.

[30] 赵素梅. 双掺矿物掺合料高性能混凝土的强度与收缩性能试验研究[D]. 大连: 大连理工大学, 2015.

[31] Jang M, Min S H, Kim T H. Removal of arsenite and arsenate using hydrous ferric oxide incorporated into naturally occurring diatomite[J]. Environmental Science and Technology, 2006, 40(5): 1636-1643.

[32] Wajima T, Haga M, Kuzawa K. Zeolite synthesis from paper sludge ash at low temperature (90 ℃) with addition of diatomite[J]. Journal of Hazardous Materials, 2006, 132(2-3): 244-252.

[33] Wu J L, Yang Y S, Lin J H. The application of diatomite in environment[J]. Journal of Hazardous Materials, 2005, 127(9): 196-203.

[34] 张莉霞. 日本人装修爱用硅藻土分解细菌调节湿度[EB/OL]. http://news.ccd.com.cn/Htmls/2004/311012004310101648310381. html [2004-03-10].

[35] 王楠楠, 侯赛男, 于培生, 等. 硅藻土基环保材料制备与应用的试验研究[J]. 科技创新与应用, 2015(14): 1-2.

[36] Wu J L, Yang Y, Lin J. Advanced tertiary treatment of municipal wastewater using raw and modified diatomite[J]. Journal of Hazardous Materials, 2005, 127(1-3): 196-203.

[37] Shawabkeh R A, Tutun M F. Experimental study and modeling of basic dye sorption by diatomaceous clay[J]. Applied Clay Science, 2003, 24: 111-120.

[38] Khraisheha M A, Al-Ghouti M A, Allen S J, et al. Effect of OH and silanol groups in the removal of dyes from aqueous solution using diatomite[J]. Water Research, 2005, 39(5): 922-932.

[39] Amara M, Kerdjoudj H. Modification of the cation exchange resin properties by impregnationin polyethylene mine solutions: application to the separation of metallic ions[J]. Talanta, 2003, 60(5): 991-1001.

[40] 赵艳锋, 柳欢, 王宇明, 等. 改性硅藻土处理含磷废水的试验研究[J]. 应用化学, 2018, 47(1): 33-35.

[41] 薛强, 杜高翔, 丁浩, 等. 机械力化学法制备煅烧硅藻土/α-Fe$_2$O$_3$ 复合粉体[J]. 北京科技大学学报, 2011, 33(5): 614-618.

[42] 巫红平, 吴任平, 于岩. 硅藻土基多孔陶瓷的制备及研究[J]. 硅酸盐通报, 2009, 28(4): 641-645.

[43] 王叶丹. 硅藻土沥青胶浆抗老化微观机理及砂浆力学性能研究[D]. 长春: 吉林大学, 2015.

[44] 孙冬帅. 硅藻土对无机保温砂浆性能的影响[D]. 长春: 吉林建筑大学, 2015.

[45] Al-Negheimish A I, Al-Zaid F H, Al-Zaid R Z. Utilization of local steel making slagin concrete[J]. King Saud University, 1997, 9(1): 39-55.

[46] Mills-Beale J, You Z P. Measuring the specific gravity and absorption of steel slag and crushed concrete coarse aggregates: a preliminary study[J]. Airfield and Highway Pavements, 2008, 15: 111-121.

[47] Arivoli M, Malathy R. Optimization of packing density of M30 concrete with steel slag as coarse aggregate using fuzzy logic[J]. Archives of Metallurgy and Materials, 2017, 62(3): 21-27.

[48] Maslehuddin M, Shameem M, Lbrahim M, et al. Comparison of properties of steel slag and crushed limestone aggregate concretes[J]. Construction and Building Materials, 2003, 17(2): 105-112.

[49] Schiller K K. Properties of Non-Metallic Materials[M]. London: Butterworths, 1958.

[50] Perviz A, Burak S. Evaluation of steel slag coarse aggregate in hot mix asphalt concrete[J]. Journal of Hazardous Materials, 2009, 165(1-3): 300-305.

[51] Hisham Q, Faisal S, Ibrahim A. Use of low CaO unprocessed steel slag in concrete as fine aggregate[J]. Construction and Building Materials, 2009, 23(2): 1118-1125.

[52] Marco P, Nicola B. Mix design and performance analysis of asphalt concretes with electric arc furnace slag[J]. Construction and Building Materials, 2011, 25(8): 3458-3468.

[53] Huijgen W J, Witkamp G J, Comans R N. Mineral CO$_2$ sequestration by steel slag carbonation[J]. Environmental Science and Technology, 2005, 39(24): 9676-9682.

[54] Fernández-Jiménez A, Puertas F. Alkali-activatedslag cements: kineticstudies[J]. Cement and Concrete Research, 1997, 27(3): 359-368.

[55] 李永鑫. 含钢渣粉掺合料的水泥混凝土组成结构及性能研究[D]. 北京: 中国建筑材料科学研究院, 2003.

[56] 朱航. 钢渣矿粉的制备及其在水泥混凝土中的应用研究[D]. 武汉: 武汉理工大学, 2006.

[57] 王强, 阎培渝. 大掺量钢渣复合胶凝材料早期水化性能和浆体结构[J]. 硅酸盐学报, 2008, 36(10): 1407-1410.

[58] 付卫华, 王长龙, 郑永超, 等. 钢渣的胶凝性能研究[J]. 炼钢, 2016, 32(2): 74-78.

[59] 崔孝炜, 倪文. 钢渣粉掺入对高强尾矿混凝土性能的影响[J]. 金属矿山, 2014(9): 177-180.

[60] 吴辉, 倪文, 崔孝炜, 等. 钢渣粉对全固废混凝土强度的影响[J]. 金属矿山, 2016(10): 189-192.

[61] 陈苗苗, 冯春华, 李东旭. 钢渣作为混凝土掺合料的可行性研究[J]. 硅酸盐通报, 2011, 30(4): 752-754.

[62] 廖洪强, 何冬林, 郭占成, 等. 钢渣掺量对泡沫混凝土砌块性能的影响[J]. 环境工程, 2013, 7(10): 4044-4048.

[63] 张忠哲, 冯勇, 晋强, 等. 矿物掺合料复掺钢渣混凝土的抗压性能分析[J]. 混凝土, 2017(11): 110-113.

[64] Maekawa K, Chaube R, Kishi T. Modeling of Concrete Performance, Hydration, Microstructure Formation and Mass[M]. London: Routledge, 1998.

[65] Jenning H M, Johnson S K. Simulation of microstructure development during the hydration of a cement compound[J]. Journal of the American Ceramic Society, 1986, 69(11): 790-795.

[66] Bentz D P, Gaboczi E J. Percolation of phases in a three-dimensional cement paste microstructural model[J]. Cement and Concrete Research, 1991, 21 (2-3): 325-344.

[67] Garbcozi E J, Bentz D P. Modelling microstructure and transport properties of concrete[J]. Construction and Building Materials, 1996, 10(5): 293-300.

[68] Narmluk M, Nawa T. Effect of fly ash on the kinetics of Portland cement hydration at different curing temperature[J]. Cement and Concrete Research, 2011, 41(6): 579-589.

[69] Florian D, Frank W, Barbara L, et al. Hydration of Portland cement with high replacement by siliceous fly ash[J]. Cement and Concrete Research, 2012, 42(10): 1389-1400.

[70] Wang X Y, Lee H S. A model for predicting the carbonation depth of concrete containing low-calcium fly ash[J]. Construction and Building Materials, 2009, 23(2): 725-733.

[71] Merzouki T, Bouasker M, Khalifa N, et al. Contribution to the modeling of hydration and chemical shrinkage of slag-blended cement at early age[J]. Construction and Building Materials, 2013, 44: 368-380.

[72] Le N L, Stroeven M, Sluys L J, et al. A novel numerical multi-component model for simulating hydration of cement[J]. Computational Materials Science, 2013, 78(10): 12-21.

[73] Pane I, Hansen W. Investigation of blended cement hydration by isothermal calorimetry and thermal analysis[J]. Cement and Concrete Research, 2005, 35(6): 1155-1164.

[74] 王宇纬. 掺矿物掺合料水泥水化模型及其应用研究[D]. 杭州: 浙江大学, 2014.

[75] 吴浪, 宋固全, 雷斌. 基于多相水化模型的水泥水化动力学研究[J]. 混凝土, 2010(6): 46-48.

[76] 韩光晖, 王栋民, 阎培渝. 含不同掺量矿渣或粉煤灰的复合胶凝材料的水化动力学[J]. 硅酸盐学报, 2014, 42(5): 614-620.

[77] 崔云鹏. 低温复合胶凝材料体系水化动力学研究[D]. 沈阳: 沈阳建筑大学, 2014.

[78] 吴雷, 杜鹃, 刘英, 等. 矿渣-水泥胶凝体系的水化动力学模型[J]. 硅酸盐通报, 2015, 34(12): 3572-3574.

[79] 张登祥, 杨伟军. 粉煤灰-水泥浆体水化动力学模型[J]. 长沙理工大学学报(自然科学版), 2008, 5(3): 89-92.

[80] 陈立松, 彭春艳. 世界硅藻土的生产、消费及市场概况[J]. 中国非金属矿工业导刊, 2008(3): 58-59.

[81] 韩秀卿. 国内外硅藻土资源开发现状及对策研究[J]. 中国非金属矿工业导刊, 2001(2): 3-5.

[82] 郑水林, 孙志明, 胡志波, 等. 中国硅藻土资源及加工利用现状与发展趋势[J]. 地学前缘,

2014, 21(5): 275-280.

[83] 陈国玺, 张惠芬, 王辅亚, 等. 硅藻土的热谱特征[J]. 矿物学报, 1995(1): 36-39.

[84] 温金保, 陆雷. 机械力化学作用活化钢渣的研究[J]. 硅酸盐通报, 2006, 25(4): 90-92.

[85] 朴春爱, 王栋民, 张力冉, 等. 机械力活化对铁尾矿活化性能的影响研究[J]. 硅酸盐通报, 2016, 35(9): 2974-2979.

[86] 陈益民. 磨细钢渣粉作水泥高活性混合材料的研究[J]. 水泥, 2001(5): 1-4.

[87] 张永娟, 郇坤, 冯蕾. 机械活化和粉磨助剂对矿渣微粉作用的研究[J]. 粉煤灰综合利用, 2013(1): 29-33.

[88] 史永林, 仪桂兰. 物理活化方法对钢渣、矿渣及粉煤灰活性的影响[J]. 中国资源综合利用, 2011, 29(10): 17-20.

[89] 许军军, 郑杨, 沈骥, 等. 机械粉磨粉煤灰性能的试验和研究[J]. 商品混凝土, 2013(2): 58-60.

[90] 于漌. 关于硅藻土煅烧试验研究[J]. 非金属矿, 1987(4): 30-32.

[91] 周忠义. 硅藻土作高性能混凝土掺合料的研究[J]. 商品混凝土, 2006(1): 18-19.

[92] Yılmaz B, Ediz N. The use of raw and calcined diatomite in cement production [J]. Cement and Concrete Composites, 2008, 30 (3): 202-211.

[93] 王浩林, 李金洪, 侯磊, 等. 硅藻土的火山灰活性研究[J]. 硅酸盐通报, 2011, 30(1): 19-24.

[94] 王世儒. 煅烧硅藻土对高性能再生混凝土性能的影响研究[J]. 建材发展导向, 2016, 14(8): 52-54.

[95] 史才军. 碱-激发水泥和混凝土[M]. 北京: 化学工业出版社, 2008.

[96] 何永佳, 胡曙光. ^{29}Si 固体核磁共振技术在水泥化学研究中的应用[J]. 材料科学与工程学报, 2007(1): 147-153.

[97] 赵华文, 黄志桂. 酸浸硅藻土制取橡胶补强填料的研究[J]. 无机盐工业, 1997(3): 11-13.

[98] 马利静, 郭烈锦. 采用原位变温 X 射线衍射技术研究不同气氛下 TiO_2 的相变机理[J]. 光谱学与光谱分析, 2011, 31(4): 1133-1137.

第4章 钢渣-硅藻土泡沫混凝土的制备及性能研究

4.1 概　　述

4.1.1 工业固体废弃物综合利用背景及意义

固体废弃物可分为农业废弃物、工业废弃物和城市废弃物，其中具有毒性、易燃、易反应、带传染性、具有腐蚀性和放射性的有害工业废渣危害最大、处理和处置难度最大，目前我国很多地区采取简单堆置的方式处理工业固体废弃物，这不仅破坏了生态环境，而且造成了巨大的资源浪费[1, 2]。据我国环境保护部门统计，近几年随着我国供给侧结构性改革政策的实施，大宗工业固体废弃物的产生量有下降的趋势，但工业固体废弃物产生量的基数依旧很大，近几年我国大宗工业废弃物利用情况如图 4.1 所示[3]，可以看出我国工业固体废弃物的利用率增长迅速。随着我国各项促进资源综合利用发展的相关政策出台和落实，我国工业固体废弃物综合利用产业规模逐步扩大，每年以超过 10%的速度稳步增长，技术装备不断进步，商业模式不断创新，产业集中度与服务水平显著提升，有力地促进了我国经济的平稳、快速发展[4]。

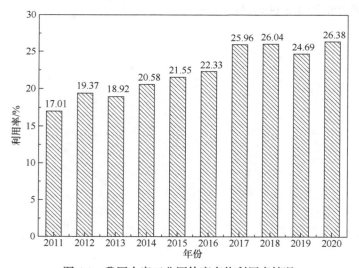

图 4.1　我国大宗工业固体废弃物利用率情况

　　冶金工业固体废弃物是工业固体废弃物最主要的来源之一，主要包括高炉渣、钢渣、铁合金渣以及其他有色金属渣等各种金属冶炼或加工过程中所产生的废物[1]。钢铁工业也被称为黑色冶金工业，是我国国民经济与国防建设的物质基础。我国是钢铁生产大国，近几年来，钢材产量基本上呈稳定态势，年产量保持在 10亿～11 亿 t 波动，2017 年我国钢产量达 10.51 亿 t，同比增长 0.8%[3]。钢渣作为钢铁生产的副产物，排放量为粗钢产量的 15%～20%。我国钢铁产量持续增长，钢渣的堆积给人们的生活和环境带来越来越大的影响。钢渣的化学组成波动性大、钢渣胶凝体系制品体积安定性差，致使大部分的钢渣未能得到有效合理的利用，因此如何实现钢渣资源化利用已受到我国有关学者的广泛关注。

　　硅藻土是我国重要的非金属矿产资源之一，具有广泛的应用前景。我国硅藻土已探明储量超过 4 亿 t，居亚洲首位。我国硅藻土矿产资源分布广泛，目前已在吉林、四川、山东等十多个省份发现硅藻土矿[4]。从全世界范围来看，我国已成为硅藻土资源大国、生产大国，硅藻土工业有进步、有发展，正处于发展成长期。但硅藻土的大部分品位较低，应用受到限制，与英国等经济发达国家相比，我国硅藻土综合利用途径单一，大多数仍然局限于直接利用其多孔、吸附性强的特点来使用，并未达到硅藻土精细化生产利用，没有把资源优势转化为优质产品优势和经济优势。从目前的情况来看，我国硅藻土消费结构主要集中在生产保温材料、生产各种填料、助滤剂等方面，还有许多应该开发的领域至今还是空白[5, 6]。因此，需要进一步加强硅藻土新型产品和功能材料的开发利用途径，实现硅藻土的综合应用，这需要投入更多的科研和生产人员，任重而道远。

　　钢渣是有活性成分的工业废渣，而硅藻土也是有活性成分的一种矿物质。钢渣和硅藻土都有多年的在水泥和混凝土中使用的历史，然而在以前的研究中都是以钢渣或者硅藻土掺入到现有的水泥基材料中，且掺入量很有限。因此，如何提高钢渣和硅藻土在建筑行业中的使用率及提高产品附加值具有重要的理论意义。

4.1.2　钢渣的综合利用研究现状

1. 钢渣的基本特性

　　钢渣是指炼钢过程中排出的熔渣。钢渣的组分主要来自炼钢过程中金属炉料因氧化而产生的氧化物、熔体对炉衬材料和补炉材料的侵蚀产物及特意加入以调整钢渣性质的造渣材料，如石灰石、白云石、铁矿石、硅石等[7]。钢渣一般在高温下形成，呈液态，待缓慢冷却后呈块状。熔融钢渣的冷却方法有多种，如空气中自然冷却、喷水冷却、水淬等。我国的钢渣以转炉钢渣为主，且绝大多数钢渣采取空气中自然冷却的方式，因此所研究的钢渣为在空气中自然冷却的转炉钢渣。

　　钢渣是多结晶矿物集合体，而非玻璃体。钢渣成分复杂、流动性差别大、性能不稳定，具体化学成分波动较大，主要是由炼钢的原材料及冶炼工艺决定的，但主要化学成分基本相同[8]。国内外的研究结果显示[9-11]：钢渣的主要化学成分为CaO、SiO_2、Al_2O_3、MgO及少量MnO、FeO等，钢渣被称为"过烧型水泥熟料"，与水泥熟料相比，其MgO、FeO含量相对较高，SiO_2含量相对较低。钢渣、水泥熟料、矿渣和粉煤灰的主要化学组成如表4.1所示。

表 4.1　钢渣、水泥熟料、矿渣、粉煤灰的主要化学成分　　　　（单位：wt%）

原料	CaO	SiO_2	Al_2O_3	Fe_2O_3	MgO	FeO	P_2O_5
钢渣	30～50	8～20	1～6	3～9	3～13	7～20	1～4
水泥熟料	62～68	20～24	4～7	2.5～6.5	1～2	—	微量
矿渣	30～50	23～45	5～19	—	2～20	0.3～1.2	—
粉煤灰	3～8	39～58	13～45	3～19	0.3～8	—	—

钢渣的性质随化学成分的变化波动很大，碱度是钢渣的一个重要性质，钢渣的碱度不同颜色也不相同，碱度较小时，呈黑灰色，碱度较大时，呈褐灰色、灰白色。钢渣的组成直接决定了其水化反应能力，在化学组成上，通过计算钢渣的碱度可以在一定程度上评价钢渣的活性。我国采用Mason[12]的方法计算钢渣的碱度，并按碱度的大小将钢渣分为三类：碱度大于 2.5 的高碱度渣、碱度小于 1.8 的低碱度渣及碱度为1.8～2.5 的中碱度渣[13]。

在钢渣的物相组成中，C_3S 和 C_2S 是主要的胶凝性矿物，国内外的研究表明随着炼钢过程中大量石灰石的加入，钢渣组分不断发生变化，主要发生以下取代反应：

$$2(CaO \cdot RO \cdot SiO_2) + CaO = 3CaO \cdot RO \cdot 2SiO_2 + RO \tag{4.1}$$

$$3CaO \cdot RO \cdot 2SiO_2 + CaO = 2(2CaO \cdot SiO_2) + RO \tag{4.2}$$

$$2CaO \cdot SiO_2 + CaO = 3CaO \cdot SiO_2 \tag{4.3}$$

由此可以看出，高碱度渣主要物相组成为C_2S、C_3S、C_4AF、C_2F、RO 相(MgO、FeO 和 MnO 的固溶体)、f-MgO、f-CaO，同时还含有一定的玻璃相。低碱度渣主要矿物组成为橄榄石、镁蔷薇辉石、RO 相和C_2S。RO 相、游离 CaO 和游离 MgO 是影响钢渣性能的主要因素，RO 相的水化活性极低，是钢渣中的主要惰性体，几乎不参与水化反应。研究发现，在钢渣胶凝体系中 RO 相与周围凝胶黏结不牢固，其表面与周围凝胶之间的界面是钢渣胶凝体系的薄弱环节[14]，游离 CaO、游离 MgO 是造成钢渣粉安定性不良的主要原因，游离 CaO 的产生主要因为炼钢周期短、造渣不充分，游离 CaO 结构致密，晶格畸变能力很高，它遇水生成 $Ca(OH)_2$，体积增大 1~2 倍，产生很大的破坏力，游离 MgO 具有方镁石的特征，水化缓慢，水化生成 $Mg(OH)_2$ 后体积增大，容易造成钢渣胶凝体系制品后期体积的膨胀。

机械激发是通过机械粉磨的方法增加矿物的比表面积，提高矿物的比表面积对提高矿物的活性十分有效。通过机械粉磨，钢渣比表面积增大，遇水后水分子更容易进入钢渣内部，加速钢渣水化反应的进行，同时粉磨过程中钢渣晶格产生错位、缺陷、重结晶，晶体有序结构被破坏成为无序结构，降低了反应的活化能，改善了钢渣的活性。陈益民[15]研究发现，磨细钢渣粉作为水泥高活性掺合料使用时，随着钢渣粉比表面积的增加其水化活性也进一步增加，同时将钢渣尾料磨细到一定程度时，钢渣中游离的 f-CaO 易在水化过程中参与反应生成氢氧化钙从而使钢渣水泥体积安定性得到改善[16]。当磨细钢渣粉在混凝土中作矿物掺合料使用时细小颗粒钢渣粉可以填充混凝土的孔隙，提高制品结构的致密性从而提高混凝土强度。因此，机械粉磨在激发提高钢渣潜在胶凝性的同时，也能增强钢渣粉在混凝土应用中的物理填充作用[17]。

化学激发的原理是通过引入化学改性剂或活性胶凝材料创造出一个能使钢渣中玻璃体充分解聚并水化的碱性环境，以此来改善钢渣中胶凝相的活性，提高钢渣硬化体的强度。彭小琴等[18]通过碱激发钢渣-矿渣混凝土性能影响的实验，发现当矿渣与钢渣比例合适时，两者能相互促进水化，得到的碱激发钢渣-矿渣胶凝材料内部结构密实，有助于提高混凝土的强度和耐久性能。文天阳等[19]研究发现，在石膏纤维的激发下，钢渣基石膏体系的强度得到了很大程度的提高，而且石膏纤维作为增韧材料能进一步提高其力学性能。郝润霞[20]以硫酸铝、三乙醇胺复合外加剂对钢渣进行激发，可以显著改善胶凝体系的力学性能。胡曙光等[21]以水玻璃为激发剂，成功研究出成本低廉、强度合格的钢渣-矿渣复合水泥，研究表明，当水玻璃模数适合时，能充分发挥出其初始骨架网络结构作用和产生激发效果。

高温激发是指在高温高压的水热条件下，钢渣中玻璃体的网络结构受到热应力作用，玻璃体解聚，钢渣水化反应速率加快、水化反应程度增大，钢渣的胶凝性得以激发[14]。张波等[22]通过对不同蒸养温度条件下钢渣的研究，发现通过提高蒸养温度能够激发钢渣潜在的水化活性，同时也能使影响钢渣安定性组分加快反应。钱光人等[23]研究发现，采取高温高压等激发措施，能够激活橄榄石的胶凝性，在水热蒸养条件下橄榄石类钢渣的强度可以达到 50MPa 以上，其胶凝性及反应产物主要为水化钙铁榴石；Masaaki[24]将钢渣粉、石膏、矿渣按一定比例加水混合成型后在 60℃蒸养条件下养护得到强度高达 6.7MPa 的硬化体。林宗寿等[25]将 50%钢渣+5%石膏+45%粉煤灰混合物处理，得到的钢渣预处理料出现新矿物的衍射峰：钙矾石、C-S-H 凝胶、铝酸钙等，活性很高。

2. 国内外钢渣的研究现状

1937 年英国已将钢渣作为沥青骨料来铺筑路面，钢渣与沥青具有良好的黏附性，可用来铺筑高质量的柔性道路；钢渣经过处理后稳定性增强，具有良好的抗冻、解冻性，可用于寒冷气候地区道路的基层、垫层及面层，国内宝钢、武钢等多家企业已用钢渣铺筑了很多道路。Tsakiridis 等[26]发现在烧制硅酸盐水泥熟料时，掺加适量的钢渣并不影响水泥熟料的矿物组成及性能。Asi 等[27]发现在沥青混凝土中掺加适量钢渣作为粗骨料使用时，沥青混凝土的力学性能明显增强。Abu-Eishah 等[28]将钢渣作为骨料，同时掺加粉煤灰和硅灰制备钢渣骨料混凝土，发现钢渣骨料混凝土力学性能得到改善并获得良好的耐久性。Wu 等[29]以钢渣作为骨料制备沥青混凝土，钢渣沥青混凝土达到相关性能要求的同时，沥青混凝土的耐高温、耐低温性能得到改善。Qasrawi 等[30]对钢渣进行粉碎处理后取代砂制备混凝土，当钢渣取代量在 50%以内时混凝土的力学性能有所提升。邢琳琳[31]通过对钢渣粗骨料混凝土的研究发现，当钢渣掺入 50%时仍能满足混凝土稳定性的要求，与普通混凝土相比，钢渣粗骨料混凝土的宏观力学性能、耐久性能均有所改善。张明等[32]以鄂钢电炉钢渣为主要原料，辅以水泥、膨胀珍珠岩等原料制成小型空心砌块，制品符合国家标准。关少波[33]提出了钢渣粉机械化学复合活化方法，采用实验方法建立了剥离水泥强度影响的钢渣活性因子评价方法，证明了钢渣胶凝性产生的原因及作用潜力。马晓辉等[34]利用化学方法激发钢渣活性后，研制出钢渣作为主要原料的混凝土空心砌块，钢渣制作小型空心砌块时的制备条件为：钢渣 50%、水泥 30%、黄砂 20%、外加剂 1%，废渣利用率达 50%。杨钱荣等[35]利用钢渣-矿渣-粉煤灰制备复合微粉等量取代水泥制备混凝土，在同水胶比情况下，当复合微粉掺量小于 45%时，普通混凝土 7d 强度大于掺入钢渣复合微粉的混凝土的强度，但其 28d 及以后强度发展高于普通混凝土。杨波等[36]提出通过磁选、磨细等方式可激发钢渣较高的潜在活性，同时能解决钢渣钝化问题。实现钢渣的资源化利用，不仅能"变害为利，变废为宝"，而且兼具社会环保意义，满足可持续发展的需要。

4.1.3 硅藻土的研究现状

1. 硅藻土的基本特性

硅藻土是由古代硅藻遗骸经成岩作用形成的多孔硅质沉积岩，其中所含藻类的品种很多，有直链藻、圆筛藻、冠盘藻、小环藻和羽纹硅藻等，其颜色多为白色、灰白色、灰色、浅灰褐色和黑色，是一种重要的非金属矿产资源[37]。硅藻土的主要化学成分是无定形的二氧化硅(SiO_2)，还含有少量的 CaO、Fe_2O_3、Al_2O_3、MgO、K_2O、Na_2O 及有机质。硅藻土质量的评定主要是以 SiO_2 的含量为重要参数，SiO_2 含量越高，杂质含量越少，硅藻土质量越好[38]。硅藻土的主要化学成分见表 4.2。硅藻土疏松多孔，是声、热、电的不良导体，熔点高且化学性质稳定，不溶于任何强酸(氢氟酸除外)，但能溶于强碱溶液中[39]。

表 4.2　硅藻土的主要化学成分　　　　　　　(单位 wt%)

成分	含量	成分	含量	成分	含量
SiO_2	60.00～80.99	CaO	0.82～5.55	Fe_2O_3	2.11～3.58
Na_2O	1.16～2.18	K_2O	0.13～0.82	MgO	1.21～2.35
Al_2O_3	3.02～4.31	TiO_2	0.12～0.55	LOI	3.83～4.61

2. 国内外硅藻土的研究现状

目前，部分国家实现了硅藻土制品的工业化规模，在丹麦、罗马尼亚、俄罗斯、日本、英国等地区，以硅藻土为主要原料制造的壁材、吊顶材已投入工业化生产，其产品被广泛应用于建筑装饰领域。丹麦利用大型蒸压设备生产以硅藻土为主要原料的高强板材；利用硅藻土制造的室内装修材料除了不会散发出对人体有害的化学物质外，还具有自动调节室内湿度、消除异味的功能，有改善居住环境的作用[40]。Ergun[41]研究以硅藻土和废物大理石粉末替代水泥制作混凝土，结果表明适量的硅藻土对混凝土试件的强度产生有利影响。Akhtar 等[42]利用水浸法研究温度对硅藻土陶瓷材料性能的影响，研究结果表明，烧结温度对硅藻土陶瓷制品物理性能和力学性能影响较大。Zaetang 等[43]使用硅藻土和浮石制作轻量级透水混凝土，研究发现透水混凝土性能优异，绝干密度为 558～775kg/m³，28d 的抗压强度达 2.47～5.99MPa，导热系数与一般透水混凝土相比可以减少至 1/4～1/3 倍，适合用作隔热混凝土。

我国硅藻土资源丰富、储量巨大、价格低廉，在建筑材料行业中使用广泛。肖力光等[44]研究发现在氯氧镁水泥中加入 10%煅烧后的硅藻土时，水泥的软化系数大幅度提高,氯氧镁水泥的 28d 抗压强度可达到 101MPa。于澁[45]以 600～800℃煅烧寻甸回族彝族自治县先锋镇所产硅藻土原土，发现硅藻土品质得到改善，孔隙率、比表面积增大，堆积密度降低，SiO_2 含量提高，有火山灰性，可以作为优质的水泥混合材料。喻鹏等[46]以硅藻土作为绿色外加剂进行了再生混凝土强度测试，研究发现硅藻土能有效填补再生粗骨料表面的微小缝隙，增大再生混凝土的抗压强度。胡志强等[47]发现张北硅藻土原土煅烧温度以 600℃为最佳，经 600℃煅烧的硅藻土，硅藻富集，孔隙度增大，比表面积提高，火山灰性显著变好，适宜作水泥混合材。浙江某砖厂曾开发成功一种硅藻土薄壁轻质空心砖，是一种体积容重轻、保温隔热性能好的新型墙材。20 世纪 80 年代以后国内一些单位开发了高强砖的生产。其中抗压强度为 5.0～10.0MPa 的高强砖，替代 2.5MPa 的硅藻土高强砖生产线，取代了部分原有普通硅藻土砖的市场，并确立了扩大使用范围的前景。

4.1.4　泡沫混凝土的特性及研究现状

1. 泡沫混凝土的特点

泡沫混凝土是一种轻质多孔混凝土材料，既不属于水泥浆也不属于砂浆，而是一种在砂浆料浆体系中引入适量微小气泡，搅拌均匀后，经浇注成型、养护形成的轻质混凝土制品[48]。泡沫混凝土的孔结构使其具有一些普通混凝土不具有的特殊性能，主要有以下几点。

1) 轻质性

泡沫混凝土中大量引入的气泡在混凝土内部形成大小均匀、封闭的气孔。泡沫混凝土具有较低的密度(400～1600kg/m³)，能够大大降低建筑物的自重，同时也能降低工程造价，取得良好的经济效果。

2) 保温隔热性能好

泡沫混凝土具有独特的孔结构，制品内部大量孔隙的存在，使得制品导热系数极低，绝热性能良好，保温性能优异。

3) 抗震性能好

泡沫混凝土密度小、质量轻、弹性模量小，一方面可以减小建筑物基础承受的荷载，提高建筑物抗震性能，另一方面泡沫混凝土结构在承受地震荷载时可以吸收和扩散冲击荷载。

4) 隔声性能好

泡沫混凝土内部具有大量的封闭气孔，隔声性能优异，应用于墙体材料中不仅可以有效地减少噪声污染，而且一墙两用，降低工程成本。

5) 其他性能

在保证强度的前提下，泡沫混凝土可以选用大量的工业废渣作填充料，不仅节约成本，而且能有效利用资源，实现变废为宝，利于环保。

2. 国内外泡沫混凝土的研究状况

1923 年欧洲人首次在水泥浆中引入空气，苏联是最早制订泡沫混凝土规范的国家，在第二次世界大战期间对泡沫混凝土深入研究，并进行了工业化生产，成立许多大型公司。随着科技的进步及市场的需求，泡沫混凝土的性能也在不断提高、不断完善。Valore[49]对泡沫混凝土的材料组成、材料配比及其内部气孔结构、气孔分布与强度的关系进行了研究探索。在 21 世纪初，Kearsley 等[50]开始对粉煤灰泡沫混凝土进行初步探索，发现在泡沫混凝土中掺入适量的粉煤灰可以改善孔结构和渗透特性。Jones 等[51]进一步地对粉煤灰取代砂制作泡沫混凝土进行研究，发现泡沫混凝土的流动性得到改善、抗压强度得到提高。Nambiar 等[52]通过大量的实验和计算，得到了泡沫混凝土中粉煤灰的添加量与强度的关系。

近年来在美国、加拿大、德国等欧美国家及亚洲一些国家(如日本、韩国等)泡沫混凝土在建筑领域得到越来越广泛的应用，主要用作挡土墙、修建运动场和田径跑道、用作复合墙板等。

国内学者对于制备泡沫混凝土开展了大量的研究。余红发等[53]研制的泡沫发泡剂是一种动物蛋白质发泡剂，适用于较低表观密度等级的泡沫混凝土的制备。杨久俊等[54]采用含无机高分子、高性能热聚物的新型发泡剂制备出免蒸压无铝粉发气混凝土砌块，制品抗冻融性能良好。邱军付等[55]以双氧水为发泡剂、粉煤灰为主要原料，掺加适量的粉煤灰激发剂，制备出超轻泡沫混凝土保温板，保温板性能符合国家规定的保温制品要求。赵铁军等[56]研究粉煤灰泡沫混凝土 28d 及以后龄期的抗压强度发现，在一定条件下，用大量粉煤灰替代水泥对泡沫混凝土的长期抗压强度影响不大。汪新道等[57]发现在泡沫混凝土中，单掺粉煤灰能够降低其干湿表观密度，但对泡沫混凝土制品强度影响不大；单掺矿粉会影响泡沫混凝土的硬化时间，但对干湿表观密度和后期强度无不利影响，矿粉、粉煤灰双掺能够发挥协同互补效应，提高泡沫混凝土的强度。盖广清等[58]通过对在陶粒泡沫混凝土中掺加适量粉煤灰的实验研究发现，适量粉煤灰掺入能够提高粉煤灰陶粒泡沫混凝土的强度、降低粉煤灰陶粒泡沫混凝土表观密度及降低粉煤灰陶粒泡沫混凝土的导热系数。

大量研究表明，工业固体废弃物作为泡沫混凝土生产原料是可行的，泡沫混凝土具有防火、隔声、易于成型、工艺简单、造价低、绿色环保等优势，使其在未来市场竞争中占有绝对优势。目前，我国政府大力推广建筑节能，泡沫混凝土作为一种环保节能的新型环保型材料必将异军突起,在建筑节能等领域快速发展。现在我国泡沫混凝土主要应用在以下几个方面。

1) 泡沫混凝土砌块

泡沫混凝土具有独特的气孔结构，与普通混凝土相比，其制品的导热系数较小，保温隔热性能较好。因此，泡沫混凝土砌块是泡沫混凝土在墙体材料中最大的应用形式。在我国北方，由泡沫混凝土做成的砌块主要作为墙体的保温层，利用泡沫混凝土的轻质高强性，在南方地区，泡沫混凝土砌块主要用于框架结构的填充墙。

2) 泡沫混凝土超轻墙板

泡沫混凝土具有较低的绝干密度，作为芯材与面板复合制成复合墙板和屋面板复合，在装配式住宅中被广泛应用，轻钢屋架-泡沫混凝土复合板结构体系，施工速度快、工艺简单、抗震性强，体系可实现自保温、绿色环保、造价低，具有巨大的经济效益。

3) 园林工程

泡沫混凝土在园林方面的应用是一个新兴的领域，目前呈现出良好的发展势头，主要包括泡沫混凝土假山石、轻质水上漂浮制品等。

4) 泡沫混凝土夹芯构件

泡沫混凝土保温隔热性能优良，可作为填充材料来制备防火门芯，制品在燃烧性能和烟毒性方面满足国家标准要求，耐火性能良好；在预制钢筋混凝土构件中可采用泡沫混凝土作为内芯，使其具有轻质、高强、隔热的良好性能；同时也可用于防火墙的绝缘填充、隔声楼面填充。

由此可见，科学合理地利用固体废弃物资源制备泡沫混凝土已逐渐引起科研工作者的高度重视，对于利用矿渣、粉煤灰等制备泡沫混凝土的技术趋于成熟，然而对于利用钢渣制备泡沫混凝土的研究相对较少。本节实验以钢渣与硅藻土为主要原料复合制备钢渣-硅藻土泡沫混凝土，旨在实现钢渣的资源化利用，促进硅藻土的开发利用，同时为钢渣、硅藻土在泡沫混凝土领域的发展、应用提供一定的理论支持。

4.2　钢渣-硅藻土泡沫混凝土研究的工作思路和技术路线

4.2.1　钢渣-硅藻土泡沫混凝土研究的工作思路

我国现阶段正在大力推进符合生态节能、资源综合利用的建筑材料的研究与开发。目前，利用矿渣、粉煤灰等工业固体废弃物制备泡沫混凝土的研究已经取得一定的成果。然而利用硅藻土、钢渣制备泡沫混凝土却很少涉及。因此，应当借鉴其他综合利用途径，结合钢渣和硅藻土的特性，开发出钢渣和硅藻土的综合利用新途径，使其产生一定的环境效益和经济效益。

本节研究针对钢渣化学组成波动性大、水硬性差等问题，在对钢渣基本特性分析的基础上，采用机械力化学效应对钢渣进行活化，而后与硅藻土(经过煅烧与超细粉碎复合改进)复合制备钢渣-硅藻土泡沫混凝土。研究各原料掺量对钢渣-硅藻土泡沫混凝土性能的影响，综合实验条件，确定钢渣-硅藻土泡沫混凝土的最优实验配合比，制备出满足《泡沫混凝土》(JG/T 266—2011)的物理技术指标，相应指标尽可能满足：强度等级达到 C3 级别(抗压强度平均值不小于 3.0MPa，单块抗压强度最小值不小于 2.5MPa)、制品的干表观密度和导热系数达到 A08 级别[干表观密度≤800kg/m³、导热系数≤0.21W/(m·K)]。最后，对泡沫混凝土制品的水化产物及水化机理进行分析。

4.2.2　钢渣-硅藻土泡沫混凝土研究的主要工作内容及技术路线

1. 钢渣-硅藻土泡沫混凝土研究的主要工作内容

(1) 钢渣、硅藻土的矿物学特性分析。采用筛分法对钢渣的粒度组成进行分析；结合 XRD 分析、FT-IR 等测试技术对钢渣、硅藻土的矿物组成进行分析。

(2) 钢渣-硅藻土泡沫混凝土的制备。首先进行制备泡沫混凝土单因素实验，得到泡沫混凝土制品，对制品的性能进行检测，优化钢渣-硅藻土泡沫混凝土的组分材料掺量，研究各原料掺量对钢渣-硅藻土泡沫混凝土性能的影响，综合实验条件，确定钢渣-硅藻土泡沫混凝土的最优配合比。

(3) 钢渣-硅藻土泡沫混凝土水化机理研究。结合 XRD、SEM 等测试技术重点研究钢渣-硅藻土泡沫混凝土的微观结构、性能特点及其水化反应机理，揭示钢渣-硅藻土泡沫混凝土水化产物的种类及形成的过程。

(4) 孔结构对钢渣-硅藻土泡沫混凝土制品性能的影响，拟通过孔隙率、圆度值、孔径的大小及分布等指标表征孔结构特征，对钢渣-硅藻土泡沫混凝土原料组成与孔结构特征和性能的相关性进行系统性研究。

2. 钢渣-硅藻土泡沫混凝土研究的技术路线

钢渣-硅藻土泡沫混凝土的制备工艺流程如图 4.2 所示。钢渣-硅藻土泡沫混凝土的研究技术路线图如图 4.3 所示。

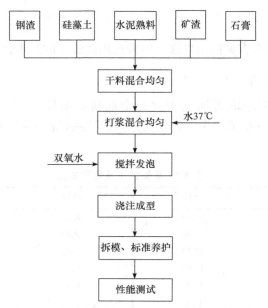

图 4.2　钢渣-硅藻土泡沫混凝土的制备工艺流程

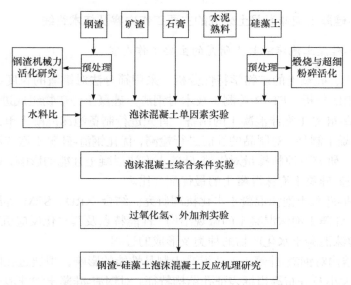

图 4.3　钢渣-硅藻土泡沫混凝土研究技术路线图

4.2.3　钢渣-硅藻土泡沫混凝土研究用原料

1. 钢渣

所用钢渣取自天津某炼钢厂，实验选用钢渣的基本特征将在 4.3.1 节详细介绍。

2. 硅藻土

所用硅藻土取自吉林白山矿区，实验选用硅藻土的基本特征详见 3.3.1 节。

3. 水淬高炉矿渣

实验所用的矿渣取自河北省武安金鼎铸业有限公司，勃氏比表面积为 550cm²/g，水淬高炉矿渣的主要化学成分分析结果如表 4.3 所示，XRD 分析结果见图 4.4。

表 4.3　矿渣的主要化学成分　　　　　　　　　　　（单位：wt%）

成分	含量	成分	含量
SiO_2	35.80	K_2O	0.69
CaO	33.96	MnO	0.72
Al_2O_3	15.38	TiO_2	0.61
MgO	11.03	SO_3	1.09
Fe_2O_3	0.39	LOI	0.02
Na_2O	0.31		

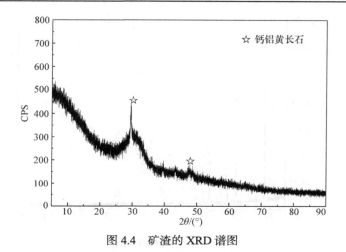

图 4.4　矿渣的 XRD 谱图

　　从表 4.3 中可以看出，矿渣主要化学成分为 CaO 和 SiO_2，其次是 Al_2O_3。通过 XRD 谱图可知，矿渣粉主要是以玻璃体形态存在。该矿渣中结晶相主要为钙铝黄长石。

4. 石膏

　　实验所用石膏来自河北省武安金鼎铸业有限公司，主要化学成分分析结果如表 4.4 所示，图 4.5 为石膏的 XRD 谱图，其主要矿物相是 $CaSO_4 \cdot 2H_2O$。

表 4.4　石膏的主要化学成分　　　　　（单位：wt%）

成分	含量	成分	含量	成分	含量	成分	含量
Na_2O	0.05	Fe_2O_3	0.69	SiO_2	3.21	SO_3	46.39
MgO	0.61	SrO	0.05	Cl	0.31	LOI	0.05
TiO_2	0.03	K_2O	0.41	P_2O_5	0.05		
Al_2O_3	1.52	CaO	46.63				

5. 水泥熟料

　　实验所使用的水泥熟料为普通硅酸盐水泥熟料，主要化学成分分析结果如表 4.5 所示。图 4.6 为水泥熟料的 XRD 谱图，主要矿物组成为硅酸三钙、硅酸二钙、铝酸三钙、铁铝酸四钙等。

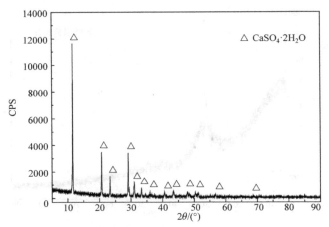

图 4.5　石膏的 XRD 谱图

表 4.5　水泥熟料的化学成分分析　　　　　　　（单位：wt%）

成分	含量	成分	含量
CaO	67.51	MgO	0.83
Fe_2O_3	3.39	MnO	0.20
K_2O	0.30	SiO_2	21.30
TiO_2	0.31	Na_2O	0.22
Al_2O_3	5.26	LOI	0.68

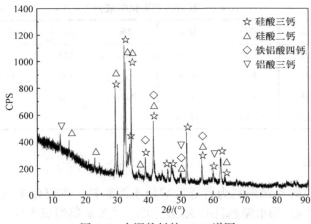

图 4.6　水泥熟料的 XRD 谱图

6. 过氧化氢溶液

实验采用过氧化氢作为化学发泡剂。实验所用过氧化氢为杭州临安精欣化工有限公司生产的过氧化氢溶液(其中有效成分为 30%)，符合《化学试剂 30%过氧化氢》(GB/T 6684—2002)对过氧化氢试剂的要求。

4.2.4　钢渣-硅藻土泡沫混凝土研究的实验条件

1. 实验设备

实验主要设备如表 4.6 所示。

表 4.6　实验主要设备

主要仪器	型号	生产厂家
小型球磨机	SMΦ500×500	献县亚星公路建筑仪器厂
电子天平	QUINTIX1102-1CN	赛多利斯科学仪器(北京)有限公司
标准恒温恒湿养护箱	YH-40B	沧州昊宇仪器设备有限公司
微机控制电液伺服压力试验机	YAW-3000	上海三思纵横机械制造有限公司
全自动真密度分析仪	3H-2000TD2	贝士德仪器科技(北京)有限公司
全自动比表面积测定仪	QBE-9	北京中科东晨科技有限公司
激光粒度分析仪	Ms 2000	英国马尔文仪器公司
电热恒温鼓风干燥箱	DHG-9920A	上海一恒科学仪器有限公司
制样粉碎机	GJ-100-1	江西省恒诚选矿设备有限公司
快速升温节能箱式电炉	SXL-20-16S	龙口市电炉制造厂
全自动双平面导热系数测定仪	DHR-Ⅲ	常州三丰仪器科技有限公司
热重分析仪	FR-TGA-101	上海发瑞仪器科技有限公司
电热恒温水浴锅	HH.S11-1s	上海跃进医疗器械有限公司
水泥净浆搅拌机	NJ-160B	河北科析仪器设备有限公司
扫描电子显微镜	SUPRA55	卡尔蔡司(上海)管理有限公司
水泥胶砂振动台	ZS-15	献县亚星公路建筑仪器厂
傅里叶变换红外光谱仪	Nicolet-380	美国 Thermo Nicolet 公司
水泥胶砂搅拌机	JJ-5	献县宏达仪器厂
X 射线衍射仪	X'Pert Powder	荷兰帕纳科公司

2. 钢渣-硅藻土泡沫混凝土性能测试方法

1) 泡沫混凝土绝干密度测试方法

按照行业标准《泡沫混凝土》(JG/T 266—2011)要求对泡沫混凝土制品进行绝干密度测定，取一组试件，按长、宽、高测轴线尺寸，精确至 1mm，并计算每块

试件的体积 V；将三块试件在干燥箱内烘干至恒重，冷却至室温后测量试件质量，精确至 1g。绝干密度按式(4.4)进行计算：

$$\rho_0 = \frac{M_0}{V} \times 10^6 \qquad (4.4)$$

式中，ρ_0 为绝干密度，kg/m^3；M_0 为试件烘干质量，g；V 为试件体积，mm^3。

2) 吸水率

按照行业标准《泡沫混凝土》(JG/T 266—2011)要求对泡沫混凝土制品进行吸水率测定：将试件在电热鼓风干燥箱内烘干至恒质量；当试件冷却至室温后，将其放入水温为(20±5)℃的恒温水槽中，加水至试件高度的 1/3 处，待 24h 后再加水至试件高度的 2/3 处，保持 24h 后，加水高出试件 30mm 以上，保持 24h，将试件从水中取出，用湿布抹去表面水分，并立即测量其每块质量。吸水率按式(4.5)进行计算：

$$W_R = \frac{m_g - m_0}{m_0} \times 100\% \qquad (4.5)$$

式中，W_R 为吸水率，%；m_0 为试件烘干后质量，g；m_g 为试件吸水后质量，g。

3) 抗压强度

按照行业标准《泡沫混凝土》(JG/T 266—2011)要求对泡沫混凝土制品进行抗压强度测试，抗压强度按式(4.6)进行计算：

$$f = F/A \qquad (4.6)$$

式中，f 为试件的抗压强度，MPa；F 为最大破坏荷载，N；A 为试件受压面积，mm^2。

4) 导热系数

首先将钢渣-硅藻土泡沫混凝土制成尺寸为 300mm × 300mm × 30mm 大小的试件，养护至预定龄期后，将试件放入电热鼓风干燥箱内烘至恒重，取出试件冷却至室温，然后在导热系数测定仪上进行导热系数测定。

5) 泡沫混凝土孔隙率测试

按照《水泥密度测定方法》(GB/T 208—2014)要求对泡沫混凝土制品进行真密度 ρ 测定，按式(4.7)计算孔隙率：

$$P = (1 - \rho_0/\rho) \times 100\% \qquad (4.7)$$

式中，ρ_0 为表观密度；ρ 为材料真密度；P 为孔隙率。

3. 钢渣-硅藻土泡沫混凝土的分析与测试

本节研究过程中运用的分析测试手段主要有比表面积分析、X 射线衍射分析、扫描电子显微镜分析、红外分析等。

1) 比表面积分析

利用北京中科东晨科技有限公司提供的 QBE-9 型全自动比表面积测定仪测定钢渣、矿渣等原料的比表面积，测定按照《水泥比表面积测定方法 勃氏法》(GB/T 8074—2008)操作。

2) X 射线衍射分析

主要由陕西省尾矿资源综合利用重点实验室进行测定，采用荷兰帕纳科公司生产的 X 射线衍射仪获得，测试条件：管压为 40kV，电流为 50mA，2θ 范围为 5°～90°。

3) 扫描电子显微镜(SEM)分析

由北京建筑材料科学研究总院有限公司扫描电镜室进行测试分析。实验用扫描电子显微镜由卡尔蔡司(上海)管理有限公司生产，主要用来观察胶凝材料水化产物的微观形貌。

4) 红外分析

研究中所有红外数据由陕西省尾矿资源综合利用重点实验室提供，采用 Nicolet-380 型傅里叶变换红外光谱仪分析、判断矿物或材料的化学结构。

4.3 钢渣及硅藻土特性及活化研究

4.3.1 钢渣的矿物学特性研究

1. 钢渣的产出及物理表征

所用钢渣取自天津某炼钢厂，是在空气中自然冷却的转炉钢渣。如图 4.7 所

图 4.7 钢渣的颗粒形貌

示，钢渣呈黑灰色，颗粒形状不规则，粒径较大，因此在实验开始前对钢渣进行预处理。首先利用颚式破碎机对钢渣进行破碎，然后筛分处理、选取 0～4.75mm 的钢渣进行后续的实验。

表 4.7 为筛分后的钢渣颗粒粒度分布，从表中看到破碎后的钢渣颗粒粒径主要集中在 0.30～4.75mm 区间，占比在 95%以上，但钢渣成分复杂、本身活性较低、性能不稳定，很难被直接利用。本节采取机械活化的方式激发钢渣的活性，利用辊式破碎机对筛分后的钢渣进行粉磨处理。

表 4.7　钢渣破碎筛分后的粒度分布

筛孔尺寸	筛余质量/g	分计筛余率/%	累计筛余率/%
4.75mm	130.5	26.1	26.1
2.36mm	89.1	17.8	43.9
1.18mm	121.2	24.2	68.1
0.60mm	113.1	22.7	90.8
0.30mm	23.9	4.8	95.5
0.15mm	10.3	2.1	97.6
0.08mm	8.6	1.7	99.3
筛底	3.3	0.7	100.0

2. 钢渣的矿物组成

图 4.8 为钢渣的 XRD 谱图，从谱图中看到，该钢渣的主要矿物成分有硅酸三钙(C_3S)、硅酸二钙(C_2S)、铁铝酸二钙(C_2F)、碳酸钙($CaCO_3$)、RO 相以及一些无定形态物质。钢渣的矿物组成决定其具有一定的水化活性。$CaCO_3$ 的存在是由钢

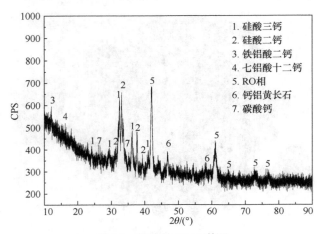

图 4.8　钢渣的 XRD 谱图

渣在堆放过程中 CaO 碳化所致。钢渣中含有的 C_2S、C_3S 是在高温熔融状态下形成的，形成条件不稳定、晶体发育不完全，胶凝活性较低。RO 相为惰性物质，化学稳定性较好，几乎不参与水化反应[59]。因此，实验用钢渣的整体活性低，水化性能差。

4.3.2　钢渣的粉磨特性研究

1. 不同粉磨时间钢渣的粒度分布

固体颗粒在机械力作用下会引起物理化学反应，从而提高物料的活化程度。利用马尔文激光粒度分析仪(Ms 2000 型)测试不同粉磨时间钢渣的粒度分布情况，通过对比研究分析，选出钢渣粉磨过程中最合适的粉磨时间。图 4.9、图 4.10 给出了不同粉磨时间钢渣粒度分布情况，并由粒度分布得出不同粉磨时间的特征粒

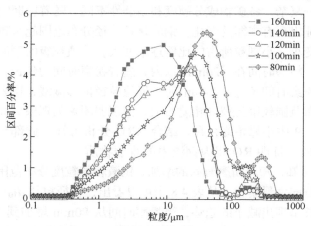
图 4.9　不同粉磨时间钢渣的区间分布

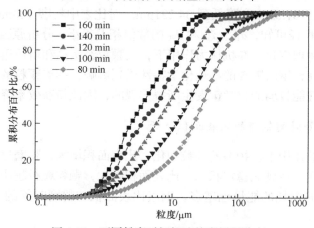
图 4.10　不同粉磨时间钢渣粒度累积分布

径分析结果，见表 4.8。

表 4.8　不同粉磨时间钢渣的特征粒径

粉磨时间/min	特征粒径/μm		
	d_{10}	d_{50}	d_{90}
80	3.97	28.028	101.838
100	1.964	16.458	64.910
120	1.345	8.542	34.221
140	1.417	7.861	32.754
160	1.106	6.681	30.512

从图 4.9 可以看出，不同粉磨时间钢渣粒度分布呈"双峰"状态，这是因为钢渣中矿物成分复杂，各矿物成分硬度和耐磨性不同。随着粉磨时间的增加，钢渣的颗粒群特征出现有规律的变化，钢渣颗粒粒径分布范围越来越集中，大颗粒所占比例逐渐变小，小颗粒所占的比例逐渐变大，峰值粒级的钢渣粒径逐渐向细颗粒粒径偏移。粉磨时间在 120min 以内，随着粉磨时间的延长，峰值粒径偏移速度显著，当粉磨时间超过 120min 时，峰值粒径偏移减缓，比表面积增长速度变缓。粒径分布范围较窄且彼此相差不大，出现弱团聚的现象。此外，随粉磨时间的延长，图 4.9 中小峰始终存在，结合 XRD 分析可知，此部分为钢渣中 RO 相的存在造成的，证明 RO 相为钢渣中的难磨物质。

由图 4.10 可知，随着粉磨时间的增加，钢渣粉的粒度分布范围变窄，并逐渐向粒度值小的方向大量集中。从表 4.8 中可以看出，特征粒径 d_{10}、d_{50} 和 d_{90} 随着粉磨时间的延长呈现出减小的趋势，当粉磨时间从 80min 增加到 120min 时，钢渣颗粒的 d_{50}(中位径)从 28.028μm 降低到 8.542μm，累积分布百分比达到 90%对应的颗粒 d_{90} 从 101.838μm 降低到 34.221μm。对比表中粉磨 120min、140min 及 160min 的特征粒径可知，d_{10}、d_{50} 和 d_{90} 的数值相差很小，分析原因认为，粉磨初期主要表现为物理变化，在机械力作用下，大颗粒经碰撞和挤压迅速细化，再继续延长粉磨时间，钢渣颗粒的物理化学特性受到影响，钢渣颗粒的进一步细化是通过颗粒表面键能较弱的化学键发生断裂实现的，因此粉磨效率降低。

2. 不同粉磨时间钢渣的比表面积分析

在机械力的作用下，物料的颗粒细化、比表面积增大，粉磨过程中其物理化学特性发生改变，达到亚稳定状态。比表面积越大，颗粒粒径越小，颗粒的活性越高，但粉磨时消耗的能量也越多。钢渣比表面积与粉磨时间的关系如图 4.11 所示。

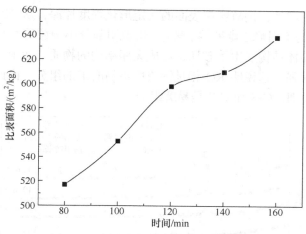

图 4.11　不同粉磨时间钢渣的比表面积

由图 4.11 可以看出，随着粉磨时间的增加，钢渣的比表面积逐渐增大。粉磨 80min、100min、120min、140min、160min 时钢渣的比表面积分别为 517m²/kg、553m²/kg、598m²/kg、610m²/kg、638m²/kg。粉磨早期钢渣的比表面积增长较快，在粉磨 120min 到 140min 时，比表面积从 598m²/kg 增加到 610m²/kg，而粉磨 160min 时比表面积变化较小。分析原因可能有两个：一方面钢渣粉磨过程中出现了动态平衡，出现了弱团聚的现象，粉磨与团聚达到平衡状态，并可能达到了粉碎极限，随着粉磨时间的增加，样品比表面积逐渐增大，但比表面积变化较小；另一方面表现为钢渣中存在一定量的难磨物质，导致了微粉的比表面积难以随着粉磨时间增加而线性增加，结合 XRD 分析可知，此难磨物质为 RO 相。

3. 不同粉磨时间钢渣的 XRD 分析

在强烈机械力作用下提高钢渣的细度，从理论上分析，粉磨过程使矿物比表面积增大、表面能增加，晶体发生破坏，产生错位、缺陷，形成无定形结构的物质，水化反应所需的活化能降低，原料的活性得到提高[59]。钢渣经破碎处理后，颗粒粒径主要集中在 0.30~4.75mm 区间，不能满足制备泡沫混凝土原料细度的要求，且钢渣本身活性较低，因此采用球磨机对钢渣进行粉磨以进一步提高其活性。

图 4.12 为钢渣原矿及粉磨钢渣的 XRD 谱图。从图中可以看出，经过不同时间的粉磨之后，钢渣的化学成分、矿物组成的种类基本不变，衍射峰强度的变化反映出钢渣颗粒晶体粒度、无定形化程度及晶格畸变等情况。随着粉磨时间的延长，钢渣中主要矿物相的衍射峰强度均有所减弱，部分主要矿物的峰宽增加，表明随着粉磨时间的延长，这些矿物的晶体结构被破坏，逐渐向无定形玻璃态转变。

随着粉磨时间的增加，钢渣颗粒表面的无定形化程度加深，从 XRD 谱图可以看出 C_2S 和 C_3S 的衍射峰逐渐变弱、简并，这说明部分小颗粒的 C_2S 和 C_3S 被磨得更细，矿物的晶体结构发生了破坏，形成无序结构的物质。而 RO 相的衍射峰强度依然很高、很强，这说明 RO 相是钢渣中不易磨细的组分。由此可知，在钢渣中 RO 相不易磨细，C_2S 和 C_3S 是易磨组分。

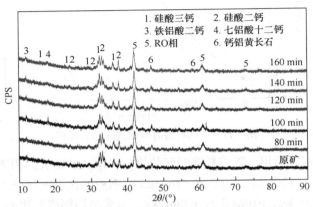

图 4.12　原钢渣及不同粉磨时间钢渣的 XRD 谱图

4. 不同粉磨时间钢渣的 FT-IR 分析

图 4.13 为钢渣及不同粉磨时间钢渣的 FT-IR 图。

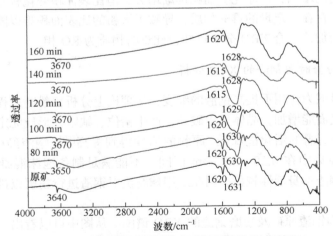

图 4.13　原钢渣及不同粉磨时间钢渣的 FT-IR 图

由图中可以看出，不同粉磨时间下钢渣的吸收峰向小波数方向移动。图中振动波数相对剧烈的区域是 $1200\sim800cm^{-1}$，表征 Si—O 非对称伸缩振动吸收谱带。随着粉磨时间的延长，该范围内的吸收峰得到增强并尖锐化，这表明在机械力作用下，钢渣颗粒表面基团数目增多，伸缩振动峰得到增强，吸收谱带逐渐锐化，有利于钢渣活性的提高。3640cm^{-1}左右的吸收峰归属为 Ca(OH)$_2$ 中羟基伸缩振动，波数在 1430cm^{-1} 左右的吸收峰为钢渣中碳酸钙中的 CO$_3^{2-}$ 的非对称伸缩振动谱带。结合前面 X 射线衍射分析的矿物组分，分析可知谱图中这两处的峰波动为钢渣在堆放过程中 CaO 碳化所致。波数在 1620cm^{-1} 处吸收谱带为 H$_2$O 弯曲振动谱带。钢渣的粉磨过程包含物理化学变化，粉磨初期表现为颗粒破碎、颗粒细化，随着粉磨时间的增加，钢渣颗粒表面键能较弱的化学键破坏、重组，亚微米及纳米级颗粒增加，伸缩振动的吸收峰增强。颗粒细化、化学键的断裂与重组是导致红外光谱简并扩宽或分裂尖锐的根本原因。

5. 不同粉磨时间的钢渣活性

为检测不同粉磨时间钢渣的活性，实验参照《用于水泥混合材的工业废渣活性试验方法》(GB/T 12957—2005)，依据《水泥胶砂强度检验方法(ISO 法)》(GB/T 17671—1999)制备胶砂试件并测得 3d、7d、28d 抗压强度，采用强度贡献率 K_{28} 对不同粉磨时间的钢渣活性进行表征。活性指数 K_{28} 按式(4.8)进行计算，K_{28} 值越大，说明钢渣作为掺合料对混凝土强度贡献越大，其活性越高。

$$K_{28} = R/R_0 \tag{4.8}$$

式中，K_{28} 为活性指数，%；R 为实验组不同龄期抗压强度，MPa；R_0 为对照组不同龄期抗压强度，MPa。

实验具体配比方案见表 4.9。实验所用水泥为 P·I 42.5 硅酸盐基准水泥，A-0 为对照组，实验组用不同粉磨时间的钢渣取代 P·I 42.5 硅酸盐基准水泥制备胶砂试件，进行水泥胶砂强度实验。

表 4.9　实验配合比设计方案

样品编号	水泥掺配比/wt%	钢渣掺配比/wt%	石膏掺配比/wt%	水胶比	粉磨时间/min
A-0	100	—	—	0.5	—
A-1	65	30	5	0.5	80
A-2	65	30	5	0.5	100
A-3	65	30	5	0.5	120
A-4	65	30	5	0.5	140
A-5	65	30	5	0.5	160

根据上述方案，测试胶砂试件不同龄期的抗压强度，绘制强度贡献率图，如图 4.14 所示。对比不同粉磨时间钢渣的活性指数，可以看到随着粉磨时间的延长，不同龄期的活化指数均有所提高，总体活性上升的态势验证了"机械力化学效应"理论。钢渣粉磨 120min 时，提升效果最为明显，钢渣活性最高。对比不

同龄期的活性指数，龄期为 3d 时，不同粉磨时间的钢渣活性指数均小于 60%，随着龄期的增长，活性指数大幅度增加，龄期为 28d 时活性指数均大于 95%，证明了钢渣的水化是一个缓慢的过程，钢渣对制品后期强度有很大的贡献。图中在 A-4 处出现拐点，表明粉磨 120min 钢渣 28d 龄期的活性指数大于粉磨 140min 和 160min 钢渣的活性指数，结合比表面积分析可以说明粉磨时间过长钢渣有一定的"团聚现象"，导致粉体表面活性能不能充分发挥，影响了钢渣活性[60]。综合考虑经济因素及实用方面，选择对钢渣进行粉磨 120min 较为合理。

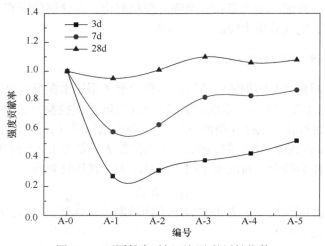

图 4.14 不同粉磨时间下钢渣的活性指数

4.3.3 硅藻土的活化

研究所使用的硅藻土来自吉林白山矿区，颗粒较为均匀，颜色为灰白色。实验前对硅藻土进行煅烧与超细粉碎复合改进活化，具体做法是首先将硅藻土置于 450℃下煅烧，然后利用辊式破碎机对煅烧后的硅藻土进行球磨处理，粉磨至比表面积为 462m²/kg。硅藻土具有天然的优越性质，质轻、多孔、耐高温，是制作保温材料的理想材料。硅藻土的矿物相及化学成分见 3.2.3 节。

4.4 钢渣-硅藻土泡沫混凝土的制备及水化机理

4.4.1 原料组分对钢渣-硅藻土泡沫混凝土性能的影响

1. 钢渣、硅藻土掺量对泡沫混凝土性能的影响

根据 4.3 节中的结论，实验采用粉磨后的钢渣和复合改性后的硅藻土制备泡

沫混凝土，其中钢渣的粉磨时间为 120min，比表面积为 598m²/kg。实验中脱硫石膏、矿渣、水泥熟料分别为 5%、15%、30%，钢渣和硅藻土掺量交替变化(两者的总掺量为 50%)，双氧水掺量为干料总用量的 4.5%，水胶比为 0.6。实验配合比见表 4.10，图 4.15 为硅藻土掺量对泡沫混凝土性能的影响。

表 4.10　钢渣、硅藻土掺量对泡沫混凝土性能影响实验的配合比方案

试件编号	干物料配合比/%					水胶比	发泡剂(双氧水)/%
	钢渣	硅藻土	水泥熟料	矿渣	脱硫石膏		
B-1	40	10	30	15	5	0.6	4.5
B-2	35	15	30	15	5	0.6	4.5
B-3	30	20	30	15	5	0.6	4.5
B-4	25	25	30	15	5	0.6	4.5
B-5	20	30	30	15	5	0.6	4.5

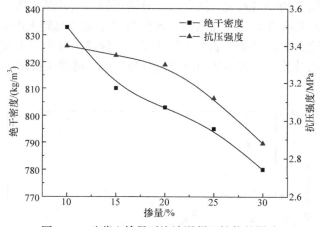

图 4.15　硅藻土掺量对泡沫混凝土性能的影响

从图 4.15 可知，硅藻土的掺量变化对泡沫混凝土制品的绝干密度影响较大。硅藻土具有轻质的特性，随着硅藻土掺量的增加，泡沫混凝土制品的绝干密度逐渐减小，当硅藻土掺量从 10%增加到 20%时，泡沫混凝土的绝干密度从 832kg/m³ 下降到 803kg/m³，此时，硅藻土的掺量在钢渣-硅藻土泡沫混凝土体系中已达到最佳比例，料浆的流动性和浇注稳定性好，双氧水发泡顺畅，形成大量均匀细小的气孔。同时，制品的抗压强度在硅藻土掺量从 10%增加到 20%的过程中，从 3.40MPa 降低到 3.30MPa，呈现平缓降低的趋势，而当硅藻土掺量从 20%增加到 30%时，泡沫混凝土制品的抗压强度从 3.30MPa 降低到 2.89MPa，呈现急剧下降的趋势。分析认为：当硅藻土掺量逐渐增加时，料浆中的 $Ca(OH)_2$ 与硅藻土中活

性 SiO$_2$ 接触的比表面积相应提高，当掺量达到 20%时，硅藻土为泡沫混凝土制品提供了良好的气孔结构和骨架作用，此时效果达到最佳。而随着硅藻土掺量的继续增加，在水胶比不变的条件下，使料浆变稠、流动性下降，双氧水发泡受阻，容易导致憋气，在钢渣-硅藻土泡沫混凝土内部不能形成较好的骨架结构，致使制品力学性能受到影响。

硅藻土掺量对导热系数的影响曲线如图 4.16 所示。由图可以看出，钢渣-硅藻土泡沫混凝土的导热系数随着硅藻土掺量的增加而逐渐减小，当硅藻土掺量从 10%增加到 20%时，制品导热系数急剧下降，从 0.193W/(m·K)下降到 0.158W/(m·K)；当硅藻土掺量从 20%增加到 30%时，制品导热系数从 0.158W/(m·K)下降到 0.152W/(m·K)，下降幅度趋于平缓。这说明此时硅藻土掺量在钢渣-硅藻土泡沫混凝土物料体系中已达到一个比较合适的状态。硅藻土本身导热系数小，保温隔热性能好，硅藻土掺量增加使得钢渣-硅藻土泡沫混凝土的热阻增大，同时，适量掺加硅藻土，制品内部形成大量封闭、均匀的气孔，有效减缓或阻断热量的传递过程，降低了制品的导热系数。结合以上分析可知，当硅藻土掺量达到 20%时，泡沫混凝土制品具有良好的气孔结构，钢渣-硅藻土泡沫混凝土内部大量均匀、细小、封闭的气泡为泡沫混凝土的力学性能提供了保障。综合以上实验结论，同时为了进一步利用硅藻土，实验选用钢渣掺量为 30%、硅藻土掺量为 20%进行后续实验。

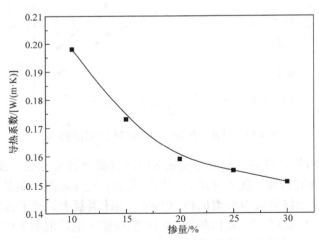

图 4.16　硅藻土掺量对泡沫混凝土导热系数的影响

2. 水泥熟料掺量对泡沫混凝土性能的影响

实验变动水泥熟料掺量，钢渣和硅藻土掺量在保持比例不变的情况下随之变动，石膏和矿渣掺量固定不变，研究水泥熟料掺量对泡沫混凝土制品性能的影响，具体配合比见表 4.11，对应的制品编号为 C-1、C-2、C-3、C-4、C-5。图 4.17 为水泥熟料掺量对泡沫混凝土性能的影响。

表 4.11　不同水泥熟料掺量试验配合比

试件编号	干物料配合比/%					水胶比	发泡剂(双氧水)/%
	钢渣	硅藻土	水泥熟料	矿渣	石膏		
C-1	32.4	21.6	26	15	5	0.6	4.5
C-2	31.2	20.8	28	15	5	0.6	4.5
C-3	30	20	30	15	5	0.6	4.5
C-4	28.8	19.2	32	15	5	0.6	4.5
C-5	27.6	18.4	34	15	5	0.6	4.5

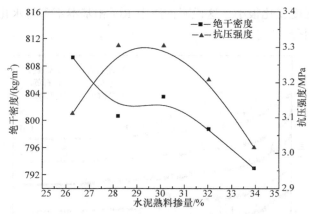

图 4.17　水泥熟料掺量对泡沫混凝土性能的影响

从图 4.17 中可以看出，随着水泥熟料掺量由 26%、28%、30%、32%增加到 34%，硅藻土-钢渣泡沫混凝土制品的 28d 抗压强度呈现先逐渐增大后下降的趋势。当水泥熟料掺量为 26%～28%时，钢渣-硅藻土泡沫混凝土制品 28d 抗压强度从 3.08MPa 上升到 3.28MPa；当水泥熟料掺量大于 28%时，泡沫混凝土的抗压强度从 3.28MPa 下降到 3.01MPa。水泥熟料主要成分为活性氧化钙，过多的水泥熟料将产生过多的氢氧化钙，影响双氧水发气的速度及质量，而且多余的氧化钙在泡沫混凝土中将形成强度较低的薄片双碱状水化硅酸钙 $C_2SH(A)$ 和纤维状 $C_2SH(B)$，这将导致制品抗压强度的下降。

由图中绝干密度曲线可以看出，随着水泥熟料掺量的增加，泡沫混凝土制品的绝干密度呈逐渐下降的趋势。当水泥熟料掺量从 26% 增加到 34%时，泡沫混凝土制品的绝干密度从 809kg/m³ 下降到 793kg/m³。这是由于随着水泥熟料掺量的增加，水泥熟料水化后生成的产量增加，促进料浆体系水化程度的加深，与此同时，料浆中的 Ca(OH)$_2$ 浓度增大，为双氧水的发泡提供良好的碱性环境，从而使得泡沫混凝土制品的绝干密度呈现逐渐减小的趋势。

图 4.18 为不同水泥熟料掺量泡沫混凝土制品的 XRD 谱图。从图中可以看出，在钢渣-硅藻土泡沫混凝土 C-1～C-5 制品中主要矿物相为石英、钙矾石、硬石膏、CH、RO 相。图中 25°～35°有"凸包"现象，说明在泡沫混凝土体系中有水化产物 C-S-H 凝胶生成，由于 C-S-H 凝胶以非晶态形式存在，所以在 XRD 谱中不能显示出其特征峰。对比 C-1～C-5 制品的 XRD 谱图曲线可知，石英的衍射峰随着水泥熟料掺量的增加明显相对降低，形成的钙矾石衍射峰明显增强，说明随着水泥熟料掺量的增加，硅藻土中活性 SiO$_2$ 参与反应的量增加，溶液中更多的 Ca(OH)$_2$ 与活性 SiO$_2$ 结合生成相应的水化产物。此外，在 $2\theta=43.786°$ 和 $62.832°$ 处，RO相的特征峰的强度变化很小，这说明钢渣中 RO 相基本不参与水化反应，是钢渣体系中的惰性组分。

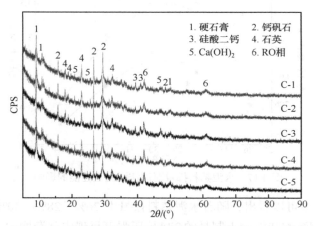

图 4.18　不同水泥熟料掺量泡沫混凝土制品的 XRD 谱图

3. 矿渣掺量对泡沫混凝土性能的影响

建筑材料中使用工业固体废弃物是节能减排的重要途径之一，矿渣作为活性掺合料替代水泥已经取得了一定的研究应用成果。本节实验所用矿渣的主要化学成分为 CaO 和 SiO$_2$，其次是 Al$_2$O$_3$，矿渣粉结晶相主要是以玻璃体形态存在的钙铝黄长石，比表面积高达 565m^2/kg，活性较高。

本节实验变动矿渣掺量，钢渣和硅藻土掺量在保持比例不变的情况下随之变动，固定水泥熟料和石膏掺量分别为 30% 和 5%。具体配合比见表 4.12，得到钢渣-硅藻土泡沫混凝土制品，对应的制品编号为 D-1、D-2、D-3、D-4、D-5。

表 4.12　不同矿渣掺量试验配合比

| 试件编号 | 干物料配合比/% | | | | | 水胶比 | 发泡剂(双氧水)/% |
	钢渣	硅藻土	水泥熟料	矿渣	石膏		
D-1	32.4	21.6	32.4	11	5	0.6	4.5
D-2	31.2	20.8	28	13	5	0.6	4.5
D-3	30	20	30	15	5	0.6	4.5
D-4	28.8	19.2	30	17	5	0.6	4.5
D-5	27.6	18.4	30	19	5	0.6	4.5

图 4.19 为矿渣掺量对钢渣-硅藻土泡沫混凝土性能的影响。从图中可以看出，随着矿渣掺量的增加，泡沫混凝土的力学强度会提高，但是随着矿渣取代量增加，抗压强度增长变缓，并开始下降。这主要是矿渣微粉活性较高，在碱性激发剂的作用下，其活性 SiO_2、Al_2O_3 与 $Ca(OH)_2$ 反应生成对强度有利的胶凝物质，同时降低了对泡沫混凝土强度不利的 $Ca(OH)_2$ 浓度局部富集现象，有效促进了料浆的水化，形成了更多的 C-S-H 凝胶，从而提高了泡沫混凝土的力学强度。但由于高炉矿渣中 CaO 含量较高，随着高炉矿渣掺入量的增加，料浆的固化加快，制品容易产生憋气或者沉缩，从而造成泡沫混凝土的开裂和干燥后较大的收缩，同时过多的矿渣掺量会带进更多的惰性组分，造成硅藻土-钢渣泡沫混凝土的强度下降。

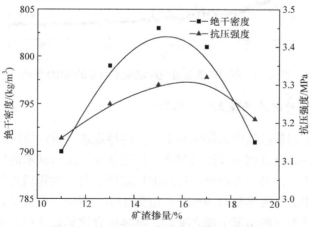

图 4.19　矿渣掺量对泡沫混凝土性能的影响

不同矿渣掺量泡沫混凝土制品的 XRD 谱图见图 4.20。从图中可以看出，矿渣掺量的变化不会改变水化产物的种类，在钢渣-硅藻土泡沫混凝土 D-1～D-5 制

品中主要矿物相为石英、钙矾石、硬石膏、氢氧化钙(CH)、RO 相。对比 D-1～
D-5 制品的 XRD 谱图曲线可知，随着矿渣掺量的增加，钙矾石的衍射峰表现为略
微增强的趋势，而对比 D-3、D-4、D-5 可以发现，钙矾石的衍射峰差别不大，这
是因为随着矿渣掺量的进一步增加，体系中水化产物快速形成并积聚在一起，阻
碍了参与水化反应的离子的迁移、扩散，水化反应的进行受阻，钙矾石生成量减
少，导致制品的抗压强度下降。图中 25°～35°有"凸包"背景，说明在制品中有
大量的无定形的非晶态和结晶度极低的 C-S-H 凝胶生成，水化生成的钙矾石及无
定形态凝胶相具有胶凝性强、力学强度高的特点。当钙矾石与 C-S-H 凝胶的量保
持在一定范围内时，对提高泡沫混凝土制品的力学强度有积极作用，制品物相中
出现的硬石膏为体系中加入起缓凝作用石膏的残余。在 2θ =43.786°和 62.832°处
为钢渣中 RO 相的特征峰，随着矿渣掺量的变化，其峰强未发生变化，说明 RO
组分基本不参与水化反应。

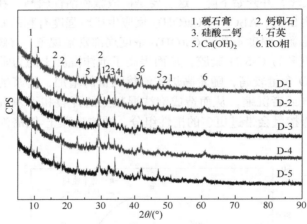

图 4.20　不同矿渣掺量泡沫混凝土制品的 XRD 谱图

4. 石膏掺量对泡沫混凝土性能的影响

泡沫混凝土制备过程中为保证料浆浇注的稳定性，通常使用石膏作为调节剂
与激发剂，一方面可以调节浇注后料浆的稠化速度，使双氧水的发泡速度与料浆
的稠化过程相适应，另一方面可以提高泡沫混凝土制品的物理力学性能。

本节实验固定水泥熟料为 30%、矿渣为 15%，变动石膏掺量，钢渣和硅藻土
掺量在保持比例不变的情况下随之变动，具体配合比见表 4.13，得到泡沫混凝土
制品，对应的制品编号为 E-1、E-2、E-3、E-4、E-5。

表 4.13　不同石膏掺量试验配合比

| 试件编号 | 干物料配合比/% | | | | | 水胶比 | 发泡剂(双氧水)/% |
	钢渣	硅藻土	水泥熟料	矿渣	石膏		
E-1	31.2	20.8	30	15	3	0.6	4.5
E-2	30.6	20.4	30	15	4	0.6	4.5
E-3	30	20	30	15	5	0.6	4.5
E-4	29.4	19.6	30	15	6	0.6	4.5
E-5	28.8	19.2	30	15	7	0.6	4.5

　　表 4.14 为不同石膏掺量对泡沫混凝土性能的影响。从表中可以看出，泡沫混凝土绝干密度随着石膏掺量增大逐渐增大，当石膏掺量为 3%时，制品的绝干密度最小，为 786kg/m³，当石膏掺量增加到 7%时，泡沫混凝土的绝干密度上升到 818kg/m³，为最大。通过分析表中制品抗压强度随石膏掺量的变化，可以看出随着石膏掺量的增加，泡沫混凝土抗压强度呈现出先增加后降低的趋势，当石膏掺量为 6%时泡沫混凝土制品抗压强度达到最大，为 3.41MPa，由此可知掺入适量的石膏可以提高泡沫混凝土制品的抗压强度。分析原因认为：实验中石膏主要作为泡沫混凝土制备过程的调节剂，调节浇注后料浆的稠化，使双氧水的发泡速度与料浆的稠化过程相适应，当石膏掺量不足时，料浆稠化过快，双氧水发泡受阻，出现憋气收缩的现象，坯体内部气孔结构遭到破坏，导致制品强度在一定程度下降；当石膏掺量过多时，料浆稠化减慢，双氧水发泡产生的 O_2 小气泡汇聚成为大气泡体，气泡的兼并使得制品内部难以形成均匀孔结构，导致制品的强度下降。就制品强度而言，石膏的最佳掺量为 6%,泡沫混凝土抗压强度达到最大，为 3.41MPa，此时制品绝干密度为 810kg/m³。因此，认为本节实验中当石膏掺量为 6%时较为合适，此时双氧水发泡速度与浆体硬化速率相匹配，泡沫混凝土制品气孔结构较为均匀。

表 4.14　不同石膏掺量对泡沫混凝土性能指标的影响

石膏掺量/%	绝干密度/(m³/kg)	抗压强度/MPa	备注
3	786	3.00	稠化快
4	798	3.21	稠化较快
5	803	3.30	稠化较快
6	810	3.41	稠化良好
7	818	3.26	稠化慢

　　图 4.21 为脱硫石膏掺量对泡沫混凝土制品吸水率的影响。从图中可以看出，加入脱硫石膏后，泡沫混凝土制品的吸水率呈现先下降后上升的趋势，可见过多的石膏不仅会对制品强度产生影响，而且会对制品的吸水率产生影响。石膏掺量过多时，大孔占比增加，气孔的均匀性受到影响，制品内部不能形成良好的骨架作用，导致制品的强度下降、吸水率增加。

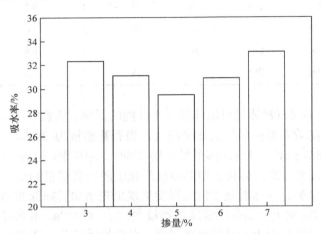

图 4.21　脱硫石膏掺量对制品吸水率的影响

4.4.2　水胶比对泡沫混凝土性能的影响

　　水胶比是影响泡沫混凝土性能的一个非常重要的因素。水是水化作用的直接参与者，合适的水胶比能保证料浆有较好的流动性，保证发气过程顺畅。水胶比过大，料浆稠度过低，胚体硬化时间过长，在胚体内部不能形成较好的骨架作用，容易出现塌模，多余的水分在硬化过程中从泡沫混凝土内部跑出会造成较多的连通孔，大大降低混凝土的密实度，使泡沫混凝土制品强度降低；水胶比较小，浇注后料浆过早稠化，发气过程不顺畅，出现憋气收缩的现象，气孔的均匀性受到影响。

　　本节实验固定钢渣掺量为 30%、硅藻土掺量为 20%、矿渣掺量为 15%、水泥熟料掺量为 30%、石膏掺量为 5%、双氧水掺量为干物料的 4.5%，水胶比分别为 0.54、0.57、0.60、0.63、0.66，具体配合比见表 4.15，其他实验条件不变，对应的制品编号分别为 F-1、F-2、F-3、F-4、F-5。

表 4.15　不同水胶比对泡沫混凝土性能影响实验的配合比方案

编号	干物料配合比/%					水胶比	发泡剂(双氧水)/%
	钢渣	硅藻土	水泥熟料	矿渣	石膏		
F-1	30	20	30	15	5	0.54	4.5
F-2	30	20	30	15	5	0.57	4.5

续表

| 编号 | 干物料配合比/% | | | | | 水胶比 | 发泡剂(双氧水)/% |
	钢渣	硅藻土	水泥熟料	矿渣	石膏		
F-3	30	20	30	15	5	0.60	4.5
F-4	30	20	30	15	5	0.63	4.5
F-5	30	20	30	15	5	0.66	4.5

图 4.22 为不同水胶比对泡沫混凝土性能的影响。从图中可以看出，随着水胶比的增大，泡沫混凝土抗压强度先逐渐增大而后逐渐减小。当水胶比为 0.57 时，泡沫混凝土制品抗压强度为 3.35MPa，达到最大；当水胶比大于 0.57 时，随着水胶比的增加，泡沫混凝土制品的抗压强度逐渐下降，当水胶比为 0.66 时，泡沫混凝土制品抗压强度最小，为 2.95MPa。当水胶比小于 0.57 时，料浆极限切应力较小，泡沫混凝土制品中毛细孔少，所以泡沫混凝土制品强度较大；当水胶比大于 0.57 时，过大水胶比会使得制品硬化后内部残留过多的水分，使得制品内部连通孔增多，造成制品的抗压强度急速下降。由绝干密度曲线可以看出，随着水胶比的增大，钢渣-硅藻土泡沫混凝土的绝干密度呈逐渐减小的趋势，水胶比较小时，浇注后的浆体流动性变差，稠化速度快，浆体中泡沫膨胀受到阻碍，破裂严重，导致泡沫混凝土制品绝干密度较大。随着水胶比增加，浆体的黏度降低，双氧水发泡过程顺畅，制品内部形成良好的孔结构，使得制品的抗压强度得到提高。这些孔隙改变泡沫混凝土绝干密度的同时，也影响了泡壁的厚度。制品泡壁的厚度随着孔隙率的增大而减小，当水胶比过大时，制品孔隙率过大，泡壁变薄，抗压强度急速下降。

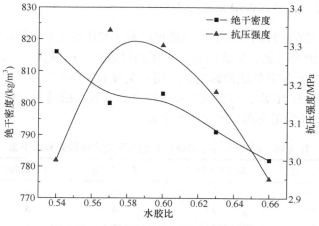

图 4.22　水胶比对泡沫混凝土制品的影响

图 4.23 为水胶比对钢渣-硅藻土泡沫混凝土制品吸水率的影响。从图中可以看出，随着水胶比的增大，制品吸水率呈逐渐增加的趋势，水胶比为 0.54 时制品吸水率最小，为 28.89%，当水胶比增加至 0.66 时，制品吸水率达到最大，为 31.98%。这是因为当水胶比不断增加时，料浆黏度下降，双氧水分解时，小气泡便开始膨胀，同时不断汇聚形成大气泡，导致制品孔径增大，吸水率增加。另外，制品中毛细孔和凝胶孔随着水胶比的增加相应增加，泡孔间会产生泌水通道并且气孔之间可能发生连通现象[61]，内部的孔结构发生改变，也在一定程度造成吸水率的增大。综上分析，本节实验选用水胶比 0.57～0.66 作为正交实验的考察范围。

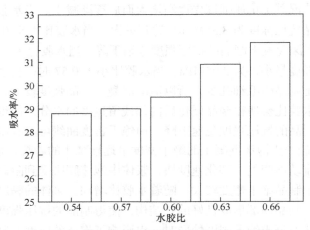

图 4.23　水胶比对泡沫混凝土制品吸水率的影响

4.4.3　钢渣-硅藻土泡沫混凝土的正交实验

1. 钢渣-硅藻土泡沫混凝土正交实验设计

采用正交实验设计的方法，在前期单因素实验所得因素范围的基础上进行正交实验，分析钢渣掺量、矿渣掺量、水泥熟料掺量、石膏掺量、水胶比对钢渣-硅藻土泡沫混凝土制品性能的影响。采用正交表 $L_{16}(4^5)$ 对以上单因素进行综合实验考察，实验次数 16 次，每次成型 6 个试件，双氧水掺量为干物料的 4.5%，水温 37℃。表 4.16 为正交实验因素和水平表。

表 4.16　钢渣-硅藻土泡沫混凝土的正交实验因素和水平表

水平	A(钢渣/%)	B(水泥熟料/%)	C(矿渣/%)	D(石膏/%)	E(水胶比)
1	28	26	11	4	0.57
2	30	28	13	5	0.60
3	32	30	15	6	0.63
4	34	32	17	7	0.66

根据正交实验因数与水平，设计的 $L_{16}(4^5)$ 正交实验方案如表 4.17 所示。

表 4.17　钢渣-硅藻土泡沫混凝土的 $L_{16}(4^5)$ 正交实验方案

试件编号	因素				
	A(钢渣)	B(水泥熟料)	C(矿渣)	D(石膏)	E(水胶比)
K1	1	1	1	1	1
K2	1	2	2	2	2
K3	1	3	3	3	3
K4	1	4	4	4	4
K5	2	1	2	3	4
K6	2	2	1	4	3
K7	2	3	4	1	2
K8	2	4	3	2	1
K9	3	1	3	4	2
K10	3	2	4	3	1
K11	3	3	1	2	4
K12	3	4	2	1	3
K13	4	1	4	2	3
K14	4	2	3	1	4
K15	4	3	2	4	1
K16	4	4	1	3	2

2. 钢渣-硅藻土泡沫混凝土的正交实验方案与结果分析

按照正交表设计的配比制备试件，实验选取抗压强度、绝干密度及比强度对实验结果进行比较分析，实验结果如表 4.18 所示。比强度概念的采用，是为了降低因泡沫混凝土密度的不同对实验结果带来的不便。比强度的定义为

$$F_s = f_c / \rho \tag{4.9}$$

式中，F_s 为比强度；f_c 为制品的抗压强度，MPa；ρ 为制品的体积密度，kg/m^3。

表 4.18　钢渣-硅藻土泡沫混凝土的正交实验结果

编号	绝干密度/(m³/kg)	抗压强度/MPa	比强度
K1	792	2.80	3.54
K2	794	3.21	4.04
K3	805	3.30	4.10
K4	806	3.21	3.98

编号	绝干密度/(m³/kg)	抗压强度/MPa	比强度
K5	788	2.93	3.72
K6	793	3.18	4.01
K7	800	3.32	4.15
K8	803	3.04	3.79
K9	796	3.29	4.13
K10	798	3.40	4.26
K11	790	2.98	3.77
K12	794	3.38	4.26
K13	818	3.26	3.99
K14	815	3.30	4.05
K15	808	3.28	4.06
K16	799	3.38	4.23

对表 4.18 中数据进行直观分析可知,按照 K10 组配料方案制备的泡沫混凝土性能结果最佳,绝干密度为 798kg/m³,抗压强度达 3.40MPa,符合《泡沫混凝土》(JG/T 266—2011)规范中 A08、C3.0 的要求。优化配合比方案 M 为 $A_3B_2C_4D_3E_1$,即钢渣 32%,水泥熟料 28%,矿渣 17%,石膏 6%,水胶比 0.57。

由表 4.18 中的正交实验结果对泡沫混凝土制品的比强度进行极差计算,结果如表 4.19 所示。对表中极差 R 的数据进行直观分析,可以看出,水胶比(1.03)>水泥熟料(0.99)>矿渣(0.83)>钢渣(0.76)>石膏(0.72)。对于钢渣-硅藻土泡沫混凝土比强度而言,水胶比的极差最大,石膏掺量影响最弱。

表 4.19　钢渣-硅藻土泡沫混凝土制品比强度的极差

因素	制品比强度在各水平下的总和				极差 R
	1	2	3	4	
A	15.66	15.66	16.42	16.32	0.76
B	15.37	16.36	16.08	16.26	0.99
C	15.55	16.08	16.07	16.38	0.83
D	15.99	15.59	16.31	16.19	0.72
E	15.64	16.56	16.35	15.52	1.03

图 4.24 为正交实验的极差分析结果图。通过对图 4.24 进行分析可知,优化配合比方案 N 为 $A_3B_2C_4D_3E_2$,即钢渣 32%,水泥熟料 28%,矿渣 17%,石膏 6%,

水胶比 0.60。

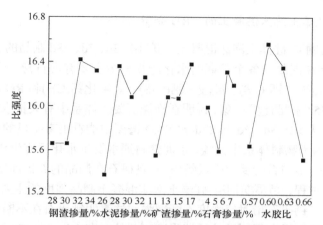

图 4.24　钢渣-硅藻土泡沫混凝土的正交实验结果分析图

3. 验证实验

以上分别从钢渣-硅藻土泡沫混凝土制品性能的角度和比强度的角度进行分析，分别得到了两个最佳配合比方案。而比强度的最优配合比并没有在 $L_{16}(4^5)$ 正交实验方案中出现。故对以上两个最佳配合比方案进行验证性实验。实验次数为两组，每组成型 6 个试件，分别测其绝干密度及抗压强度，取均值。实验配合比如表 4.20 所示，实验验证结果如表 4.21 所示。

表 4.20　钢渣-硅藻土泡沫混凝土的验证实验配合比

试件编号	钢渣/%	硅藻土/%	水泥熟料/%	矿渣/%	石膏/%	水胶比
M	32	17	28	17	6	0.57
N	32	17	28	17	6	0.60

表 4.21　钢渣-硅藻土泡沫混凝土的验证实验结果

试件编号	绝干密度/(m³/kg)	抗压强度/MPa	比强度
M	800	3.39	4.24
N	796	3.45	4.33

从表 4.21 中可以看出按方案 N 制备出的泡沫混凝土力学性能优于方案 M。因此，本节实验得出制备钢渣-硅藻土泡沫混凝土的最佳实验方案为 N，即钢渣 32%，硅藻土 17%，水泥熟料 28%，矿渣 17%，石膏 6%，水胶比 0.60。

4.4.4　钢渣-硅藻土泡沫混凝土水化反应机理

1. 钢渣-硅藻土泡沫混凝土的 XRD 分析

图 4.25 为钢渣-硅藻土泡沫混凝土养护 1d、3d、7d、28d 制品的 XRD 对比图。钢渣-硅藻土泡沫混凝土各个龄期的水化产物相中主要有硬石膏、钙矾石(AFt)、C-S-H 凝胶、硅酸二钙(C_2S)、硅酸三钙(C_3S)、氢氧化钙(CH)和 RO 相,从图中可以看出 25°～35°有"凸包"现象,说明在泡沫混凝土体系中有大量水化产物 C-S-H 凝胶生成[60]。从 1d、3d、7d 和 28d 的 XRD 谱图中能看出有明显的钙矾石的特征衍射峰,这是因为物料体系中钢渣、水泥熟料遇水发生水化反应生成水化铝酸钙,水化铝酸钙进一步与石膏反应生成钙矾石,钙矾石在制品的养护前期就开始形成,伴随整个养护过程,是早期钢渣-硅藻土泡沫混凝土制品强度的主要来源,而且随着龄期的增加,钙矾石衍射峰强度不断增强,这表明钙矾石在不断生成,而且速度越来越快,从而提升了制品的后期强度。此外,在 1d、3d、7d 和 28d 的 XRD 谱图中,氢氧化钙的衍射峰在各个龄期持续存在,前期 XRD 谱图中石英、C_2S、C_3S 衍射峰较为明显,随着龄期的增加,SiO_2、C_2S、C_3S 的衍射峰峰强越来越低。氢氧化钙的存在一方面营造出双氧水发泡所需的碱性环境,另一方面在碱性环境下硅藻土中的活性 SiO_2 与 CH 持续反应生成大量水化产物 C-S-H 凝胶,这表明硅藻土、钢渣的水化反应随着龄期增加在持续进行。钢渣中 RO 相的特征峰的强度随龄期的增加变化很小,这说明 RO 相基本不参与水化反应,是钢渣体系中的惰性组分。水化产物中硬石膏为胶凝体系中石膏反应后的残余。

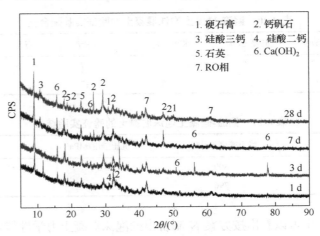

图 4.25　不同龄期泡沫混凝土制品的 XRD 谱图

2. 钢渣-硅藻土泡沫混凝土的 FT-IR 分析

图 4.26 为钢渣-硅藻土泡沫混凝土试件在水化反应 1d、3d、7d、28d 龄期时

的 FT-IR 图。

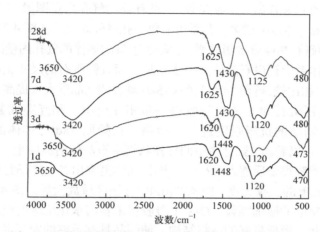

图 4.26　不同龄期钢渣-硅藻土泡沫混凝土制品的 FT-IR 图

由图 4.26 可知，养护至各龄期的钢渣-硅藻土泡沫混凝土制品的红外光谱图基本相似，未发生较大变化。谱图中 $3420cm^{-1}$ 处与 $1620cm^{-1}$ 处的吸收谱带属于 O—H 振动，观察对比可以发现，随着龄期的增加，两处位置的宽大吸收谱带逐渐锐化，制品中结晶水含量增加，表明水化反应不断进行，有凝胶类物质大量产生。$470cm^{-1}$ 处为多种复杂硅酸盐矿物中 Si—O—Si 键的不对称弯曲振动吸收峰，$1430cm^{-1}$ 处为钙矾石和水化生成的 C-S-H 凝胶的吸收带，$3650cm^{-1}$ 为 $Ca(OH)_2$ 特征谱带，$1120cm^{-1}$ 处为 Si—O 的不对称伸缩振动谱带，龄期从 1d、3d、7d 到 28d，表征 SiO_2 和 $Ca(OH)_2$ 的特征谱带不断减弱，钙矾石和水化生成的 C-S-H 凝胶的特征峰不断变锐，说明该体系中钙矾石和 C-S-H 凝胶的数量在不断增加。这与 XRD 分析结果吻合，XRD 分析表明，随着龄期的增加，钢渣-硅藻土泡沫混凝土体系钙矾石和 C-S-H 凝胶数量不断增加，而且有趋于结晶的趋势。谱图中 $1448cm^{-1}$ 处为 CO_3^{2-} 的非对称伸缩振动谱带，这是由样品与空气中的 CO_2 反应发生碳化导致的。

3. 钢渣-硅藻土泡沫混凝土的 SEM 分析

图 4.27 为钢渣-硅藻土泡沫混凝土养护至不同龄期，即刻用无水乙醇溶液终止其水化反应后的 SEM 图。从龄期 1d 的坯体的气孔内壁图[图 4.27(a1)]中可以看出，在水化龄期为 1d 的泡沫混凝土制品中已经有水化反应产物生成，主要有晶型松散的 C-S-H 凝胶与聚集生长的杆棒状钙矾石晶体，这与图 4.25 中龄期 1d 制品的 XRD 分析相一致。从图 4.27(a2)中可以看出，龄期 1d 时主要产物为 $Ca(OH)_2$、

C-S-H 凝胶与钙矾石晶体结合形成的絮团状聚合体，此外可见少量的棒状钙矾石及结晶度较差的 C-S-H 凝胶。从龄期 3d 的坯体的气孔内壁图[图 4.27(b1)]中可以看出，絮团状聚合体逐渐增多，几乎覆盖整个孔壁外表面。从图 4.27(b2)中可以看出，聚合体中钙矾石晶体数量明显增加。从龄期 7d 的坯体的气孔内壁图[图 4.27(c1)]中可以看出，体系中钙矾石晶体进一步增加，而且钙矾石的尺寸也明显长大。与图 4.27(a1)、(b1)相比较，龄期 7d 制品的 C-S-H 凝胶的结晶度大大提高。从图 4.27(c2)中可以看出，钙矾石和 C-S-H 凝胶进一步相互交织、相互穿插紧密结合，使得泡沫混凝土制品的抗压强度进一步增强。在龄期 28d 的坯体的气孔内壁图[图 4.27(d1)]中可以看出，聚合体中的杆棒状钙矾石晶体沿纵向生长，基本将孔壁外表面覆盖，凝胶类物质逐渐变少，杆棒状晶体更突出，呈穿插结构，形成晶体连生体，增强孔壁的支撑力度。图 4.27(d1)中标注区域放大后的图 4.27(d2)中可见有未参与水化反应的微细颗粒，C-S-H 凝胶将未参与水化反应的微细颗粒与水化产物黏结在一起，形成良好的网络结构，使制品具有足够的宏观强度。

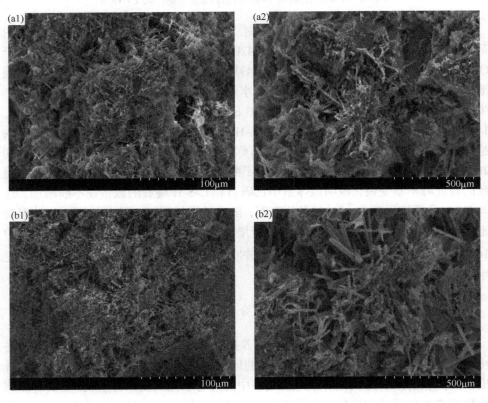

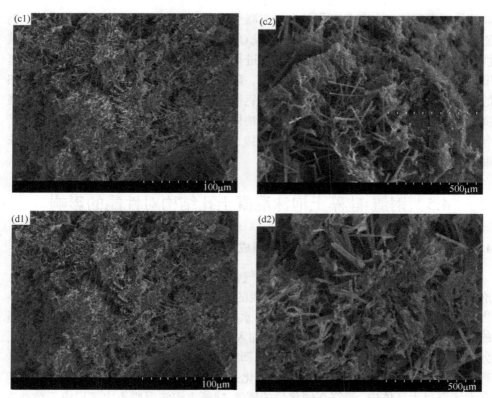

图 4.27　不同龄期钢渣-硅藻土泡沫混凝土的 SEM 图

(a1) 1d；(a2) 图(a1)的局部放大图；(b1) 3d；(b2) 图(b1)的局部放大图；(c1) 7d；(c2) 图(c1)的局部放大图；

(d1) 28d；(d2) 图(d1)的局部放大图

4. 钢渣-硅藻土泡沫混凝土水化过程研究

钢渣-硅藻土泡沫混凝土混合料浆体系中水泥熟料的水化速率最快，因此水泥熟料最先发生水化反应，生成 C-S-H 凝胶，在水泥熟料水化过程中伴有 $Ca(OH)_2$产生，为双氧水发泡提供了合适的碱性条件，双氧水分解发泡使料浆膨胀，在制品中形成多孔结构，同时，料浆中硅藻土溶解出的活性 SiO_2 或 Al_2O_3 与 $Ca(OH)_2$反应，生成水化硅酸钙和水化铝酸钙晶体。在加入石膏的情况下，前期水化生成的水化铝酸钙与石膏中 SO_4^{2-}迅速反应生成 AFt 晶体。结合不同龄期 XRD 谱图可以看出，龄期从 1d 到 3d，硬石膏的衍射峰强度不断变小，AFt 晶体的衍射峰强度明显增强，制品中 AFt 和 C-S-H 凝胶二者协同生成，有效地促进了制品早期强度的增加[61]，而且石膏作为激发剂，能很好地激发矿渣和钢渣的水化。矿渣和钢渣的水硬活性是潜在的，在碱性环境和脱硫石膏的激发下，矿渣和钢渣参与水化反应生成 C-S-H 凝胶和钙矾石。矿渣的主要部分是玻璃态，在碱性条件下，矿渣玻璃体逐渐解离，在富含 Ca^{2+} 的发泡混凝土浆体溶液中不断形成 C-S-H 凝胶。钢渣中的 C_3S、C_2S 发生水化反应不断生成 $Ca(OH)_2$，一方面维持矿渣水化需要的碱性环境，另一方面促使矿渣的水化持续进行，加快硅藻土中 SiO_2 和 Al_2O_3 溶解速度。结合不同龄期 XRD 谱图可以看出，随着水化反应的进行，SiO_2、C_2S、C_3S 的衍射峰峰强越来越低，C-S-H 凝胶和钙矾石的衍射峰峰强越来越强，使制品强度持续增加。钢渣、石膏和矿渣的相互协同激发，C-S-H 凝胶与 AFt 协同生成，各种水化产物相互彼此之间紧密交叉搭接，致使制品结构紧致密实，促进了泡沫混凝土制品力学性能的提高。

4.5　钢渣-硅藻土泡沫混凝土孔结构对性能的影响

4.5.1　钢渣-硅藻土泡沫混凝土的气孔形成过程

　　双氧水在碱性条件下分解释放出氧气，是化学发泡较好的气源。钢渣-硅藻土泡沫混凝土采用化学发泡形式，制品形成的多气孔结构基本要经过物理化学过程：当钢渣-硅藻土泡沫混凝土的原料钢渣、水泥熟料遇水后，发生水化反应生成大量的 $Ca(OH)_2$，料浆的碱度增大，双氧水加入到料浆中在碱性环境下发生化学反应，分解生成大量气泡，产生 O_2，引起料浆膨胀，这些气体均匀分布在泡沫混凝土的料浆中，随着料浆的水化，制品开始硬化并产生一定的强度，大量的气体被固定在泡沫混凝土坯体中，最终在硬化后的钢渣-硅藻土泡沫混凝土内部形成无数独立的小气孔。

4.5.2　钢渣-硅藻土泡沫混凝土的气孔结构特征表征

　　泡沫混凝土是一种多孔材料，气孔作为泡沫混凝土区别于普通混凝土最重要的特征，对其性能有着决定性作用。气孔结构特征主要可通过孔隙率、平均孔径、圆度值、孔结构的分布情况来表示。泡沫混凝土中的气孔有不同的分类方式，按照孔径大小可分为凝胶孔、超微孔、宏观孔、微观孔(包括毛细孔)等，不同的孔径对泡沫混凝土的影响也不同，孔径越大影响较大。优良的泡沫混凝土制品必须具备良好的气孔结构。

　　1. 常用的孔结构测试方法

　　孔的检测方法有多种，常用的有压汞法、氮吸附法、图像分析法等。

　　(1) 压汞法：压汞法又称汞孔隙率法，利用汞对一般固体不润湿的特性，测定在不同外压下汞进入材料孔隙中的量，间接反映孔径分布特征。压汞法测量孔隙的大小与施加的压强大小密切相关，压强越大，汞能进入的孔半径越小。目前应用压汞法可测孔径范围为 0.0065～950μm。

(2) 氮吸附法：氮吸附法利用固体表面剩余表面自由能对气体分子的吸附原理实现微孔填充过程。使用毛细凝聚模型 BJH 法测定孔径分布。氮吸附法适合测定微孔，对宏观孔的测定误差较大。

(3) 图像分析法：图像分析法利用形态学基本概念和运算，将获取的孔结构形貌图片进行识别、分解、分析，得到材料的孔结构参数。图像分析法在测量大孔方面有明显的优势。

本节实验中的钢渣-硅藻土泡沫混凝土的孔径在 2mm 左右，为宏观气孔，适合用图像分析法进行孔结构分析。采用图像采集系统对气孔结构图像进行采集，并通过 Image-Pro Plus 软件进行孔结构特征分析。

2. 基于 Image-Pro Plus 软件的图形处理

采用高清数码相机对经过预处理的制品截面进行图像采集，再通过 Image-Pro Plus(IPP)图像分析处理软件对图像进行分析。具体操作过程如下：

(1) 首先在中间部位纵向剖开养护至龄期的钢渣-硅藻土泡沫混凝土制品，全面观察泡沫混凝土制品的孔结构情况，使获取的图像样本具有代表性。

(2) 用细砂纸对制品断面进行打磨、平整，用气泵将气孔孔内残留粉末吹净。

(3) 用数码相机对试件进行拍摄，每组随机拍摄 3～5 张。

(4) 从每组拍摄的照片中，选取成像清晰、孔结构特征鲜明的照片，截取 50mm×50mm 大小的图片，如图 4.28(a)所示。

(5) 利用 Image-Pro Plus 软件进行处理、分析，如图 4.28(b)所示。

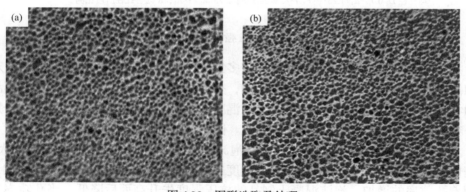

图 4.28　图形选取及处理
(a) 泡沫混凝土断面图像；(b) Image-Pro Plus 软件对气孔描绘后的图像

4.5.3　孔结构特征对钢渣-硅藻土泡沫混凝土物理性能的影响

根据表 4.21 中最佳试验方案 N，通过改变双氧水的掺量得到孔结构特征各异的钢渣-硅藻土泡沫混凝土制品。双氧水掺量分别为干料总量的 3.5%、4%、4.5%、5%、5.5%，其他条件不变，对应制品编号为 F-1、F-2、F-3、F-4、F-5。利用图像分析法，研究泡沫混凝土的气孔结构与其性能之间的关系，测量与计算数据分别见表 4.22、表 4.23。

表 4.22　钢渣-硅藻土泡沫混凝土孔结构分布　　　　　　　(单位：%)

编号	0.5~1mm	1~1.5mm	1.5~2mm	2~2.5mm	2.5~3mm	>3mm
F-1	12.3	21.6	17.7	20.7	16.9	10.8
F-2	11.1	19.7	19.8	22.9	16.8	9.7
F-3	8.6	11.6	27.3	26.5	18.2	7.8
F-4	10.4	14.5	20.6	21.5	20.4	12.6
F-5	11.6	12.2	17.3	18.1	23.7	17.1

表 4.23　钢渣-硅藻土泡沫混凝土孔结构特征参数及制品性能

编号	孔结构特征参数			制品物理性能		
	孔隙率/%	平均孔径/mm	圆度值	绝干密度/(m³/kg)	抗压强度/MPa	导热系数/[W/(m·K)]
F-1	40.6	1.93	1.11	896	2.9	0.166
F-2	44.6	1.94	1.09	831	3.2	0.163
F-3	51.2	2.02	1.06	798	3.4	0.158
F-4	55.7	2.04	1.12	773	3.0	0.155
F-5	59.6	2.11	1.16	728	2.6	0.152

注：平均孔径 $D=0.75\times R_1+1.25\times R_2+1.75\times R_3+2.25\times R_4+2.75\times R_5+3\times R_6$；$R$ 为各孔径所占比例。

1. 气孔结构特征对泡沫混凝土抗压强度的影响

目前国内外对于泡沫混凝土的研究多集中于宏观性能的评价，从细观角度对泡沫混凝土性能的研究尚处于起步阶段，少有涉及孔结构特征对泡沫混凝土制品力学性能的研究。因此本节研究从泡沫混凝土的强度与孔结构的关系着手，分别考察孔隙率、平均孔径、孔隙分布状况、圆度值对制品力学抗压性能的影响。

一般认为，孔隙率的大小直接决定泡沫混凝土制品孔壁的厚度，孔隙率越大，基体中胞壁越薄，气孔孔径也更大，强度也随之降低。从图 4.29(a)中可以看出，随着孔隙率的增加，泡沫混凝土制品的抗压强度先升高而后降低，当孔隙率为51.2%时，钢渣-硅藻土泡沫混凝土制品的抗压强度最高，为 3.4MPa。可以得出，泡沫混凝土的孔隙率与绝干密度间具有良好的相关性，通过检测泡沫混凝土的孔隙率，可以进而达到控制泡沫混凝土绝干密度与抗压强度的目的。在合理范围内，随着孔隙率的提高，制品的强度会有所增加。由图 4.29(b)可以看出，平均孔径影响制品力学性能，当平均孔径分布在 2mm 左右时，钢渣-硅藻土泡沫混凝土的抗压强度最大。图 4.29(c)反映圆度值与制品抗压强度的对应关系，随着孔圆度值的增加，制品抗压强度损失越来越大，泡沫混凝土制品孔圆度值越接近 1 时，泡沫混凝土制品抗压强度越高。这是因为圆形封闭孔结构容易分散应力，因而强度较高，圆度值较大时气孔变形大，不仅导致承载压力的有效面积减少，而且导致受力不均匀，因而强度下降。图 4.29(d)反映的是不同孔径分布制品孔的分布状况。通过对比图中不同制品的孔径分布可以看出，F-4、F-5 制品大孔径所占比例较大，制品抗压强度较小；F-1 制品中孔径多分布在 1~2.5mm 区间，孔径较小；而制品 F-3 对应的孔径多分布在 1.5~2.5mm，大于 3mm 的孔含量最低，孔分布均匀，贯通孔较少，孔壁结构比较完整，所以制品的抗压强度达到了最高，为 3.4MPa。实验结果表明，通过控制泡沫混凝土孔隙率，可以达到控制制品绝干密度与抗压

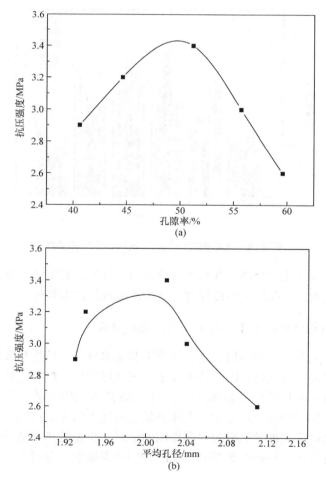

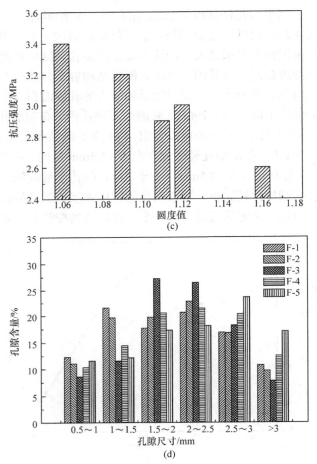

图 4.29 孔结构特征与制品抗压强度的相关性

强度的目的,气孔孔径合理且气孔为圆球形均匀分散,对泡沫混凝土受压时应力分散有积极作用,气孔均匀性良好时得到的制品抗压性能最佳。

2. 气孔结构特征对泡沫混凝土导热性能的影响

泡沫混凝土作为一种多相、复合的无机非金属材料,导热系数的大小主要与孔结构特征有关。多孔材料内的热传递主要包括热传导、热对流和热辐射三种方式。固体材料中热量的传递是通过原子(分子)的热振动实现的,而孔隙气体的导热是通过气体分子的碰撞运送的。泡沫混凝土是气固两相混合物,其综合传热是由热传导和热对流两种导热行为共同作用的结果,少量的热量是通过热辐射传递的,可以忽略不计。Jewell 等[62]和 Shen 等[63]分别提出了混凝土的导热系数与孔隙率的关系式，但局限性比较明显，只考虑了孔结构中的孔隙率对泡沫混凝土导热系数的影响，均未提出孔的尺寸、孔径分布和孔的形状与导热系数的关系。不少学者开始研究孔的尺寸、孔径分布和孔的形状与导热系数的关系。因此，本节对孔的尺寸、孔径分布和孔的形状对泡沫混凝土制品导热系数的影响进行研究。

　　图 4.30 为孔隙率与导热系数的关系。由图 4.30 可知，导热系数随着孔隙率的增大而降低，在孔隙率由 40.6%提高到 59.6%时近似呈直线变化，分析原因认为，孔隙率的增大，制品中孔相多于固相，而孔隙气体的导热性能差，传导速率低，同时泡沫混凝土泡壁的厚度随着孔隙率的增大而减小，当热量走固态传导时会走"弯路"，需要的传导距离增长，制品的导热系数就降低。由图 4.31 可以看出，泡沫混凝土的导热系数随着平均孔径的增大而减小，当平均孔径为 1.93mm 时导热系数最大，为 0.166W/(m·K)，当平均孔径为 2.11mm 时导热系数最小，为 0.152W/(m·K)。当平均孔径从 1.94mm 增大到 2.02mm 时，导热系数急剧下降，随着平均孔径继续增大，导热系数继续下降，但下降幅度并不大。由此可知，对于泡沫混凝土的气孔几何特征存在着一些敏感的特征值，使得泡沫混凝土导热系数在这些特征值附近发生较大的变化。结合图 4.31 对图 4.32 进行分析，制品导热系数受孔径分布影响较大，当孔径大于 1.5mm 所占比例较大时，制品导热系数均小于 0.160W/(m·K)。对比分析导热系数 0.163W/(m·K)与 0.158W/(m·K)，当制品孔径分布集中在 2mm 左右时，制品导热系数变化幅度最大。分析原因认为，平均孔径越小的制品，孔数量越多，制品中气固界面存在的越多，这时热量的传递就得越频繁地从固体向气体，气体向固体传热，热量的传导速率就会降低。综合以上分析可知，孔隙率对泡沫混凝土导热系数的影响占主导，但平均孔径的大小及孔径分布状况对制品导热系数也有不可忽视的作用。

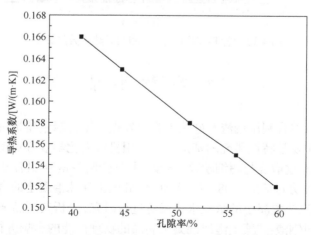

图 4.30　钢渣-硅藻土泡沫混凝土孔隙率与导热系数的关系

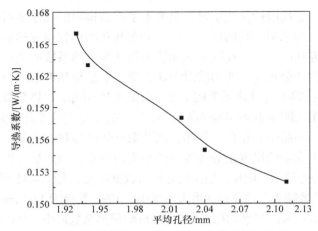

图 4.31　泡沫混凝土平均孔径与导热系数的关系

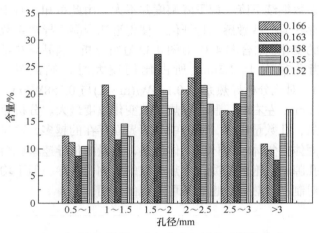

图 4.32　泡沫混凝土孔径分布与导热系数的关系

4.6　本 章 小 结

　　本章研究以综合利用钢渣及硅藻土为出发点，结合绿色建筑发展趋势，在对钢渣、硅藻土矿物学特性研究的基础上，采用机械力化学效应对钢渣进行活化，而后与硅藻土(经过煅烧与超细粉碎复合改进)复合制备钢渣-硅藻土泡沫混凝土，根据技术路线成功制备出 A08、C3 级钢渣-硅藻土泡沫混凝土的合格品。同时，对钢渣-硅藻土泡沫混凝土的微观水化反应进行研究，分析其制品强度来源。最后，对孔结构特征对钢渣-硅藻土泡沫混凝土制品的物理性能的影响进行了研究。得出如下结论。

(1) 研究所用钢渣是在空气中自然冷却的转炉钢渣，其主要成分为 CaO，其次是 SiO_2、Fe_2O_3 和 Al_2O_3，同时还有少量的 MgO、V_2O_5 及微量的 MnO、K_2O 等成分，钢渣碱度为 1.95，属于中碱度渣。原始钢渣粒径较大，经破碎筛分处理后钢渣颗粒粒径主要集中在 0.30~4.75mm 区间，占比在 95%以上。钢渣本身属于低活性物质，性能不稳定，所以很难被直接利用。

(2) 采用机械活化的方式激发钢渣的活性，结合 XRD、FT-IR、粒度分析等测试分析可知，经过机械粉磨，钢渣粉体产生不同程度的晶体缺陷，其晶形逐渐向无定形转变，激发了潜在的活性。钢渣的水化是一个缓慢的过程，对制品后期强度有很大的贡献。粉磨钢渣有一定的"团聚现象"，导致粉体表面活性不能充分发挥，影响了钢渣的活性。综合考虑经济因素及实用方面，选择对钢渣粉磨 120min 较为合理。

(3) 研究使用的硅藻土颗粒较为均匀，其主要化学成分是 SiO_2、Al_2O_3、Fe_2O_3 等，其中 SiO_2 含量高达 80%以上，含有的少量 Al_2O_3 对增强泡沫混凝土制品的力学强度有有利影响。对硅藻土进行煅烧与超细粉碎复合改进活化，通过 XRD、FT-IR 测试分析可知，煅烧与超细粉碎复合改进活化后石英有序结构发生了破坏，晶格畸变度增加，同时煅烧过程中也可以去除硅藻土中含有的有机杂质。

(4) 通过单因素实验、正交实验，得出钢渣-硅藻土泡沫混凝土的优化配合比(质量百分比)，即钢渣：硅藻土：水泥熟料：矿渣：石膏=32：17：28：17：6，外加干料总量 4.5%的双氧水，水胶比为 0.60(拌和水温 37℃)。此时，制品的抗压强度为 3.45MPa、绝干密度为 796kg/m³，满足行业标准《泡沫混凝土》(JG/T 266—2011) 要求的 A08、C3 级泡沫混凝土要求。

(5) 通过对钢渣-硅藻土泡沫混凝土制品的微观结构分析可知，制品中的主要水化产物为硬石膏、钙矾石(AFt)、C-S-H 凝胶、硅酸二钙(C_2S)、硅酸三钙(C_3S)、氢氧化钙(CH)和 RO 相，其中 RO 相是钢渣中不参与水化反应的成分，是钢渣体系中的惰性组分。

(6) 通过对钢渣-硅藻土泡沫混凝土水化反应机理的研究可知，料浆中溶解的 $Ca(OH)_2$ 为双氧水发泡提供了合适的碱性条件，双氧水分解发泡使料浆膨胀，在制品中形成多孔结构，在石膏加入的情况下，随着龄期增加，水化生成的水化铝酸钙与石膏中的 SO_4^{2-} 迅速反应生成 AFt 晶体。体系中钢渣、石膏和矿渣的相互协同激发，C-S-H 凝胶与 AFt 协同生成，针棒状的晶体穿插在 C-S-H 凝胶孔隙中相互彼此之间紧密交叉搭接，为制品提供强度。

(7) 通过对比分析选用图像法(Image-Pro Plus 软件)对钢渣-硅藻土泡沫混凝土制品孔结构特征进行研究分析。研究发现，气孔结构会对制品强度产生较大的影响，合理的孔隙率能够提高制品的抗压强度，同时气孔结构分布状况会对制品强度产生较大的影响，气孔孔径合理、气孔为圆球形、均匀时，制品力学性能最佳。

通过分析孔的尺寸、孔径分布与孔的形状对泡沫混凝土制品导热系数的影响，发现孔结构特征对导热系数的影响较大，其中孔隙率占主导，但孔径、圆度、孔径尺寸的分布对泡沫混凝土导热系数也有着至关重要的作用。

参 考 文 献

[1] 王绍文, 梁富智, 王纪曾. 固体废弃物资源化技术与应用[M]. 北京: 冶金工业出版社, 2003.
[2] 任玉森. 钢铁行业固体废弃物农业利用基础技术研究[D]. 天津: 天津大学, 2007.
[3] 王长龙, 魏浩杰, 王肇嘉, 等. 典型金属尾矿绿色化技术研究与案例分析[M]. 北京: 科学出版社, 2021.
[4] 魏瑞丽. 钢铁工业主要固体废弃物资源化利用的技术现状分析研究[D]. 西安: 西安建筑科技大学, 2010.
[5] 郑水林, 孙志明, 胡志波, 等. 中国硅藻土资源及加工利用现状与发展趋势[J]. 地学前缘, 2014, 21(5): 274-280.
[6] 章少华, 李常有. 若干非金属矿资源可供性分析[J]. 中国非金属矿工业导刊, 2003(2): 7-11.
[7] 吕林女, 何永佳, 丁庆军, 等. 利用磨细钢渣矿粉配制 C60 高性能混凝土的研究[J]. 混凝土, 2004(6): 51-52.
[8] 石磊. 浅谈钢渣的处理与综合利用[J]. 中国资源综合利用, 2011, 29(3): 29-32.
[9] 李辽沙, 曾晶, 苏世怀, 等. 钢渣预处理工艺对其矿物组成与资源化特性的影响[J]. 金属山, 2006(12): 71-74.
[10] Shi C J, Qian J S. High performance cementing materials from industrial stags: a review[J]. Resources Conservation and Recycling, 2000, 19: 195-207.
[11] Tufekci M, Demirbas A, Genc H. Evaluation of steel furnace slags as cement additives[J]. Cement Concrete Research. 1997, 27(11): 1713-1717.
[12] Mason B. The constitution of some open-heart slag[J]. Journal of Iron and Steel Institute, 1944, 11: 69-80.
[13] Wang Q, Yan P Y, Feng J W. A discussion on improving hydration activity of steel slag by ltering its mineral compositions[J]. Journal of Hazardous Materials, 2011, 186: 1070-1075.
[14] 王强, 鲍立楠, 阎培渝. 转炉钢渣粉在水泥混凝土中应用的研究进展[J]. 混凝土, 2009(2): 53-56.
[15] 陈益民. 磨细钢渣粉作水泥高活性混合材料的研究[J]. 水泥, 2001(5): 1-4.
[16] 相会强, 王林, 刘彦君, 等. 钢渣在建筑领域的综合利用及展望[J]. 中国冶金, 2005(9): 49-51.
[17] 王强. 钢渣的胶凝性能及在复合胶凝材料水化硬化过程中的作用[D]. 北京: 清华大学, 2010.
[18] 彭小芹, 李三, 刘朝. 碱激发钢渣-矿渣混凝土的性能研究[J]. 非金属矿, 2016, 39(3): 17-19, 32.
[19] 文天阳, 连芳, 杨淇, 等. 激发剂对钢渣基脱硫石膏体系性能的影响[J]. 矿物学报, 2012, 32(S1): 177-178.
[20] 郝润霞. 脱硫石膏/钢渣复合胶凝材料力学性能的研究[J]. 内蒙古科技与经济, 2012(2): 78, 82.

[21] 胡曙光, 韦江雄, 丁庆军. 水玻璃对钢渣水泥激发机理的研究[J]. 水泥工程, 2001(5): 4-6, 52.

[22] 张波, 胡瑾, 阎培渝. 钢渣在蒸养条件下的安定性[J]. 电子显微学报, 2014, 33(3): 246-250.

[23] 钱光人, 李和玉, 王海滨, 等. 橄榄石类钢渣的蒸压胶凝性及产物研究[J]. 硅酸盐学报, 1997, 25(6): 19-26.

[24] Masaaki K. Inorganic hardened bodies and their manufacture from steelmaking slag[J]. Journal of Hazardous Materials, 2011, 188: 1060-1076.

[25] 林宗寿, 陶海征, 涂成厚. 钢渣粉煤灰活化方法研究[J]. 武汉理工大学学报, 2001, 23(2): 4-7.

[26] Tsakiridis P E, Papadimitriou G D, Tsivilis S. Utilization of steel slag for Portland cement clinker production[J]. Journal of Hazardous Materials, 2008, 152: 805-811.

[27] Asi I M, Qasrawi H Y, Shalabi F I. Use of steel slag aggregate in asphalt concrete mixes[J]. NRC Research Press Ottawa, 2007, 34(8):902-911.

[28] Abu-Eishah S I, El-Dieb A S, Bedir M S. Performance of concrete mixtures made with electric arc furnace (EAF) steel slag aggregate produced in the Arabian Gulf region[J]. Construction and Building Materials, 2012, 34: 249-256.

[29] Wu S P, Xue Y J, Ye Q S, et al. Utilization of steel slag as aggregates for stone mastic asphalt (SMA) mixtures[J]. Building and Environment, 2007, 42: 2580-2585.

[30] Qasrawi H, Shalabi F, Asi I. Use of low CaO unprocessed steel slag in concrete as fine aggregate[J]. Construction and Building Materials, 2009, 23: 1118-1125.

[31] 邢琳琳. 钢渣稳定性与钢渣粗骨料混凝土的试验研究[D]. 西安: 西安建筑科技大学, 2012.

[32] 张明, 曹明礼, 陈吉春. 掺膨胀珍珠岩电炉钢渣制小型空心砌块[J]. 非金属矿, 2004, 27(4): 21-22, 31.

[33] 关少波. 钢渣粉活性与胶凝性及其混凝土性能的研究[D]. 武汉: 武汉理工大学, 2008.

[34] 马晓辉, 陈吉春. 利用钢渣研制高强空心砌块[J]. 粉煤灰综合利用, 2004(5): 42-43.

[35] 杨钱荣, 张树青, 杨全兵. 掺钢渣-矿渣-粉煤灰复合微粉混凝土性能研究[J]. 粉煤灰综合利用, 2009(4): 3-6.

[36] 杨波, 史林. 钢渣混凝土研究现状分析[J]. 中国新技术新产品, 2011(7): 11-12.

[37] 张凤君. 硅藻土加工与应用[M]. 北京: 化学工业出版社, 2006.

[38] Stamatakis M. Characterization of biogenic amorphous silica deposits in Greece and their industrial potential[J]. Mineral Exploration and Sustainable Development, 2003, 1(2): 927-930.

[39] 袁鹏, 吴大清, 林种玉, 等. 硅藻土表面羟基的漫反射红外光谱(DRIFT)研究[J]. 光谱学与光谱分析, 2001, 21(6): 783-786.

[40] Wu J L, Lin J H. The application of diatomite in environment[J]. Journal of Hazardous Materials, 2005, 127(9): 196-203.

[41] Ergun A. Effects of the usage of diatomite and waste marble powder as partial replacement of cement on the mechanical properties of concrete[J]. Construction and Building Materials, 2011, 25: 806-812.

[42] Akhtar F, Rehman Y, Bergstrom L. A study of the sintering of diatomaceous earth to produce porous ceramic momoliths with bimodal porosity and high strength[J]. Powder Technology,

2010, 201: 253-257.

[43] Zaetang Y, Wongsa A, Sata V, et al. Use of lightweight aggregates in pervious concrete[J]. Construction and Building Materials,2013, 48: 585-591.

[44] 肖力光, 杨艳敏, 常继国. 硅藻土对氯氧镁水泥性能的影响[J]. 吉林建材, 2000(1): 23-26.

[45] 于澍. 云南先锋硅藻土作水泥混合材的试验研究[J]. 水泥, 1988(2): 17-19, 2.

[46] 喻鹏, 李跃, 徐中青, 等. 绿色再生混凝土抗压强度试验[J]. 山西建筑, 2015, 41(9): 102-103.

[47] 胡志强, 高文元, 宋艳龙, 等. 硅藻土作水泥混合材的试验研究[J]. 吉林建材, 1997(2): 12-14.

[48] 谢明辉. 大掺量粉煤灰泡沫混凝土的研究[D]. 长春: 吉林大学出版社, 2006.

[49] Valore R C. Cellular concretes: part Ⅱ. Physical properties[J]. Journal Proceedings, 1954, 25(10): 817-836.

[50] Kearsley E P, Wainwright P J. The effect of high fly ash content on the compressive strength offoamed concrete[J]. Cement and Concrete Research, 2001, 31: 105-112.

[51] Jones M R, McCarthy A. Utilising unprocessed low-lime coal fly ash in foamed concrete[J]. Fuel, 2005, 84 (11): 1398-1409.

[52] Nambiar E K K, Ramamurthy K. Models relating mixture composition to the density and strength of foam concrete using response surface methodology[J]. Cement and Concrete Composites, 2006, 28(9): 752-760.

[53] 余红发, 胡仁. 蛋白质型发泡剂的性能研究[J]. 新型建筑材料, 1994(12): 30-32.

[54] 杨久俊, 张海涛, 张磊. 粉煤灰高强微珠泡沫混凝土的制备研究[J]. 粉煤灰综合利用, 2005(l): 50-51.

[55] 邱军付, 罗淑湘. 大掺量粉煤灰泡沫混凝土保温板的试验研究[J]. 硅酸盐通报, 2013, 32(2): 364-367.

[56] 赵铁军, 高倩, 王兆利. 大掺量粉煤灰对泡沫混凝土抗压强度的影响[J]. 粉煤灰, 2002, 14(6): 7-10.

[57] 汪新道, 文蓓蓓, 樊勇. 双掺技术在泡沫混凝土中的应用研究[J]. 新型建筑材料, 2014, 41(5): 86-88.

[58] 盖广清, 张海波, 马小秋. 掺粉煤灰的陶粒泡沫混凝土承重保温砌块研究[J]. 建筑砌块与砌块建筑, 2007(1): 17-18.

[59] 赵计辉, 阎培渝. 钢渣的体积安定性问题及稳定化处理的国内研究进展[J]. 硅酸盐通报, 2017, 36(2): 477-484.

[60] 邓德敏, 贺婷, 廖洪强, 等. 钢渣细度和掺入量对钢渣复合水泥基泡沫混凝土强度指标的影响[J]. 墙材革新与建筑节能, 2013(11): 32-35.

[61] 吴辉. 热闷钢渣制备低收缩铁尾矿轨枕混凝土的研究[D]. 北京: 北京科技大学, 2014.

[62] Jewell J M, Barry B H, Aggarwal I D, et al. Germanate glass geramic: US 5486495[P]. 1996-01-23.

[63] Shen C, Wang Y J, Xu J H, et al. Perparation and ion exchange properties of egg-sheell glass baeds with different surface morphologies[J]. Particuology, 2012, 10(3): 317-326.

第5章　钢渣制备胶凝材料和高性能混凝土的研究

矿物掺合料已成为现在混凝土科技必不可少的重要组分和功能材料，这类材料在混凝土中使用能显著降低水泥行业的 CO_2 排放量[1-3]。由于矿渣(Slag)和粉煤灰作为矿物掺合料已经在混凝土中大量使用[4]，造成一些城市或地区，矿渣和粉煤灰资源紧缺。

钢铁冶金工业是国家的经济基础，随着钢铁冶金工业的不断发展，资源开发、能源的消耗和污染物的排放问题日益严重。钢渣是钢铁冶金工业生产过程中的主要固体废弃物之一，其排放量为粗钢产量的 15%～20%[5]。我国钢渣年产生量约 0.8 亿 t，累积堆存约 5 亿 t，综合利用率仅为 22%。目前，国内外钢渣综合利用的方式为：冶金原料(作烧结材料、作高炉熔剂、回收废钢铁等)、道路工程、新型建筑材料、制备微晶玻璃、环境和农业领域等，但在水泥混凝土中没取得广泛应用。孙家瑛[6]和 Wang 等[7]的研究表明，在水泥混凝土中实现钢渣资源高效利用的最重要途径就是作为矿物掺合料。钢渣中含 CaO 45%～60%，SiO_2 10%～15%，Al_2O_3 1%～5%，Fe_2O_3 3%～9%，MgO 3%～9%，FeO 7%～20%和 P_2O_5 1%～4%[3]。钢渣的矿物相包含硅酸钙、铁酸钙、铝酸钙、RO 相、游离氧化钙、游离氧化镁、磁铁矿及少量单质铁等[8-13]。目前，钢渣主要用作路基工程材料、工程回填材料和沥青混凝土骨料[14-20]。和水泥类似，钢渣可以与水发生水化反应，生成 C-S-H 凝胶、C-S-A-H 凝胶、C-A-H 晶体和 $Ca(OH)_2$ 等[13, 21, 22]，但钢渣用于水泥混凝土的不到总量的 10%。钢渣中含有硅酸盐水泥熟料中水硬性组分硅酸三钙、硅酸二钙，因而具有一定的活性，但硅酸三钙、硅酸二钙形成时冷却速率低且含量低，相应的活性比水泥熟料低得多，所以钢渣在一定程度上替代水泥熟料在水泥和混凝土中的利用[23-26]。钢渣制造的水泥比纯硅酸盐水泥制备的混凝土需水量小，且耐久性良好[27]。作为矿物掺合料使用的钢渣(在合适的掺量下)能增强混凝土的力学性能，因此，使用钢渣作为辅助胶凝材料在水泥或混凝土中应用是提高钢渣利用率的有效方式。钢渣是一种潜在的活性矿物掺合料和辅助性胶凝材料。钢渣在脱硫石膏的激发下具有较好的潜在活性[28-31]，因此，在水泥混凝土胶凝材料研究的基础上，一些研究者开始探索利用钢渣来代替或者部分代替水泥制备胶凝材料[32]。

在水泥混凝土领域应用钢渣，不但使钢渣的综合利用率提高，而且环境污染的问题得到了解决，同时有力地推动了对建材工业的节能降耗、CO_2 排放量减少、生产成本的降低，对实现可持续发展的循环经济意义重大。钢渣存在成分波动大、磨矿难度大、活性低、稳定性差等问题，使得钢渣的研究应用一直处于较低掺量水平，所以应加大科技攻关力度，寻求行之有效方法解决这些问题，为在水泥混凝土领域中广泛应用钢渣打下坚实的基础。经过几十年科研工作者的努力，水泥混凝土领域钢渣的应用研究取得了较大的进展，但同时也存在不少问题有待深入研究，归纳为以下几个方面[33]：①目前，加水与钢渣粉中 f-CaO 反应使 f-CaO 含量降低是解决钢渣粉安定性的主要方法，但部分高活性矿物在这个过程中也可能参与水化，从而大幅降低早期水化活性，这与提高钢渣粉水化活性存在矛盾，对这一矛盾的解决有待进一步研究。②水泥混合材应用钢渣粉时，为提高水泥的强度等级，激发剂的过多加入可能会使混凝土耐久性及工作性降低。因此，有必要对含钢渣混凝土中激发剂的掺入进一步研究。③钢渣粉被作为掺合料加入到混凝土中，侧重对混凝土强度与钢渣粉的细度研究，而对钢渣粉掺入后其水化机理及制备的钢渣粉混凝土综合耐久性研究相对较少。④对混凝土自收缩具有补偿效应的 f-CaO 的合理应用，是在钢渣掺量大的情况下值得研究的问题。因此，本章对钢渣胶凝性和水化特性进行重点研究，同时采用 XRD、SEM、压汞法等测试方法，将钢渣作为矿物掺合料应用于混凝土中，对钢渣制备高性能混凝土中的掺量、养护方式和水化产物进行了研究。

5.1　钢渣的水化特性研究

5.1.1　钢渣水化特性实验用原料及方法

1. 原材料

1) 水泥

采用强度等级为 42.5 的基准水泥，其主要化学成分见表 5.1。

表 5.1　水泥与钢渣的化学成分　　　（单位：wt%）

原料	SiO_2	Al_2O_3	Fe_2O_3	FeO	MgO	CaO	Na_2O_{eq}	MnO	P_2O_5	LOI
水泥	21.68	4.56	2.63	—	1.83	63.39	0.48	—	0.04	5.39
钢渣 A	17.41	5.74	12.62	7.68	9.95	40.03	0.27	0.68	2.78	2.84
钢渣 B	14.22	7.85	14.03	10.33	11.00	35.96	0.31	0.86	1.93	3.51
钢渣 C	16.22	6.84	15.43	7.61	10.12	36.70	0.08	1.54	0.67	4.79

注：$Na_2O_{eq}=Na_2O+0.658K_2O$。

2) 钢渣

采用不同钢铁厂炼钢过程中排放的 A、B、C 三种转炉钢渣,其化学成分见表 5.1。相比于硅酸盐水泥,钢渣的化学成分中钙、硅含量低,而镁、铁含量高。参照 Mason[34]提出的碱度计算方法,实验选用的钢渣 A、钢渣 B、钢渣 C 的碱度分别为 2.17、2.23 和 1.98,属于中碱度钢渣的碱度范围(1.8～2.5)。钢渣主要矿物相为硅酸二钙、硅酸三钙和 RO 相,三种钢渣的矿物相分析见图 5.1。钢渣 A、钢渣 B、钢渣 C 的比表面积分别为 535m^2/kg、520m^2/kg、525m^2/kg。

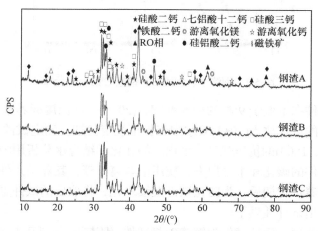

图 5.1　钢渣的 XRD 谱图

3) 砂

实验中砂浆试件制备选用 ISO 标准砂。

4) 石子

混凝土中的粗集料为 5～25mm 粒径的石灰石碎石。

用 LMS-30 型激光粒度仪分析钢渣 A、钢渣 B、钢渣 C 粒度,如图 5.2 所示。由图 5.2 可知,三种钢渣的粒径分布范围较窄,所有颗粒分布在 30μm 以下,超过 50%的钢渣颗粒分布在 10μm 以下,且有亚微米级颗粒出现。钢渣 B 0.1～4μm 的颗粒含量略低于钢渣 A。在粒径大于 10μm 范围内,钢渣 C 的颗粒含量高于钢渣 A、钢渣 B。因此,钢渣 C 的粒度比钢渣 A、钢渣 B 的稍粗,但整体相差不大。实验选用 3 种钢渣材料,钢渣 C 的颗粒最粗,而钢渣 A 最细。

2. 实验方法

1) 样品制备

测试钢渣活性和钢渣水化产物用的钢渣净浆试件配制时,其水胶比(W/B)为 0.30。将搅拌均匀的净浆浆体注入尺寸为 40mm×40mm×160mm 的模具中,经振

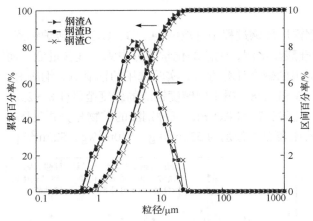

图 5.2　钢渣 A、钢渣 B、钢渣 C 的粒度分布

动成型后的试件在不低于 95%的相对湿度，(20±1)℃的温度标养室内养护，1d 后脱模，脱模后的试件放入(20±1)℃水中养护至规定龄期，测定试件不同龄期(3d、7d、28d、90d、180d)的抗压强度。水化产物和化学结合水分析用的净浆试件制备时，为防止试件的碳化和水分散失，使用塑料离心管，其养护条件与钢渣净浆试件相同，到达养护龄期后，为防止试件继续水化，将取出的试件置于无水乙醇溶液，测试前取出试件并烘干。

　　钢渣活性测试使用的试件为钢渣砂浆试件，钢渣粉、标准砂与水的比例为 1∶3∶0.3，养护与制备条件同钢渣净浆试件。

　　选用钢渣 A、钢渣 B、钢渣 C 中活性最优的配制混凝土。钢渣混凝土(掺入钢渣胶凝材料的混凝土)和水泥混凝土(使用纯水泥胶凝材料配制的混凝土)配制时使用的模具尺寸为 100mm×100mm×100mm。混凝土实验中将混凝土密度定为 2400m²/kg。钢渣混凝土实验中分别用钢渣替代 15%、30%和 45%的基准水泥(等质量替代)，具体实验配合比见表 5.2。测试混凝土试件 3d、7d、28d、90d、180d 的抗压强度。

表 5.2　钢渣混凝土的配合比方案

水胶比	原料组成/kg					钢渣掺量/%
	水泥	钢渣	石	砂	水	
0.48	400	—	759	1049	192	—
	340	60	759	1049	192	15
	280	120	759	1049	192	30
	220	180	759	1049	192	45

续表

水胶比	原料组成/kg					钢渣掺量/%
	水泥	钢渣	石	砂	水	
	400	—	786	1086	128	—
0.32	340	60	786	1086	128	15
	280	120	786	1086	128	30
	220	180	786	1086	128	45

2) 性能表征

采用 LMS-30 型激光粒度分析仪分析钢渣粉的粒度。胶砂试件不同龄期抗压强度参照《水泥胶砂强度检验方法(ISO)法》(GB/T 17671—1999)测定。钢渣混凝土的抗压强度按照《混凝土物理力学性能试验方法标准》(GB/T 50081—2019)进行测试, 加载速度 3000N/s。采用高温灼烧法测定水化产物化学结合水量, 将 1～2g 烘干磨细样品置入刚玉坩埚中, 而后放入马弗炉(CD-1400X 型)内灼烧(1050℃, 恒温 2h), 其烧失量即为水化产物化学结合水量。采用日本理学 Rigaku D/MAX-RC 12kW 型转靶旋转阳极衍射仪分析钢渣净浆的水化组成, 衍射仪工作条件: Cu 靶, 波长 1.5406nm, 工作电压 40kV, 工作电流 150mA。

5.1.2 钢渣水化特性实验结果分析

1. 钢渣的活性分析

图 5.3～图 5.5 分别为钢渣 A、钢渣 B、钢渣 C 的净浆化学结合水量、钢渣净浆抗压强度和钢渣砂浆抗压强度对比图。所测得的化学结合水量以及净浆和砂浆的抗压强度都是钢渣自身的水化性能, 即无外部环境激发条件下的水化性能[35]。

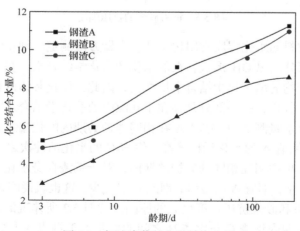

图 5.3　钢渣净浆的化学结合水量

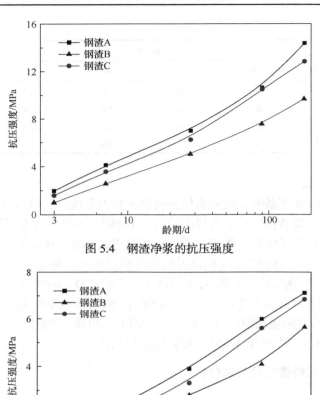

图 5.4　钢渣净浆的抗压强度

图 5.5　钢渣砂浆的抗压强度

　　评价胶凝材料的水化程度常用化学结合水量方法测定。硬化的浆体内的水分为两部分：一部分是以 OH⁻形式存在的水化产物化学结合水，在适宜的温湿度条件下，随水化产物的增多化学结合水量增大，因此，硬化浆体内化学结合水量可以表征水化产物数量；另一部分是存在于孔隙中的非化学结合水[35]。图 5.3 所示的钢渣化学结合水量测试中，钢渣 A 在相同养护龄期内的化学结合水量大于钢渣 B、钢渣 C，即钢渣 A 的水化活性最高，钢渣 C 的水化活性次之，钢渣 B 的水化活性最低。同时也说明在相同的养护龄期内，对于钢渣自身水化生成的水化产物 C-S-H 凝胶的数量，钢渣 A 的最多，钢渣 B 的最少。这也就说明了图 5.4 和图 5.5 中钢渣 A 的净浆和砂浆抗压强度最大的原因。就图 5.3 所体现的活性差距来看，在相同的养护龄期内钢渣 C 与钢渣 B 之间的差距大于钢渣 A 与钢渣 C 之间的差距，与图 5.4 和图 5.5 中钢渣净浆和砂浆所反映的数据规律一致。从以上的分析中可以得出，钢渣 A、钢渣 B、钢渣 C 在无外部激发条件下自身的活性：钢渣 A ＞ 钢渣 C＞钢渣 B，其中钢渣 A 与钢渣 C 的差距小于钢渣 C 与钢渣 B 的差距，所以选择钢渣 A 做下一步的实验。

2. 钢渣掺量对混凝土抗压强度的影响

图 5.6 为水胶比为 0.48 时，钢渣掺量对混凝土抗压强度的影响。从图中可以看出，随着钢渣掺量增大，相同龄期混凝土的强度呈降低趋势，掺钢渣的混凝土的早期强度发展缓慢，当钢渣替代 45% 的胶凝材料时，3d 龄期混凝土的抗压强度仅为 1.2MPa。将掺入钢渣的混凝土与纯水泥配制的混凝土的抗压强度比较，计算出相同龄期时钢渣混凝土相对于水泥混凝土抗压强度下降百分比，可以得出养护龄期 7d 以前(包括 7d)，钢渣掺量 15%、30% 和 45% 相对应的钢渣混凝土强度降低百分比分别为 18.3%、41.7% 和 86%；当钢渣掺量为 45% 时，养护龄期为 3d、7d 和 28d 时混凝土强度降低百分比分别为 95.3%、86% 和 63.9%。以上分析表明钢渣早期活性低，替代部分水泥胶凝材料后，使原有的胶凝材料中早期对混凝土强度发挥作用的胶凝材料比例降低。此外，钢渣的掺入会降低早期水泥水化程度，对水泥早期水化产生抑制，且随着掺量增加，抑制作用加强[36]。

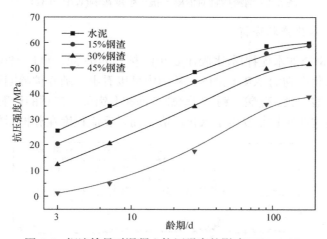

图 5.6　钢渣掺量对混凝土抗压强度的影响(W/B=0.48)

图 5.7 显示当水胶比为 0.32 时，随养护龄期的延长，水泥混凝土和钢渣混凝土间的差距呈减小趋势，且该趋势随着钢渣替代水泥用量的增大更加明显。当养护龄期为 180d 时，胶凝材料中钢渣掺量为 15%、30% 和 45% 的混凝土强度分别为水泥混凝土的 94.8%、88.9% 和 83.6%，这说明钢渣掺入量大对水泥后期的水化起到了一定的促进作用[36]。通过对图 5.6 和图 5.7 中 180d 龄期的混凝土强度降低

百分比分析可以看出，随着养护龄期的延长，钢渣的水化程度逐渐增大，钢渣对混凝土强度的贡献也逐渐增大。水泥的水化需水量大于钢渣，因而胶凝材料中水泥被钢渣替代后，相当于增大了胶凝材料中实际水泥的水胶比，较高水胶比的条件下提供了水泥水化足够的水，但钢渣在胶凝材料中对水泥水化的促进作用有一定的限度；当水胶比较小时，对水泥水化环境的改善和后期水化的促进作用明显。

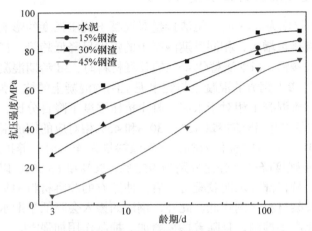

图 5.7　钢渣掺量对混凝土抗压强度影响(W/B=0.32)

3. 钢渣的水化产物分析

图 5.8 为钢渣加水搅拌后(水胶比 0.30)，标准养护 3d、90d、180d 龄期的钢渣硬化浆体中水化产物的 XRD 谱图。从图中可以看出，随养护龄期增长，钢渣中的胶凝组分硅酸三钙、硅酸二钙、硅铝酸二钙和七铝酸十二钙的衍射峰强度降低，说明钢渣中的这些矿物相发生了水化反应，而且反应程度在养护后期较高，这也

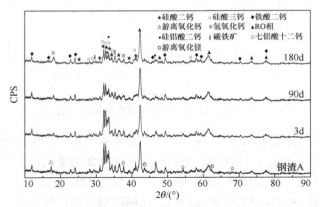

图 5.8　不同龄期钢渣水化的 XRD 谱图

证明了图 5.7 中钢渣混凝土中养护后期混凝土强度增长快的原因。钢渣中包含的矿物相铁酸二钙、磁铁矿和 RO 相的衍射峰强度随龄期增长基本没有变化，可以说明这些矿物相在硬化浆体中基本不参与反应。C-S-H 凝胶和氢氧化钙是钢渣中胶凝组分水化后的主要水化产物，而谱图中无 C-S-H 凝胶的衍射峰，主要是由于 C-S-H 凝胶在水化产物中以无定形的物质存在。龄期 3d 的钢渣水化产物中氢氧化钙的衍射峰难以辨别，主要是由于钢渣在养护初期水化程度低、水化速率慢导致氢氧化钙的量较少。

　　综上所述，钢渣硬化浆体中的矿物相主要有水化产物氢氧化钙、C-S-H 凝胶，铁酸二钙、磁铁矿和 RO 相惰性组分，未完全发生水化的胶凝组分硅酸三钙、硅酸二钙、硅铝酸二钙和七铝酸十二钙，随着养护龄期的延长，水化产物氢氧化钙、C-S-H 凝胶的生成量增多，惰性组分保持原有的量基本不变，未水化的胶凝组分的量随龄期延长相应较少。

5.2　钢渣的胶凝性能研究

5.2.1　钢渣的胶凝性能实验用原料及方法

　1. 原材料

　1) 水泥

采用强度等级为 42.5 的基准水泥，其主要化学成分列于表 5.3。

表 5.3　水泥与钢渣的化学成分　　　　　（单位：wt%）

原料	SiO_2	Al_2O_3	Fe_2O_3	FeO	MgO	CaO	Na_2O_{eq}	MnO	P_2O_5	LOI
水泥	20.68	4.56	4.65	—	1.83	62.19	0.48	—	0.04	5.39
钢渣	17.41	5.74	12.62	7.68	9.95	40.03	0.27	0.68	2.78	2.84

注：$Na_2O_{eq}=Na_2O+0.658K_2O$。

　2) 钢渣

　　采用鞍钢转炉钢渣，其化学成分见表 5.3。钢渣的主要化学成分为 CaO，其含量为 40.03wt%；全铁为 14.81wt%，其中 Fe_2O_3 为 12.62wt%。按照 Mason[34]提出的碱度 M_0 计算方法，实验选用的钢渣碱度为 2.17，属于中碱度(1.8～2.5)钢渣。钢渣主要矿物相(图 5.9)为 C_3S、C_2S 和 RO 相(FeO、MnO 和 MgO 的固溶体)。钢渣的粒度分析(表 5.4)表明，91%的钢渣颗粒集中在 0.3～10mm 之间，所以钢渣在磨细前要进行破碎加工。

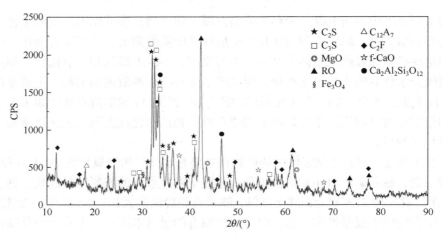

图 5.9　钢渣的 XRD 谱图

表 5.4　钢渣的粒径分布

粒级/mm	分计筛余量/%	累计筛余率/%	负累计筛余率/%
>10	4.11	4.11	100.00
10~4.75	31.41	35.52	95.89
4.75~2.36	23.12	58.64	64.48
2.36~1.18	15.46	74.10	41.36
1.18~0.6	12.04	86.14	25.90
0.6~0.3	8.97	95.11	13.86
<0.3	4.89	100.00	4.89
合计	100.00	—	—

3) 砂

实验中胶砂试件的制备选用 ISO 标准砂。

2. 实验方法

1) 样品制备

实验用钢渣先经 EP-150×125 型全密封颚式破碎机破碎至 1~2mm，再将破碎后的钢渣采用实验室用 SMΦ500mm×500mm 型 5kg 小型球磨机磨细至所需要的细度。

钢渣净浆和水泥净浆试件配制时的水胶比(W/S 和 W/C)分别为 0.30 和 0.45。将搅拌均匀的净浆浆体注入尺寸为 40mm×40mm×160mm 的模具中，经振动成型后的试件在放入标准养护箱[相对湿度≥95%，(20±1)℃]养护 1d，脱模后的试件放入(20±1)℃水中养护至规定龄期，测定试件 3d、7d、28d、90d、180d 的抗折强度和抗压强度。化学结合水量分析用净浆试件制备时，将搅拌均匀浆体放入密闭的塑料离心管中，以防止试件的碳化和水分散失，其养护条件与钢渣净浆强度测试试件相同。

钢渣砂浆抗压强度测试使用的试件，由磨细钢渣粉与水、标准砂按 1∶0.3∶3 比例制备养护后得到，其养护与制备条件同钢渣净浆试件。

2) 性能表征

粉磨钢渣的粒度分析采用 LMS-30 型激光粒度分析仪。钢渣粉的比表面积测定采用 SSA-3200 型动态法比表面积分析仪。不同龄期胶砂试件的抗压强度测试参照《水泥胶砂强度检验方法(ISO)法》(GB/T 17671—1999)。试件的力学性能测试用 YES-300 型数显液压压力试验机，试验机的加荷速率为(2.0±0.5)kN/s，最大负荷为 300kN。为了分离非化学结合水和化学结合水，采用高温灼烧法测试钢渣和水泥的化学结合水量，首先将养护至规定龄期的破碎试件(2mm 左右碎块)浸于无水乙醇中中止水化。进行化学结合水量测试时，取浸泡于无水乙醇中的碎块磨细(80μm 以下)，烘干样品放置在 DH-101 型烘箱中烘干至恒重(65℃，24h)，而后将 1~2g 烘干磨细样品放入刚玉坩埚中，之后将坩埚放入 CD-1400X 型马弗炉内灼烧(1050℃，恒温 2h)，其烧失量即为化学结合水量。X 射线衍射分析采用日本理学 Rigaku D/MAX-RC 12kW 型转靶旋转阳极衍射仪，Cu 靶，工作电流 150mA，工作电压 40kV，波长 1.5406nm。

5.2.2　钢渣的胶凝性能实验结果分析

1. 钢渣的胶凝性能

利用粉磨 40min 后的钢渣测试其胶凝性能。钢渣净浆和钢渣砂浆的力学性能如图 5.10 所示。

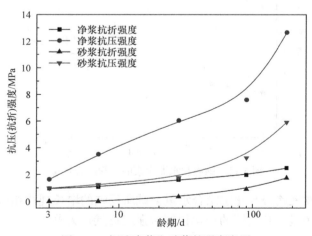

图 5.10　钢渣净浆和砂浆的强度发展

从图 5.10 可以看出，钢渣砂浆和净浆的早期的抗折强度和抗压强度很低，主要原因是钢渣早期水化生成的 C-S-H 凝胶的数量少，随着养护时间的延长，钢渣不断水化生成的 C-S-H 凝胶的数量增加，抗折强度和抗压强度增长，且后期的强度增长幅度很大。此外从图中可知，相同龄期的钢渣净浆和砂浆比水泥净浆和砂浆的强度值差距较大，养护 180d 时，钢渣净浆的抗压强度最大，达到 12.65MPa，钢渣砂浆的最大抗压强度达到 5.89MPa，说明钢渣的胶凝性较弱，经过长期的水化才获得一定的强度。

化学结合水量是评价胶凝材料水化程度常用的方法。胶凝材料浆体硬化后，其内部的水分为两部分。一部分是非化学结合水，存在于硬化浆体孔隙中；另一部分为化学结合水，以 OH 形式存在，是水化产物的组成部分。在适宜的温湿度条件下，化学结合水量随水化产物的增多而增大，因此，化学结合水量可以表征硬化浆体生成水化产物的多少[37]。图 5.11 为钢渣和水泥浆体的化学结合水量随养护时间的变化曲线图。从图中可以看出，水泥早期水化产物的化学结合水量远大于钢渣，但是其后期增长幅度平缓，低于钢渣。在养护龄期 90～180d 内，水泥和钢渣硬化浆体化学结合水量分别增长了 0.42%和 1.91%。180d 养护的水泥硬化浆体的化学结合水量能达到 17.02%，而钢渣硬化浆体的化学结合水量仅为水泥的57.64%。二者间化学结合水量在 7d 龄期时差值最大，达到 9.10%，随着养护龄期的延长，化学结合水的差值逐渐减小，180d 养护龄期时差值为 7.21%，达到最小。由此可以说明，养护 7d 的钢渣硬化浆体的水化速率超过了水泥。

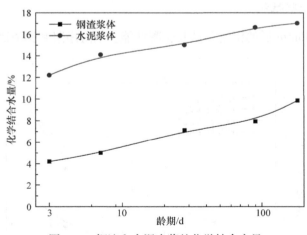

图 5.11　钢渣和水泥净浆的化学结合水量

钢渣强度发展趋势与化学结合水量测试所反映的增长规律相似，这也证明钢渣的水化过程缓慢，其后期的水化程度对强度贡献较大[37]。

2. 钢渣细度对胶凝性能的影响

将破碎后的钢渣放入球磨机中分别粉磨 40min 和 70min, 粉磨后钢渣比表面积对应为 460m²/kg 和 610m²/kg, 粉磨后钢渣及水泥的粒度分布对比如图 5.12 所示。从理论上说, 由于机械磨细后的钢渣矿物组成、化学成分及其水化后的产物种类不会发生变化, 所以提高钢渣细度对钢渣胶凝性起到一定的影响。比表面积的增大可以增强钢渣活性。首先, 由于钢渣中的 RO 相在机械粉磨的方式下不易被磨细, 因此机械粉磨后钢渣中变细的部分主要是大颗粒 C_3S 和 C_2S。此外, 磨细后的钢渣中 1μm 以下多于粗钢渣, 说明 C_3S 和 C_2S 经机械粉磨后更细[37]。

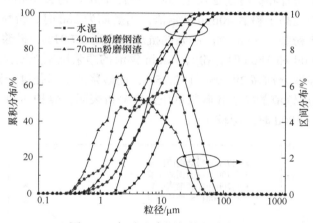

图 5.12　钢渣和水泥的粒径分布图

从图 5.12 可以看出, 随着粉磨时间的延长, 钢渣颗粒的粒径分布范围变窄, 峰值粒径不断下降, 不同粉磨时间的颗粒峰值粒径从 14.09μm 下降到 3.14μm, 粉磨后的钢渣超过 50% 的颗粒分布在 10μm 以下, 且有亚微米级颗粒出现, 粉磨 40min 和 70min 的钢渣中亚微米的颗粒所占比例分别为 1.64% 和 3.65%。粉磨后的钢渣 10μm 以下颗粒比水泥的数量要多, 且比水泥多了大量亚微米级颗粒。从粉磨 40min 和 70min 后钢渣的特征粒径(表 5.5)中可以看出, 钢渣的特征粒径 d_{10}、d_{50} 和 d_{90} 都随着粉磨时间的延长而减小。粉磨时间从 40min 延长到 70min, 钢渣颗粒的 d_{10} 从 1.58μm 减小到 1.13μm; d_{50} 从 6.64μm 减小到 4.12μm; d_{90} 从 22.47μm 减小到 17.78μm。这说明随着粉磨时间的延长, 钢渣中微细颗粒逐渐增多, 大颗粒逐渐减少。

表 5.5　不同粉磨时间的钢渣特征粒径

粉磨时间/min	特征粒径/μm		
	d_{10}	d_{50}	d_{90}
40	1.58	6.64	22.47
70	1.13	4.12	17.78

图 5.13 将粉磨 40min 和 70min 两种细度不同钢渣制备的砂浆和净浆抗压强度进行了对比,从整体趋势看,随着龄期的延长,钢渣净浆和砂浆的抗压强度呈整体上升趋势。龄期为 3d、7d 时,粉磨 70min 和 40min 钢渣的净浆和砂浆抗压强度差距微弱。而随着养护龄期延长至 28d、90d、180d,粉磨 70min 钢渣的净浆和砂浆抗压强度明显高于粉磨 40min 的钢渣。当龄期为 28d 时,粉磨 70min 钢渣的净浆抗压强度比粉磨 40min 钢渣净浆的抗压强度高 27.91%,砂浆的抗压强度高 20.57%;养护 90d 和 180d 时,粉磨 70min 钢渣的净浆抗压强度比粉磨 40min 钢渣净浆的抗压强度分别高 29.29%和 12.25%,而砂浆的抗压强度分别高 23.23%和 9.34%。不同细度钢渣的净浆和砂浆抗压强度分析表明,养护 90d 时,抗压强度的差距明显,而 180d 时差距较小。

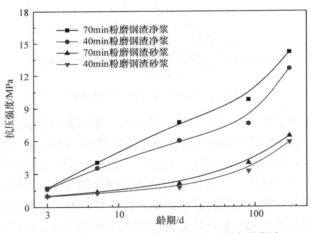

图 5.13　钢渣细度对净浆和砂浆抗压强度的影响

图 5.14 为不同细度钢渣的化学结合水量随养护龄期变化的曲线图。养护 1d 时,粉磨 70min 钢渣水化产物化学结合水量比粉磨 40min 钢渣的水化产物高 1%。养护 28~90d 时,二者的化学结合水量差距从 1.6%增长到 2.6%,由此可知细度增大后的钢渣不但能够提高早期水化速率,而且后期的水化速率也在一定程度上得到提高。但是龄期达到 90d 后,二者的化学结合水量差距减小,养护 180d 时,差距减小为 0.9%。这主要是由于两种粉磨不同时间的钢渣中 C_2S 和 C_3S 活性成分

的总量相同，差别在于比表面积不同，二者的反应速率不同，养护至 180d 时，钢渣中的 C_2S 和 C_3S 活性成分基本完全水化，因此二者间的化学结合水量差距较小。以上分析表明，原状钢渣中大颗粒的 C_2S 和 C_3S 经过机械粉磨其水化程度得到提高，因此粉磨 70min 钢渣中水化产物化学结合水量高于粉磨 40min 的钢渣。这个结果与强度测试的结果相对应，即养护 90d 时差距明显，到 180d 时差距较小。

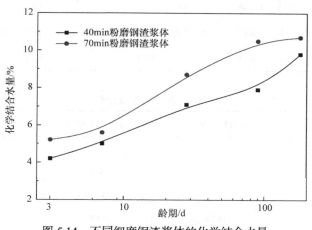

图 5.14　不同细度钢渣浆体的化学结合水量

5.3　钢渣和铁尾矿制备高性能混凝土的研究

5.3.1　钢渣和铁尾矿高性能混凝土制备用原料及方法

1. 实验原料

实验选用的原料包括钢渣、铁尾矿、矿渣、水泥熟料、脱硫石膏、砂石。

1) 钢渣

实验选用钢渣符合国家标准《活性炭球盘法强度测试方法》(GB/T 20451—2006)的要求，其化学成分见表 5.6。钢渣中 CaO 含量为 40.03wt%，残留铁含量约 14.81wt%。根据 Mason[34] 提出的碱度计算方法判断，该钢渣碱度为 2.17。根据表 5.7 中钢渣的粒度分布，在 0.3～10mm 内的颗粒占总量的 90.76%，这表明钢渣在粉磨前需要粉碎。

2) 铁尾矿

铁尾矿的化学成分列于表 5.6，其中 SiO_2 的含量达到 72.12wt%，属于高硅型铁尾矿。铁尾矿的主要矿物组成为石英，伴有少量的角闪石、钙长石和绿泥石等。40.62% 的尾矿粒径介于 0.074～0.16mm，粒径大于 0.63mm 的颗粒小于 1%，10.43% 的尾矿粒径小于 0.043mm。

表 5.6　主要原料的化学成分　　　　　　　　(单位：wt%)

原料	SiO$_2$	Al$_2$O$_3$	Fe$_2$O$_3$	FeO	MgO	CaO	f-CaO	f-MgO	Na$_2$O	K$_2$O	SO$_3$	LOI
钢渣	17.41	5.74	12.62	7.68	9.95	40.03	1.23	0.81	1.54	0.12	0.42	1.54
铁尾矿	72.12	3.04	12.62	3.44	1.13	2.96	—	—	0.17	0.14	0.16	3.06
矿渣	32.70	15.40	0.40	—	8.97	38.79	—	—	0.02	0.35	1.93	0.76
脱硫石膏	3.16	1.35	0.47	0.09	7.49	33.38	—	—	0.10	0.24	45.70	8.28
水泥熟料	22.50	4.86	3.43	0.02	0.83	66.30	—	—	0.11	0.08	0.31	0.96

表 5.7　钢渣的粒度分布

粒径/mm	分计筛余量/%	累计筛余率/%	负累计筛余率/%
>10	4.23	4.23	100.00
10～4.75	30.09	34.32	95.77
4.75～2.36	23.47	57.79	66.68
2.36～1.18	16.78	74.57	42.21
1.18～0.6	11.98	86.55	25.43
0.6～0.3	8.44	94.99	13.45
<0.3	5.01	100.00	5.01
总计	100.00	—	—

3) 矿渣

矿渣的化学成分列于表 5.6。采用水淬高炉矿渣，其粒径为 0.1～0.5mm。矿渣结晶度较低，基本呈玻璃态。

4) 水泥熟料

实验用的水泥熟料矿物相组成主要为硅酸三钙(C$_3$S)、硅酸二钙(C$_2$S)、铝酸钙(C$_3$A)和铁铝酸四钙(C$_4$FA)。其化学成分见表 5.6。

5) 脱硫石膏

采用热电厂脱硫石膏，其中 CaO 和 SO$_3$ 含量较多，其次为 SiO$_2$、MgO 和 Al$_2$O$_3$，细度(≥0.08mm)为 16%。其化学成分见表 5.6。

6) 其他原料

混凝土配制中的粗集料石子采用石灰石质碎石，粒径为 5～25mm。减水剂采用聚羧酸(PC)高效减水剂，其分子结构如图 5.15 所示。实验用水为自来水。

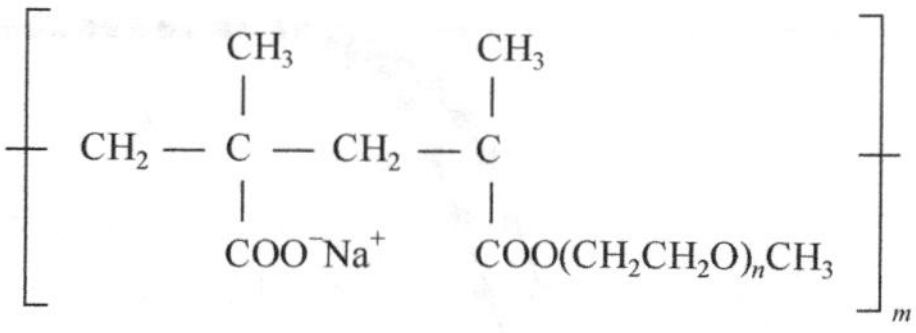

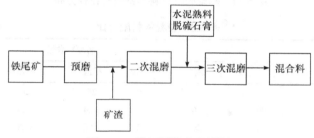

图 5.15　减水剂分子结构

2. 实验方法

1) 胶凝材料的制备

首先对铁尾矿进行筛分，将铁尾矿(<0.074mm 粒级)、矿渣、水泥熟料、脱硫石膏按 21：12：12：5 的比例进行梯级混磨，梯级混磨顺序按照图 5.16 进行即可得到基础胶凝材料。将钢渣进行单独粉磨 90min 即可得磨细钢渣粉。

```
                              ┌─────────┐
                              │水泥熟料  │
                              │脱硫石膏  │
                              └────┬────┘
                                   │
┌──────┐   ┌──────┐   ┌──────┐   ▼   ┌──────┐   ┌──────┐
│铁尾矿 │─→│ 预磨 │─→│二次混磨│─→│三次混磨│─→│混合料 │
└──────┘   └──────┘   └──────┘      └──────┘   └──────┘
                          ▲
                          │
                      ┌──────┐
                      │ 矿渣 │
                      └──────┘
```

图 5.16　梯级混磨流程图[38]

按照《水泥比表面积测定方法　勃氏法》(GB/T 8074—2008)测定粉体的比表面积，基础胶凝材料和钢渣粉的比表面积分别为 558m²/kg 和 624m²/kg。

从图 5.17 可以看出，基础胶凝材料(BCM)和钢渣粉的颗粒粒径均在 10μm 以下。BCM 和钢渣粉的 d_{50}(中位径)分别为 1.397μm 和 1.962μm，d_{90}(累计粒度分布百分数达到 90%时所对应的颗粒粒径)分别为 3.042μm 和 4.649μm，表明经过粉磨后的原料中都含有大量微米和亚微米级的颗粒。

(1) 钢渣粉掺量实验。

利用磨细的钢渣微粉分别按照 0%、10%、20%、30%等质量替代基础胶凝材料，分别记为 A1、A2、A3 和 A4，得到不同钢渣掺量的胶凝材料，如表 5.8 所示。按照胶砂比 1：1(骨料采用>0.074mm 粒级铁尾矿，下同)，胶凝材料质量的 0.4%掺入减水剂，水胶比 0.23，制备 100mm×100mm×100mm 的混凝土试件，采用标准养护[温度(20±1)℃和相对湿度不低于 95%]，在规定龄期按照《混凝土物理力学性能试验方法标准》(GB/T 50081—2019)测试力学性能，确定钢渣粉的最佳掺量。

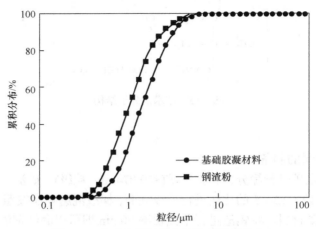

图 5.17　基础胶凝材料和钢渣粉粒径分布

表 5.8　胶凝材料配合比　　　　　　　　　(单位：wt%)

编号	钢渣	BCM	各原料含量				
			钢渣	铁尾矿	矿渣	水泥熟料	脱硫石膏
A1	0	100	0	40	26	26	8
A2	10	90	10	36	23.4	23.4	7.2
A3	20	80	20	32	20.8	20.8	6.4
A4	30	70	30	28	18.2	18.2	5.6

(2) 养护方式实验。

按照实验(1)所得钢渣粉最佳掺量制备胶凝材料，选用胶砂比 1：1，按照胶凝材料质量的 0.4%掺入减水剂，水胶比 0.23，制备 100mm×100mm×100mm 混凝土试件，进行标准养护，1d 后拆模，分别进行 20℃标准养护、56℃湿热养护、90℃湿热养护。三组试件分别标记为 B1(20℃)、B2(56℃)、B3(90℃)，B2 和 B3 分别湿热养护 12h 后，和 B1 一起拆模，继续进行标准养护，在规定龄期对各组试件进行强度测试，确定最佳养护方式。

(3) 胶凝材料水化过程微观分析。

按照(1)所得结论配制胶凝材料，制备净浆试件，按照(2)确定的养护方式进行养护，对规定龄期试件的微观形貌进行分析。

2) 性能表征

粉磨物料粒度分析采用 Ms 2000 激光粒度分析仪(测试范围为 0.02～2000.00μm)，乙醇作分散剂，参照《粒度分析　激光衍射法》(GB/T 19077—2016)对粉料的粒度分布进行测试。粉磨物料的比表面积测定采用 SSA-3200 型动态法比表面积分析仪。梯级混磨及钢渣的粉磨采用水泥试验球磨机(SMΦ500mm×500mm 型，5kg)。

胶凝材料的净浆和砂浆采用水泥净浆搅拌机(NJ160A 型)、水泥砂浆搅拌器(JJ-5 型)、水泥胶砂流动测定仪(NLD-3 型液压)。混凝土实验采用单卧轴实验室混凝土搅拌机(HJW-60 型)。抗压强度的测试采用数显液压压力试验机(YES-300 型)。试件养护采用标准恒温恒湿养护箱(YH-40B 型)。

采用日本理学 Rigaku D/MAX-RC 12kW 型转靶旋转阳极衍射仪进行 X 射线衍射(XRD)分析。采用卡尔蔡司(上海)管理有限公司的 SUPRA55 场发射扫描电子显微镜(FE-SEM)对试件的微观结构进行分析。

5.3.2　钢渣和铁尾矿制备高性能混凝土实验结果分析

1. 钢渣掺量对高性能混凝土抗压强度的影响

将磨细钢渣掺入到高性能混凝土体系中，替代水泥用作胶凝材料，对混凝土的力学性能会有较大的影响。在标准养护条件下，钢渣掺量对混凝土的抗压强度的影响如图 5.18 所示。

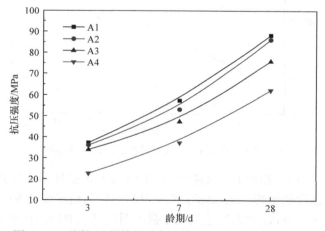

图 5.18　不同钢渣粉掺量对高性能混凝土抗压强度的影响

从图 5.18 中可以看出，随着钢渣掺量的不断增加，混凝土在 3d、7d 和 28d 龄期的抗压强度均呈现出下降的趋势。钢渣掺量为 0%、10%、20% 和 30% 的混凝土 28d 抗压强度分别为 88.23MPa、86.12MPa、75.85MPa 和 62.26MPa。虽然都能够达到 C60 混凝土强度的要求，但是钢渣的掺入对混凝土的抗压强度具有较为明显的影响，特别是对于早期强度的影响尤为显著。

在钢渣掺量从 0% 增加至 20% 过程中，混凝土各个龄期的强度均有所下降，但降幅不大。当钢渣的掺量达到 30% 时，混凝土 3d、7d、28d 的抗压强度和未掺钢渣时各个龄期强度均显著下降，降幅分别达到 39.22%、35.02% 和 29.43%。此时混凝土 28d 抗压强度仅有 62.26MPa,也明显低于掺入 20%钢渣粉混凝土的抗压强度(75.85MPa)。此时,由于体系中碱性激发剂含量较低,大部分钢渣颗粒活性不能被激发出来,造成钢渣水化不完全,使得混凝土的强度较低。因此,混凝土中钢渣粉较为适宜的掺量为 20%。

2. 养护工艺对高性能混凝土强度的影响

采用湿热养护能够加速混凝土水化反应的进行,显著提高混凝土的早期强度,缩短生产周期,目前已广泛用于预制构件生产。图 5.19 为利用掺入 20%钢渣的胶凝材料制备的混凝土在不同养护方式下的力学性能情况。

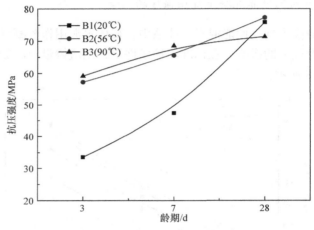

图 5.19 不同养护方式对试件抗压强度的影响

从图中可以看出,养护工艺对高性能混凝土材料的抗压强度具有重要的影响,尤其是对早期强度的影响。在 3d 龄期时,B2 组(较高温度湿热养护,56℃)和 B3 组(高温湿热养护,90℃)的混凝土的抗压强度明显高于 B1 组(标准养护,20℃),分别比 B1 组高了 23.68MPa 和 25.62MPa,增幅达到了 70.54%和 76.32%。这主要是由于在高温养护条件下,胶凝材料水化反应速率加快,高温环境有助于钢渣中的活性组分($C_{12}A_7$、C_2S 和 C_3S)早期水化反应的进行,使得高性能混凝土体系的早期强度快速增加。当 28d 龄期时,三组试件的抗压强度均可以达到 70MPa 以上,但是 B3 组混凝土在 7d 到 28d 龄期时强度的增幅明显变小,且 28d 龄期的强度要略低于 B2 组,在养护后期试件表面有微细裂纹出现。出现这一现象的主要原因在于,在超过 70℃条件下,钙矾石会出现脱水现象,晶体结构遭到破坏,在湿热养护 12h 后重新进行 20℃标准养护,钙矾石又会重新吸水呈现出原来的结构,而重结晶的过程是放热反应,这一过程中会有大量的热量散发出来,使得混凝土的体积发生膨胀,导致混凝土的抗压强度出现倒缩的情况,这也是预制件厂很少采用高温养护的原因。因此，掺钢渣混凝土较为合适的养护方式为混凝土试件制备完成后，标准养护 1d 后拆模，然后在 56℃湿热养护条件下养护 12h，再进行标准养护至规定龄期。

3. 钢渣胶凝材料的孔径分布

孔径分布对材料的力学性能和耐久性具有重要影响。采用压汞法分别测试掺入 0%和 20%钢渣微粉胶凝材料在水化龄期为 28d 时体系中的孔径分布情况，结果如表 5.9 所示。

表 5.9　钢渣胶凝材料水化 28d 孔径分布

钢渣掺量/%	孔尺寸分布/%				平均孔径/nm	孔隙率/%
	>200nm	50～200nm	20～50nm	<20nm		
0	8.24	7.21	5.88	78.67	8.3	24.07
20	9.37	5.65	4.45	80.53	7.8	21.25

从表 5.9 中可以看出，在水化 28d 龄期时，掺入 20%钢渣的胶凝材料无害孔(孔径小于 20nm)部分所占比例达到 80.53%，略高于不掺钢渣粉的胶凝材料，孔径在 20～50nm、50～200nm 部分所占比例略有下降，>200nm 的孔径所占比例有所上升。同时可以看出，两种胶凝材料硬化浆体试件中都含有多害孔(孔径 50～200nm)和有害孔(孔径>200nm)。掺入 20%钢渣，增加了胶凝材料多害孔含量，减少了有害孔含量，其中多害孔所占比例达到了 9.37%，可能是这个原因造成混凝土的强度随钢渣掺量增加而有所下降。

4. 钢渣胶凝材料的水化反应机理

图 5.20 是掺入 20%钢渣微粉的胶凝材料，在 56℃湿热养护条件下制备的净浆试件不同龄期的 XRD 谱图。

从图 5.20 中可以看出，掺钢渣胶凝材料的净浆试件的 XRD 谱图主要矿物是石英(SiO_2)、硅酸二钙(C_2S)、钙矾石(AFt)，少量的氢氧化钙[$Ca(OH)_2$]和 RO 相(主要是 Fe、Mg、Ca 和 Mn 氧化物的固溶体)。其中，SiO_2 和 RO 相分别为铁尾矿和钢渣的主要物相，它们几乎不参与水化反应。在图中，从 23°到 35°有较为明显的"凸起"，这表明体系中有 C-S-H 凝胶生成。

在 3d 龄期时，已经有较多的 AFt 和少量 $Ca(OH)_2$ 衍射峰出现，此时 C_3S 和 C_2S 的衍射峰相对比较明显，这是由于钢渣中 C_2S 和 C_3S 反应不充分。同时，水泥熟料和矿渣粉中也含有大量的 C_2S 和 C_3S，它们"叠加"在一起，共同作用，在水化反应初期体系中有较为"富裕"的 C_3S 和 C_2S，但是随着反应时间的延长，

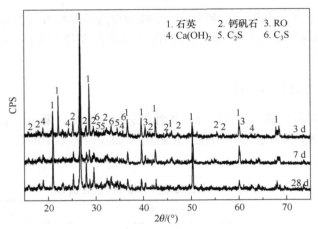

图 5.20　掺钢渣净浆试件的 XRD 谱图

钢渣中的 C_2S 和 C_3S 活性逐渐被激发出来,与 $Ca(OH)_2$ 发生反应生成水化硅酸钙,使得 C_2S 和 C_3S 的衍射峰逐渐变弱。

在 7d 龄期时,2θ 为 15.150°、28.713°、32.015°、48.835°、56.382°等处衍射峰显著增强,说明此时体系中 C-S-H 凝胶、钙矾石和水化硅酸钙大量生成。而 2θ 为 17.634°、24.381°和 36.510°处的衍射峰强度变弱,表明水化反应生成的 $Ca(OH)_2$ 不断参与到钙矾石生成的反应中,其数量也随之减少。

56℃的湿热养护,促进了钢渣颗粒中 Al—O 键和 Si—O 键的断裂,这些断键再和体系中的离子重新键合,有助于水化反应的进行。在此养护条件下,SiO_2-CaO-MgO-H_2O 共存,由于体系的温度和湿度较为合适,CaO 快速与体系中的活性 SiO_2 发生反应,转变为水化硅酸钙,MgO 和剩余的活性 SiO_2 结合为水化硅酸镁,同时 CaO、MgO 还会和活性 Al_2O_3 反应,分别生成水化铝酸钙和水化铝酸镁。随着反应龄期的增长,体系中活性较高的 SiO_2 和 Al_2O_3 含量逐渐减少,钢渣中的 f-CaO 转变为 $Ca(OH)_2$ 的速度逐渐大于 $Ca(OH)_2$ 消耗的速度,因此在 28d 龄期时依然能够看到较为明显的 $Ca(OH)_2$ 衍射峰。

从图 5.21 中可以看出,水化龄期为 3d 的混凝土已经有大量的反应产物生成,大量的 C-S-H 凝胶和钙矾石晶体相互交织在一起,硬化浆体网状结构基本形成,使得混凝土在早期就具有了较高的强度。钢渣中部分 f-CaO 逐渐发生水化反应生成 $Ca(OH)_2$,这是个体积膨胀的过程,刚好抵消掉熟料水化带来的体积收缩效应[8]。从图 5.21(b1)、(b2)中可以看出,在 7d 龄期时,体系中已经有大量的钙矾石产生,而且钙矾石的晶粒尺寸也明显长大,结晶相对较高的钙矾石要进一步相互交织,同时体系中的 C-S-H 凝胶填充到孔隙中,使得体系更加密实。水化龄期为 28d 时,随着水化产物的大量生成,凝胶将钙矾石晶体完全包裹起来,体系中的孔隙减少,

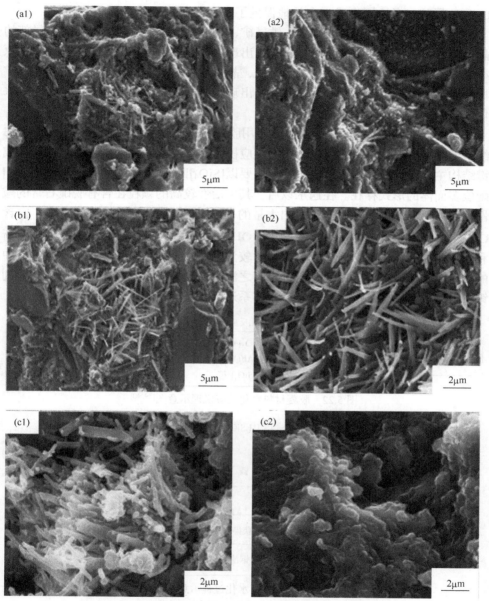

图 5.21　掺钢渣微粉的净浆试件不同养护龄期的 SEM 照片
(a1)，(a2)养护 3d；(b1)，(b2)养护 7d；(c1)，(c2)养护 28d

结构变得更加致密。开始时钢渣水化速度较慢，仅有少量矿物发生水化反应，但在反应中后期，RO 相和少量 f-CaO 会慢慢参与到水化反应中，其水化产物主要为 $Ca(OH)_2$、C-S-H 凝胶，同时还会有少量的 $Fe_6(OH)_{12}(CO_3)$。体系中钙矾石和

C-S-H 凝胶二者协同生成，有效地促进了高性能混凝土体系强度的增长。

在机械力粉磨过程中，钢渣、铁尾矿、矿渣颗粒在机械力作用下产生局部的晶格畸变，晶格畸变使晶格能量增加，出现 Si—O、Al—O 键的断裂与重组，原本达到平衡的周期性边界条件发生改变，晶体颗粒的长程有序结构遭到破坏，矿物由晶态向非晶态转化。粉体颗粒表面出现新的缺陷，颗粒活性增加，有助于水化过程的顺利进行。

图 5.22 给出了高性能混凝土体系用胶凝材料水化反应机理示意图，图 5.23 给出了胶凝材料用钢渣、铁尾矿水化反应模型。钢渣中的硅酸盐、铝酸盐矿物成键结构主要是硅氧键和铝氧键，它们主要以$[SiO_4]$四面体和$[AlO_4]$四面体或$[AlO_6]$配位多面体的形式存在。在遇水以后，其中活性较高的颗粒在含有脱硫石膏的碱性环境条件下迅速溶解，并释放出大量的 OH^-、Ca^{2+}、Al^{3+}等离子，形成了富含 Ca^{2+}、$[Al(OH)_6]^{3-}$、SO_4^{2-}、$[H_3SiO_4]^-$、OH^-等离子的液相，这些四面体结构不断和液相中的离子重新结合，并生成相对较为稳定的沸石相水化产物，使得钢渣中的硅氧键和铝氧键不断断裂，钢渣也随之源源不断地溶解，水化产物逐渐填充到钙矾石的网状结构孔隙中，使混凝土体系逐渐密实，抗压强度也随之增大。

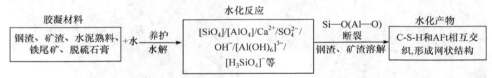

图 5.22　胶凝材料水化反应机理示意图[39, 40]

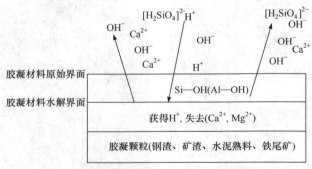

图 5.23　胶凝材料水化过程示意图[39, 40]

随着水化反应进行，铁尾矿颗粒表面发生解聚现象，解聚的离子在 OH^-作用下进入液相中，补充了溶液中$[H_3SiO_4]^-$、$[H_2AlO_4]^{2-}$及$[Al(OH)_6]^{3-}$，利用钢渣微粉、高炉水淬矿渣微粉和脱硫石膏微粉三者的相互激发效应，在形成大量钙矾石和针棒状复盐晶体的同时，还形成大量近似于非晶态的 C-S-H 凝胶和类沸石相，并紧紧将针棒状复盐晶体包裹起来，使整个混凝土体系的稳定性大大提高。

在水化过程中，钢渣中的低铁铝相(如 C_2F 和 C_6AF_2)也会参与到水化反应中，其主要反应如式(5.1)和式(5.2)所示：

$$2(2CaO \cdot Fe_2O_3) + 4H_2O \Longrightarrow 4CaO \cdot Fe_2O_3 \cdot H_2O + 2Fe(OH)_3 \qquad (5.1)$$

$$6CaO \cdot Al_2O_3 \cdot 2Fe_2O_3 + 15H_2O \Longrightarrow 3CaO \cdot Al_2O_3 \cdot 6H_2O + 4Fe(OH)_3 + 3Ca(OH)_2 \quad (5.2)$$

同时，钢渣中的二价金属氧化物($CaO + MgO + FeO$)也是激发矿渣和尾矿形成 C-S-H 凝胶的物质基础，在脱硫石膏的参与下与矿渣及铁尾矿中的 Al_2O_3 和 Fe_2O_3 形成含铁钙矾石类复盐。其反应如式(5.3)所示：

$$2(Al^{3+}, Fe^{3+}) + 3(Ca^{2+}, Mg^{2+}, Fe^{2+}) + 3(CaSO_4 \cdot 2H_2O) + 12OH^- + 20H_2O \Longrightarrow$$
$$3(CaO, MgO, FeO) \cdot (Al_2O_3, Fe_2O_3) \cdot 3CaSO_4 \cdot 32H_2O \qquad (5.3)$$

此外，微细颗粒的钢渣和铁尾矿可以起到微集料效应，大量未参与反应的亚微米级和纳米级颗粒紧密堆积，填充在硬化的水泥浆体中，降低了体系的孔隙率，使硬化浆体的整体结构增强，混凝土的抗压强度也得到相应的提高。

参 考 文 献

[1] 王中伟, 廉慧珍. 高性能混凝土[M]. 北京: 中国铁道工业出版社, 1999.

[2] Wang Q, Yan P Y, Yang J W. Comparison of hydration properties between cement-GGBS-fly ash blended binder and cement-GGBS-steel slag blended binder[J]. Journal of Wuhan University of Technology-Materials Science Edition, 2014, 29(2): 273-277.

[3] Mehta P K. Reducing the environmental impact of concrete[J]. Concrete International, 2001, 10(3): 18-22.

[4] Aïtcin P C. The durability characteristics of high performance concrete: a review[J]. Cement and Concrete Research, 2003, 25(4-5): 409-420.

[5] Shi C J. Steel slag: its production, processing, characteristics, and cementitious properties[J]. Journal of Materials in Civil Engineering, 2004, 16(3): 230-236.

[6] 孙家瑛. 钢渣微粉对混凝土抗压强度和耐久性的影响[J]. 建筑材料学报, 2005, 8(1): 63-66.

[7] Wang Q, Yan P Y. Hydration properties of basic oxygen furnace steel slag [J]. Construction and Building Materials, 2010, 24(7): 1134-1140.

[8] Shi C J. Characteristics and cementitious properties of ladle slag fines from steel production[J]. Cement and Concrete Research, 2002, 32(3): 459-462.

[9] Kourounis S, Tsivilis S, Tsakiridis P E, et al. Properties and hydration of blended cements with steelmaking slag[J]. Cement and Concrete Research, 2007, 37(6): 815-822.

[10] Waligora J, Bulteel D, Degrugilliers P, et al. Chemical and mineralogical characterizations of LD converter steel slags: a multi-analytical techniques approach[J]. Materials Characterization, 2010, 61(1): 39-48.

[11] Liu S J, Hu Q Q, Zhao F Q, et al. Utilization of steel slag, iron tailings and fly ash as aggregates to prepare a polymer-modified waterproof mortar with a core-shell styrene-acrylic copolymer as the modifier[J]. Construction and Building Materials, 2014, 72: 15-22.

[12] Yan P Y, Mi G D, Wang Q. A comparison of early hydration properties of cement-steel slag binder and cement-limestone powder binder[J]. Journal of Thermal Analysis and Calorimetry, 2014, 115(1): 193-200.

[13] Wang Q, Yang J W, Yan P Y. Influence of initial alkalinity on the hydration of steel slag[J]. Science China Technological Sciences, 2012, 55(12): 3378-3387.

[14] Maslehuddin M, Alfarabi M, Sharif M, et al. Comparison of properties of steel slag and crushed limestone aggregate concretes[J]. Construction and Building Materials, 2003, 17(2): 105-112.

[15] Wang G. Determination of the expansion force of coarse steel slag aggregate[J]. Construction and Building Materials, 2010, 24(10): 1961-1966.

[16] Manso J M, Polanco J A, Losañez M, et al. Durability of concrete made with EAF slag as aggregate[J]. Cement and Concrete Composites, 2006, 28(6): 528-534.

[17] Ahmedzadea P, Sengozb B. Evaluation of steel slag coarse aggregate in hot mix asphalt concrete[J]. Journal of Hazardous Materials, 2009, 165 (1-3): 300-305.

[18] Pasetto M, Baldo N. Experimental evaluation of high performance base course and road base asphalt concrete with electric arc furnace steel slags[J]. Journal of Hazardous Materials, 2010, 181 (1-3): 938-948.

[19] Xue Y J, Wu S P, Hou H B, et al. Experimental investigation of basic oxygen furnace slag used as aggregate in asphalt mixture[J]. Journal of Hazardous Materials, 2006,138(2): 261-268.

[20] Qasrawi H, Shalabi F, Asi I. Use of low CaO unprocessed steel slag in concrete as fine aggregate[J]. Construction and Building Materials, 2009, 23 (2): 1118-1125.

[21] Wang Q, Yan P Y, Feng J W. A discussion on improving hydration activity of steel slag by altering its mineral compositions[J]. Journal of Hazardous Materials, 2011, 186(2-3): 1070-1075.

[22] Lam L, Wong Y L, Poon C S. Degree of hydration and gel/space ratio of high-volume fly ash/cement systems[J]. Cement and Concrete Research, 2000, 30(5): 747-756.

[23] Wang S, Wang C L, Wang Q H, et al. Study on cementitious properties and hydration characteristics of steel slag[J]. Polish Journal of Environmental Studies, 2018, 27(1): 357-364.

[24] Mladenovič A, Mirtič B, Meden A, et al. Calcium aluminate rich secondary stainless steel slag as a supplementary cementitious material[J]. Construction and Building Materials, 2016, 116: 216-225.

[25] Zhang G Q, Wu P C, Gao S J, et al. Preparation of environmentally friendly low autogenous shrinkage whole-tailings cemented paste backfill material from steel slag[J]. Acta Microscopica, 2019, 28(5): 961-971.

[26] Cui H L, Zhang K F, Zhang G Q, et al. Grinding characteristics and cementitious properties of steel slag[J]. Acta Microscopica, 2019, 28(4): 835-847.

[27] Shi C J, Qian J S. High performance cementing materials from industrial slags: a review[J]. Resources, Conservation and Recycling, 2000, 29(3): 195-207.

[28] Ashrit S, Chatti R V, Udpa K N, et al. An infrared and Raman spectroscopic study of yellow gypsum synthesized from LD slag fines[J]. MOJ Mining and Metallurgy, 2017, 1(1): 1-4.

[29] Zhao J H, Wang D M, Yan P Y, et al. Self-cementitious property of steel slag powder blended

with gypsum[J]. Construction and Building Materials, 2016, 113: 835-842.

[30] Duan S Y, Liao H Q, Cheng F Q, et al. Investigation into the synergistic effects in hydrated gelling systems containing fly ash, desulfurization gypsum and steel slag[J]. Construction and Building Materials, 2018, 187: 1113-1120.

[31] Cho B, Choi H. Physical and chemical properties of concrete using GGBFS-KR slag-gypsum binder[J]. Construction and Building Materials, 2016, 123: 436-443.

[32] Zhang J W, He W D, Ni W, et al. Research on the fluidity and hydration mechanism of mine backfilling material prepared in steel slag gel system[J]. Chemical Engineering Transactions, 2016, 51: 1039-1044.

[33] Li D X, Fu X H, Wu X Q. Durability study of steel slag cement[J]. Cement and Concrete Research, 1997, 27(7): 983-987.

[34] Mason B. The constitution of some open-heart slag[J]. Journal of Iron and Steel Institute, 1944, 11: 69-80.

[35] 王强. 钢渣的胶凝性能及在复合胶凝材料水化硬化过程中的作用[D]. 北京: 清华大学, 2010.

[36] 杨建伟. 钢渣和含钢渣的矿物掺合料对混凝土性能的影响[D]. 北京: 清华大学, 2013.

[37] 王长龙, 李颖, 蔡红, 等. 新型工业固废基混凝土[M]. 北京: 科学出版社, 2021.

[38] 李北星, 陈梦义, 王威, 等. 梯级粉磨制备铁尾矿矿渣基胶凝材料[J]. 建筑材料学报, 2014, 17(2): 206-211.

[39] Cui X W, Ni W. Hydration behavior of cementitious materials with all solid waste based of steel slag and blast furnace slag[J]. Revista de la Facultad de Ingeniería, 2016, 31(7): 172-181.

[40] 崔孝炜, 倪文, 任超. 钢渣矿渣基全固废胶凝材料的水化反应机理[J]. 材料研究学报, 2017, 31(9): 687-694.